U0306112

"四川省智能农业装备发展战略研究"项目（2022JDR0359）资助

四川省

▶智能农业装备
发展战略研究

邱云桥 等 著

中国农业科学技术出版社

图书在版编目（CIP）数据

四川省智能农业装备发展战略研究 / 邱云桥等著.
北京：中国农业科学技术出版社，2024.10. -- ISBN
978-7-5116-6963-6

Ⅰ. S23-01

中国国家版本馆CIP数据核字第 2024JW0776 号

责任编辑　张志花
责任校对　王　彦
责任印制　姜义伟　王思文

出 版 者　中国农业科学技术出版社
　　　　　北京市中关村南大街 12 号　　邮编：100081
电　　话　（010）82106636（编辑室）　　（010）82106624（发行部）
　　　　　（010）82109709（读者服务部）
网　　址　https: // castp.caas.cn
经 销 者　各地新华书店
印 刷 者　北京地大彩印有限公司
开　　本　185 mm×260 mm　1/16
印　　张　15.25
字　　数　330 千字
版　　次　2024 年 10 月第 1 版　　2024 年 10 月第 1 次印刷
定　　价　168.00 元

《四川省智能农业装备发展战略研究》

著者名单

顾　问	陈学庚	赵春江		
著　者	邱云桥	应　婧	易文裕	杨敏丽
	张若宇	董建军	何清燕	郭　鹏
	蒋昭琼	卉祥根	王春霞	张丽娜
	张　惠	赵　岩	罗长海	李立伟
	杜经纬	潘纪凤	薛东升	袁德贤
	李　尚	孟志军	尹彦鑫	武广伟
	付卫强	安晓飞	赵　镭	邓　剑
	何智军	徐秋鹏		

序 言

农业，作为人类生存与发展的基石，不仅关乎国家粮食安全与社会稳定，更是推动经济繁荣与民生改善的关键力量。在中国这片广袤的土地上，四川以其得天独厚的自然条件与悠久的农耕历史，被誉为"天府之国"，而"天府粮仓"更是四川农业的一张闪亮名片，承载着保障国家粮食安全、促进地方经济发展的重要使命。

面对日益增长的人口需求与资源环境的双重压力，传统的农业生产方式已难以满足"天府粮仓"持续增产、提质增效的迫切需求。在此背景下，农业机械化成为了提升生产效率、优化资源配置、保障粮食安全的重要途径。在四川"天府粮仓"的建设中，机械化作业不仅大幅提高了耕种、收割等环节的效率，还有效减轻了农民的劳动强度，促进了农业生产的规模化、标准化发展，为"天府粮仓"的丰收奠定了坚实基础。

随着科技的飞速发展，单纯依靠机械化已难以满足现代农业对精准管理、智能决策与高效控制的高要求。智能化技术的融入，为四川"天府粮仓"的农业装备机械化升级注入了新的活力。通过集成物联网、大数据、人工智能等前沿科技，智能化农业装备能够实时监测作物生长状况、土壤环境及气候条件，实现精准灌溉、智能施肥、病虫害预警等，不仅提高了农业生产效率与产品质量，还促进了农业资源的节约与环境的可持续发展，为"天府粮仓"的持续繁荣与农业现代化转型提供了强有力的技术支撑。

因此，我们在"四川省智能农业装备发展战略研究"项目（2022JDR0359）的资助下，在对东部发达省份调研考察和四川21个市（州）充分调研的基础上，在陈学庚院士、赵春江院士指导下，凝聚石河子大学、北京市农林科学院、中国农业大学、四川省农业机械科学研究院等30多位专家的智慧和力量，对四川省智能农业装备发展现状与趋势、智能化水平提升路径等开展了一系列研究，将研究结果进行总结、提炼，形成了本书。

通过研究，我们梳理了国内外智能农业装备及四川省内的智能农业装备发展现状与趋势。智能农业装备的建设和应用是智慧农业的重要组成部分，也是保障粮食安全生产的最直接手段。在国内外农业装备智能化的发展引领与农业生产需求驱动下，四川省在新型农机动力装备、大田作业装备、设施农业装备、绿色养殖装备、农产品初加工装备等方面开展智能化关键技术研发攻关，在农业传感器和农业机器人装备研发方面发力，并积极与国内优势团队合作，打造智能农业装备应用场景和示范点。随着乡村振兴战略、宜机化改造、农机装备行动支撑更高水平"天府粮仓"建设等政策和行动的有序推进及深入实施，四川省的农业机械总动力总体呈现出增长的态势。根据国家统计局2023年的最新统计数据，截至2022年底，四川省农业机械总动力4 923.33万kW，相较于2018年增长319.45万kW，增幅约6.94%。尽管四川省农业机械总动力呈现出稳定增长的趋势，但其增长幅度低于全国平均水平，省内不同区域农业机械总动力发展不均衡问题较为突出。省内机械化水平总体呈增长趋势，主要农作物耕种收综合机械化率稳步提升，截至2022年，省内主要农作物耕种收综合机械化率为67%，尽管低于全国水平，但在西南地区位居前列。四川省农机装备水平实现新增长，大中型拖拉机、谷物联合收割机保有量分别达到7.82万台、4.07万台；水稻插秧机和谷物烘干机从无到有，快速增加。农机作业水平不断提高，农机作业由耕种收环节为主向产前、产中、产后全过程拓展，由种植业向养殖业、农产品初加工等领域延伸。薄弱环节机械化发展迅速，水稻、油菜、玉米综合机械化率分别达到83.89%、66.64%、47.46%，果蔬茶等特色作物栽/播收、畜禽水产养殖、农产品加工等机械化进一步发展，农产品初加工机械化水平达到32.95%。总的来说，四川省农机装备取得了长足的发展，使用的农机设备种类多样，为粮食安全和农业现代化提供了重要支撑，但先进智能农机的普及率较低，与发达地区相比，仍存在一定的差距。

我们剖析了四川省智能农业装备发展存在的关键问题，从中发现了四川省智能农业装备发展的局限性，农机装备水平、科技水平、作业水平、服务能力存在发展不充分、总量不足、结构不优、区域不平衡的矛盾，农机作业基础条件薄弱，研发创新体制机制不健全，无"机"可用、有"机"难用、不会用"机"的问题突出，制约了四川省智能农业装备的发展。①各区域、各作物生产环节的机械化水平发展极不平衡，农业机械化发展薄弱环节严重阻碍了智能农业装备加快推进的步伐。从区域看，平原地区、丘陵地区农机化水平差距大，成都平原区粮食综合机械化水平最高，为79%，丘陵地区为59%，攀西地区最低，仅为36%。从作物看，主要粮油作物关键环节机械化短板突出，小麦耕种收环节机械化水平均较高，经济作物机械化仍处于起步阶段。②耕地分散、坡度大，宜机化改造任务艰巨。四川省耕地分散（土地规模经营化水平低于40%），地块细碎凌乱，农业基础条件差，农机作业效率低、成本高、收益低，投资回报时间较长，严重影响农机推广应用，耕地宜机化改造任务艰巨。③创新研发短板突出，农机科研投入不足。四川省农机装备研发机构少，高端人才紧缺，没有农机领域国家级科研平台和部省级全程机械化科研试验基地，大部分市州无农机领域的高校、科研院所，省级农机科研院所的实验室设施设备亟待更新、完善、升级，农机科研缺乏持续稳定投入，农机基础理论研究更是没有资金支持。④政策支持力度不够，智能农机发展较缓慢。"十三五"以来，国家相关政策的出台，以大数据、信息感知为支撑的智能农机装备成了农机装备新的发展方向，四川省也出台了相关智能农业装备发展政策，但具体政策的细化及实施等还需加强监管反馈力度，在土壤与动植物信息感知、关键零部件及整机试验检测等农机装备自动化、智能化关键核心技术方面还有欠缺；整个"十三五"期间，国家重大重点研发计划"智能农机装备"专项项目支持总计306个，而四川省承担的只有8个，位列全国中下水平，相关政策支持力度不够及重大重点项目的缺失，共同影响了四川省智能农机装备发展的进程。⑤关键部件可靠性不足与工业基础薄弱。一是关键部件可靠性亟待提升，部分科研院所偏重样机试制而忽视后续的优化升级，导致新研发的农机在粗犷使用中暴露出可靠性、稳定性问题，加之研发过程中缺乏仿真模型理论计算与实验数据验证，影响了整机作业效率及现代农业装备的可持续发展；二是农机工业基础薄弱，制造水平较低，四川省内农机工业企业规模小而分散，研发投入不足，基础研究薄弱，缺乏原始创新能力，导致低水平重复研发普遍，农机装备产业链不完整，上下游配套体系亟待完善。

为此，我们提出了四川省智能农业装备发展总体思路和战略目标，通过全面贯彻落实党和国家建设农业农村现代化的精神，立足新发展阶段、贯彻新发展理念、构建新发展格局、推动高质量发展，以助力实施乡村振兴战略为重点，建立农机化发展协调推进机制，深入推进农业机械化供给侧结构性改革，着力补短板、强弱项、促协调，全面提升农机装备水平、作业水平、科技水平、服务水平、安全水平，推动四川省成为国内领先的智能农业装备研发、制造和应用示范区，形成一批具有自主知识产权的科研成果和核心竞争力的智能农业装备企业，推进农业生产方式智能化转型，提升农业综合生产能力。

为了实现四川省智能农业装备发展目标，首先，要对四川省农业装备智能化提升路径展开研究，通过梳理农机化发展系统框架，深入探讨四川省农机发展的现状、问题、发展潜力，在此基础上提出科学合理的农机化发展路径设计，并通过探索发展差距、分析发展要求和趋势、数字化智能化赋能、"宜机化"改造助力、引领商业发展模式等路径实现农机化发展。其次，实施智能农业装备发展的重大工程。这些工程包括攻关智能农业装备的薄弱环节，突破重大关键核心技术，建设智能农业装备制造体系，构建智能农业装备大数据云平台（物联体系），完善智能农业装备技术标准与数据共享体系，以及建设智能农业装备核心示范区。此外，提出针对性的政策建议，如培育发展优质农机企业，推动农业装备智能化发展转型升级，提升智能农业装备试验鉴定能力，促进农田宜机化改造，加大政府扶持力度，建立健全智能农业装备人才培养体系，并加快智能农业装备的推广应用。这些措施或办法旨在全面提升四川省智能农业装备的发展水平，推动农业现代化进程，提高农业生产效率和农产品质量，促进农村经济发展。

尽管我们致力于在四川省智能农业装备发展领域进行理论支撑、研究方法、战略目标、提升路径及发展建议等方面的深入探索与尝试，旨在为四川省智能农业装备发展水平的提升提供更加丰富和有价值的理论指导与实践对策，然而，受限于数据资料的获取难度，以及受到研究时间、个人能力和水平的制约，本研究在某些方面可能仍存在不足之处，我们诚挚地期待各位读者提出宝贵的意见与建议，以便在未来的研究中不断完善和提升。

著　者

2024年9月

目 录

第一章

智能农业装备的概念

第一节　智能农业装备的定义

　　智能农业装备是集复杂农业机械、智能感知/智能决策/智能控制、大数据/云平台/物联网等技术为一体的现代农业装备，可自主、高效、安全、可靠地完成各类农业作业任务。以智能农业装备为核心的智能农机系统（图1-1）包括田间信息感知获取、田间智能作业机械、田间互通互联以及云-端互联系统、云平台决策管控中心（刘成良等，2022）。

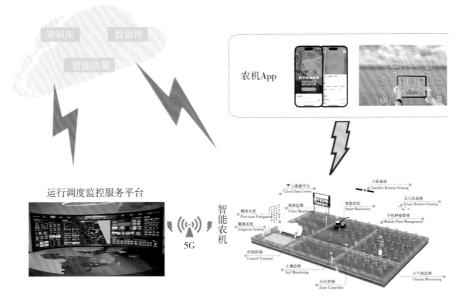

图1-1　智能农机系统构成示意图

第二节　智能农业装备的内涵与特征

　　智能农业装备是融合土壤、植物、农机和农艺等综合信息，集成机械、电子、信息、控制等多领域的高新技术，能够对农业生产的"土壤-作物-环境-装备"全环节的信息进行感知，并通过构建的自动控制与优化决策系统，准确和高效地完成农业生产耕、种、管、收等环节，以及养殖业生产环节的作业任务（陈学庚等，2020a；翟长远等，2020；孟志军等，2022）。

当前，智能农业装备主要针对粮、果、蔬、畜、禽、渔、林及相关产业领域，在农林业的"耕、种、管、收"，畜禽和渔业养殖的主要生产环节，形成了大田智能农业装备、设施种植智能装备、设施养殖智能装备等装备产品，广泛应用于耕作、种子繁育与播种施肥、植物保护与田间管理、收获及收获后处理、节水灌溉、畜禽养殖、设施农业等大农业生产的全过程，具有智能感知、智能决策、精准作业和智能管控等方面技术特点，如图1-2所示。

智能农业装备四大关键技术特征	智能感知	➤ 对象、环境、装备、过程多参数多模态传感 ➤ 遮挡、交叠自然场景认知与语义理解 ➤ 农业生产场景信息大数据云端聚合与表征
	智能决策	➤ 大数据驱动决策架构设计 ➤ 知识图谱生产与利用技术 ➤ 数据融合与决策优化技术 ➤ 多目标参数可容性控制优化技术 ➤ 云环境数据知识分发共享
	精准作业	➤ 定位导航技术 ➤ 无人驾驶技术 ➤ 机电液协同控制技术 ➤ 自适应控制技术 ➤ 变量精量作业技术
	智能管控	➤ 大数据、云服务架构构建 ➤ 知识库/算法库/模型库的生成 ➤ 数据挖掘/机器学习的远程运维调度 ➤ 多机器人集群协作云调度 ➤ 分布式多机协同远程运维

图1-2 智能农业装备四大关键技术特征

一、智能感知技术

智能感知技术是指智能农业装备通过传感器对作业环境、对象信息参数、自身工作状态参数的感知能力。参考汽车自动驾驶（Varghese et al.，2015），智能农业装备感知可分为机外感知和机内感知。机外感知是指对农机作业环境和对象信息参数的感知，包括对作物生长及病虫草害信息的检测感知、对农田土壤水肥酸碱度等信息的获取、对农田作业环境与障碍信息的识别感知，以及农业装备对发动机信息、扭矩信息等共性参数的测量和对作业参数的精确检测等。机内感知是指对农业装备自身的工作参数及作业状态参数的感知，包括农机装备共性状态参数感知、耕整机械作业参数感知、施肥播种机作业参数感知、植保机械作业参数感知、收获机械作业参数感知等（欧阳安等，2022），如图1-3所示。

图1-3 农业装备智能感知技术

二、智能决策技术

智能决策是智能农业装备进行精准控制和高效高质作业的基础和保障。硬件是智能控制的躯体，决策是智能控制的大脑。决策和协同是保证智能农业装备高效、高精度及高品质作业的关键，智能农业装备通过机器学习算法分析传感器的作业数据，结合知识库和数据库的信息，制定变量作业或者路径规划的策略，主要技术包括变量作业决策技术、路径规划决策技术、多机协同作业技术，主要用于变量作业方案的制订、最优行使路径规划、农业装备的主从协同控制和共同作业控制等。

三、精准作业技术

通过定位导航、无人驾驶技术与智能控制技术相结合，农业装备可实现精准化智能化作业。其中，自动定位和导航技术是实现自动驾驶的基础，目前大多数的农业装备处于行驶阶段自动驾驶和人工辅助机具控制的辅助驾驶阶段。智能控制和精准作业核心技术包括智能农业装备的机内总线控制、主机与机具电子控制单元（ECU）控制、电液提升控制、机具的智能决策控制等技术。

四、智能管控技术

智能管控主要包括农业装备的总线控制、状态终端监控、主机和机具控制、机具大数据云服务架构和知识库/算法库/模型库的构建等。总线控制用多传感及多智能控制单元是智能农机的一个显著特点，对此国际标准化组织（ISO）制定ISO 11783标准详细规定了智能农机的控制系统网络整体架构、物理层、网络层、数据通信、各种电子控制单元（ECU）及任务控制器结构。监控终端是一个状态监控系统，实时显示农机的运行状态，ISO 11783对监控终端的功能、界面布局等做了详细规定。主机和机具控制器是实现农业装备智能控制的核心部件，ISO 11783规定的ISOBUS按照设计功能和安装位置的不同将农业装备中的电子控制单元（electronic control unit，ECU）分为主机ECU和机具ECU两类。

智能农机系统是集智能农业装备、云端智慧、服务平台为一体的跨区域作业管控系统。其核心思想是"智能在端、智慧在云、管控在屏"，即现场控制智能化、云端决策智慧化、监控调度移动终端化。在云平台决策管控中心，可开展农机调度监控和远程调度管控，查看设备故障信息，进行远程诊断维护，实现农业装备的网络化管理。

综上所述，智能农业装备作为智慧农业生产系统的重要组成部分，与智能化生产信息采集设施、生产管理信息化平台共同形成闭环系统，通过大数据指导生产运行，以智能感知、智能决策、精准作业、智能管控为核心，推动农业生产方式向节本、高效、精准、绿色方向发展。

第三节 智能农业装备发展的内生动力

智能农业装备的发展离不开宏观环境这个底层土壤的孕育，物联网、数字化技术等的快速发展，为智能农业装备的发展提供了基础技术环境支撑；农村劳动力短缺、人口老龄化，面临的"谁来种地""如何种好地"等问题为智能农业装备的加速发展提出了迫切的现实需求；国家粮食安全、乡村振兴、农业强国等重大战略部署及政策环境，为智能农业装备发展提出了新的要求、提供了历史机遇；农业装备产业的国际化竞争对智能农业装备的加速布局与发展提出了新要求。

一、农业生产智慧化发展的社会需求对智能农业装备有现实需要

"谁来种地""怎么种地""如何种好地"关乎我国全面小康、乡村振兴、农业农村

现代化发展全局。当前，社会发展需要提高农业劳动生产率、土地产出率、资源利用率来实现"中国人的饭碗要牢牢端在自己手中"目标，同时，要求农业绿色化发展来实现可持续性。发展新一代智能农业装备，实现传统精耕细作与现代物质装备相辅相成，可促进农业发展方式转变。发展智慧农业，进一步提高劳动生产率、土地产出率、资源利用率和提升综合生产能力，保障粮食、食品和生态安全。以自动化、智能化的装备改变传统农业的生产方式，加速"机器换人"，符合当前中国经济社会现实需求。

1952年，我国的总人口为5.75亿，其中农业劳动力人口为1.73亿，即1个农业劳动力的劳动产出可以满足3.32个人的实际粮食需要；2019年，我国总人口数为14亿，农业劳动力人口为1.94亿，即1个农业劳动力的劳动产出可以满足7.2个人的实际粮食需要（罗锡文，2019a）；到2050年，我国的总人口约为13.65亿，但农业劳动力人口占比将低于10%（中国科学院农业领域战略研究组，2009），届时我国1个农业劳动力至少需要养活10个人，为此，需要进一步发展农业机械化，尤其智能农业装备来实现智慧农业生产，提高劳动生产率。当前，我国人均耕地面积仅为0.86 hm^2（戈大专等，2018），且随着工业化和城镇化的发展，我国农业用地将更加紧张，因此，通过智能农业装备服务农业生产，提高土地产出率是实现用有限的耕地养活众多人口的根本途径之一。2020年，我国水稻、玉米和小麦三大粮食作物的化肥、农药和农田灌溉用水利用率分别为40.2%、40.6%、55.9%（中国农业科学院等，2021），而欧洲和美国等发达国家和地区在小麦、玉米等粮食作物生产过程中的化肥、农药、农田灌溉用水利用率为50%～65%，我国农业生产的资源有效利用率与发达国家还存在一定差距，为此，需深入大面积推广精准农业生产技术与装备，提高水、肥、药等农业资源的有效利用率，实现绿色化、可持续生产。

二、新一代信息技术广泛应用为智能农业装备发展提供技术环境

新一轮科技革命如火如荼，现代信息技术创新空前活跃，新产业、新业态、新模式不断涌现，为智能农业装备、农业农村信息化发展提供了技术支撑。当前，科技发展正进入一个创新和应用爆发期，云计算、人工智能、物联网、大数据、互联网、5G等新兴信息技术为数据大规模生产、分享和应用提供了基础。新一代信息技术在农业领域得到快速广泛应用，以智慧农业为表现形态的"农业4.0"时代已经到来。

以农业智能装备、北斗农机自动导航驾驶、无人农场、高通量植物表型平台等为代表的智慧农业，正日益成为最活跃的农业生产力。智慧农业的发展，始终以数据、算法和算力为核心要素，以算法创新实现现代信息技术带来的"海量数据"与以物理计算硬件平台为支撑的"天量计算"有效结合，形成农业生产全过程的信息感知、定量决策和智能控制。

三、国家重大战略部署为智能农业装备创新发展提供了历史机遇

习近平总书记指出，要"大力推进农业机械化、智能化，给农业现代化插上科技的翅膀"；《乡村振兴战略规划（2018—2022年）》提出要"提高农机装备智能化水平"；《中国制造2025》将农机装备作为十大重点领域之一；《国务院关于加快推进农业机械化和农机装备产业转型升级的指导意见》提出要加快推进农机装备创新，研究部署新一代智能农业装备科研项目。《新一代人工智能发展规划》提出，要研制农业智能传感与控制系统、智能化农业装备、农机田间作业自主系统等。《中共中央 国务院关于抓好"三农"领域重点工作确保如期实现全面小康的意见》提出，要加快大中型、智能化、复合型农业机械研发和应用。

新一代智能农业装备是现代农业发展的重要支撑，是提高现代农业生产水平、转变农业发展方式、提升农业生产效益和增强综合生产能力的关键，也是国际产业技术竞争焦点。构建新一代智能农业装备技术、产品、服务及产业体系，实现产业自主可控发展，有助于支撑国家乡村振兴、创新驱动等重大战略实现。

四、提升农业装备产业国际竞争力要求加速智能农业装备布局发展

世界主要跨国农机企业掌控国际竞争格局，具有全球科技及产业主导优势，且已全面进入我国，抢占高端市场，制约我国产业升级。以重大装备为核心，以信息化、智能化为主线，推进互联网、物联网、云计算、大数据、智能装备等融合，发展新一代智能农业装备，实现"换道"发展，构建自主可控的技术、产品、服务体系，在新一轮产业革命中掌握主导权、主动权，重塑国际产业格局。

近年来，欧美发达国家纷纷提出智慧农业发展战略，把智能农机发展摆在突出位置，大型跨国企业加速转型升级，纷纷并购人工智能、农业机器人初创企业，布局智能农业系统和平台，向智能化转型，并基本完成产业变革的技术准备。例如，John Deere推出了智能工业战略；凯斯纽荷兰推出以精准技术为核心"Breaking New Ground"战略；克拉斯、John Deere、凯斯纽荷兰等跨国企业共建了"365FarmNet"数据接口项目，实现数据互联；爱科公司开发了作业路线规划平台"Geo-Bird"，以支持凯斯纽荷兰、克拉斯、天宝、拓普康等跨国企业农机辅助终端。

我国农业装备智能化水平与美国等发达国家相比仍存在较大差距，农机作业效率只相当于国外领先水平的60%左右。以农业机器人为代表的农机前沿技术在我国大多还处于实验室阶段，而在英、美等国已有200多种农业机器人进入商业化应用，正在颠覆传统农业生产方式。因此，当前，加速统筹、科学布局，发展智能农业装备，支撑智慧农业发展，是抢占世界农业科技发展制高点，引领我国走绿色化、智能化、高效化现代农业发展道路的必然选择，对保障国家粮食安全、支撑农业产业高质量发展具有重要的战略意义。

第二章

国内外智能农业装备发展现状与趋势

第一节 国外智能农业装备发展现状

当前，全球人口总量的不断增长对粮食品种、质量和需求量要求不断提高，加之新一轮科技革命和产业变革加速发展演进，传统的农业生产方式已经无法适应现代社会的发展需求，全球农业发展进入由传统农业向现代农业转变的历史阶段，促进了以智能农业装备为代表的现代农业装备产业的繁荣发展。

一、技术进展与产业成效

（一）总体情况

发达国家智能农机相关技术研究和产业发展起步较早，20世纪90年代中期，美国将GPS（全球定位系统，global positioning system）安装在农业机械上，开启了农业机械高科技、高性能、智能化的先河。目前，欧、美、日等发达国家和地区高度重视智能农机发展，纷纷制定相关发展战略和科技研发计划，抢占智能农机发展的制高点，不仅农业生产基本实现全面机械化，智能农机装备也处于领先水平。以美国为代表的智慧大田农业、以德国为代表的智慧养殖业、以日本为代表的小型智能农机装备业、以荷兰为代表的智能温室产业发展迅速，已形成较为成熟的产业体系和商业化发展模式。

1. 全球智能农业装备市场需求增长，新一代信息技术应用加快

发达国家的种植业和养殖业已进入高度机械化阶段，农机装备加快向自动化、信息化和智能化方向发展（陶卫民，2001），在动力机械、田间作业、设施农业、畜禽养殖方面基本形成较为完备的精准农业技术、智能农机装备和相应的服务体系。全球智能农机和智慧农业规模快速增长，据市场研究机构Market and Markets分析，2020年全球智能农机市场为46亿美元，2025年将达到203亿美元，年复合增长率达34.5%；据国际咨询机构Research and Markets分析，2019年全球智慧农业市值167亿美元，2027年将达到292亿美元，2021—2027年年复合增长率将达到9.7%。

2. 智能感知、智能决策关键核心技术处于领先地位

农业传感器领域，感知元器件、高端农业环境传感器、动植物生命信息传感器、农产品品质在线检测设备等相关技术产品已被美国、德国、日本等国家垄断（赵春江，2021a）。欧美发达国家利用光谱技术对土壤养分、重金属含量等参数进行测量，将微纳米传感器植入动植物体内，可实时监测多个环境和动植物生命信息的特征参数，预测动植物疾病的产生，从而实现各种食品和农业学科相关指标的快速检测和监测。美国精密种植

公司的Smart Firmer传感器、Delta Force压力传感器能够实时感知土壤的有机质含量、种床清洁度、温度、分层土壤含水率及土壤坚实度等信息，依据调控策略实现播种参数的最优调整。美国Veris Technologies公司的iScan车载传感器可以实时检测土壤的质地、含水率、温度、土壤阳离子交换容量、有机质含量等信息，为后续作业决策提供依据。

在农业数字模型与模拟、农业认知计算与农业知识发现算法和模型、农业可视交互服务引擎等方面，美国、荷兰、以色列、日本等国家处于国际领先地位（赵春江，2021）。通过图像识别、机器学习等技术，分析农业种植的天气、土壤、动植物生长发育及相关市场数据等信息，可大幅度提高决策的科学性和准确性（孙九林等，2021）。通过大数据和人工智能技术，建立动植物生长模型，指导水、肥、药、光、热等农业生产要素的精准精量调控，可使农业灌溉水利用系数达到0.7～0.9，农药利用率达到60%以上，化肥有效利用率达到50%以上。

3. 定位导航技术广泛应用，无人驾驶拖拉机即将商用

目前，全球农机龙头企业的农机卫星导航定位技术已相对成熟，并得到广泛应用。美国自动导航驾驶系统普及率达到90%，凯斯纽荷兰、John Deere、Autonomous Tractor Corporation（ATC）等企业分别都推出了无人驾驶拖拉机样机，如图2-1所示。凯斯的Magnum拖拉机配备了全方位感应和探测装置，能够侦测并避开障碍物，并根据实时气象信息等进行自主作业决策，并且具备远程配置、监测及操作功能。John Deere将于2022年推出基于AutoTrac解决方案的、具有GPS定位和自动转向功能的商用无人驾驶拖拉机。

图2-1　凯斯、ATC、John Deere研制的无人驾驶拖拉机

4.大田智能农机装备技术成熟，产品覆盖耕种管收全过程

种收设备方面，美国精密种植公司的Smart-Depth系统可根据土壤特性（如土壤湿度）自动精确控制单粒种子的播种深度，实时测量并读取不同深度的土壤湿度。瑞士EcoRobotix公司开发的田间除草机器人，可以精准识别杂草并通过机械手臂喷洒除草剂进行除草，农药使用量大幅降低，相关成本节约30%。John Deere CP690自走式打包采棉机可实现不停机作业，边采摘边打包，且短时间实现采摘模式到运输模式的切换，连续作业效率可提高20%～30%。该型机配备Row-Sense对行行走系统，能自动控制机器田间作业转向，采用籽棉含水量实时动态监测系统，通过湿度传感器采集的含水率数据实时调整轧棉效率，有效保证了棉花采收质量。日本久保田公司推出的农业服务支援系统"久保田智能农业系统（KSAS）"，可联通不同环节农机装备收集分析信息，制订最佳作业计划，依靠联合收割机搭载的与KSAS对应的传感器进行量产分析，形成土壤肥力图，在插秧环节进行电动变量施肥，实现高效精准作业。智能收获机械技术向专业化、高效率、自动化方向发展，半喂入水稻联合收割机总损失率不到1%，谷物联合收割机达到389.6 kW（530马力[①]）、玉米青饲收割机高达788.7 kW（1 073马力）。

5.设施栽培智能装备处于领先水平，设施养殖智能装备已规模化应用

设施栽培方面，欧、美、日已经实现了环境调控自动化、生产过程无人化、分级包装智能化，温室成套装备制造技术非常成熟，农业机器人应用非常广泛。如美国Abundant Robotics公司开发的苹果采摘机器人，可准确识别成熟的苹果，并且能以1.5 s的平均采摘速度连续工作24 h；日本在设施种植的育苗、嫁接、移栽、植保、施肥、采摘等各环节形成了系列化、全程化的农业机器人产品。以色列、荷兰、德国、英国、澳大利亚、瑞士、法国等国家均有针对本国特色研发生产的农业机器人，管控、巡检、采摘机器人均有小规模使用（王国占等，2020）。

设施养殖方面，发达国家信息化、智能化技术已在畜牧养殖各个环节中应用，研制建成多种养殖环境自动监控系统平台，形成了适合不同饲养规模和区域特点的生产模式，针对生猪、奶牛、蛋鸡养殖的少人化生产已开展规模化应用（王国占等，2020）。以色列的Afimilk、美国的BOUMATIC、加拿大的ARROWQUIP、澳大利亚的Morrissey&Co、荷兰的LEIY、芬兰的PELLON、新西兰的Farmquip等公司均开展了奶牛精细化养殖饲喂装置的研究。

（二）典型技术与装备发展成效

1.智能化农业动力装备

（1）农业动力装备智能操控系统

智能化农业动力装备安装有信息显示终端的人机交互界面，操作者通过屏幕菜单

[①]　1马力≈0.735 kW，全书同。

可任意选择显示机组中不同部分的终端信息。国外农业动力装备行业头部企业（如John Deere、CNH、CLAAS等公司）已基本实现拖拉机的驱动防滑控制，正在向基于机组作业质量、能耗和安全约束的智能协同控制方向发展；德国Bosch Rexroth公司建立了世界领先的电液提升悬挂与位姿空间自适应技术体系，实现了力、位、滑转率综合自适应智能调整功能，形成了专利壁垒与技术垄断；CNH开发了电子牵引控制终端，大幅改善了位姿调控精度和敏感度，增强了人机交互性。智能控制单元技术方面，国外以CANbus物理层，ISO 11783协议层为基础，开发集成监测、规划及控制智能单元并应用于整机，John Deere联合收割机配备的GreenStarTM系统，具备智能控制、卫星导航等功能；CLAAS开发的CEBIS电子信息系统，应用于AXION 900系列拖拉机；Fendt开发的TMS型管理系统，用于机组实时监控、分析和优化。

（2）农业动力装备高效传动系统

国外头部企业已广泛采用动力优化匹配、全动力换挡、全功率无级变速等技术优化大型拖拉机的自动化与智能化高效传动系统。

（3）导航定位技术引领无人驾驶动力装备

导航定位技术引领无人驾驶动力装备产业化。美国CASE公司的Pro 700 AFS可与GPS定位接收机连接，通过AFS AccuGuide程序完成农机的定位导航和远程管理。CLASS公司推出GPS PILOT解决方案，通过高精度GPS接收机与激光传感器的配合，收获机械可检测已收割作物和未收割作物之间边缘的精确位置。John Deere公司研制出使用RTK-GPS技术解决方案的Radio RTK系列接收机。Fendt公司也推出了Vario、Katana、Rogator等多个系列适用于不同场合的农机定位解决方案。此外，国外主机的配套企业也开发了用于农业装备的定位导航产品，如Topcon公司的Hiper、NET系列，AgLeader公司的GPS 6000系列，AutoFarm公司的GR系列，天宝公司的NAV和GFX系列等（刘成良等，2022）。

（4）丘陵山区农业动力装备系统

国外丘陵山区拖拉机有改造型低地隙拖拉机、山地专用拖拉机、小型半履带/履带型拖拉机三类且均已商品化广泛应用。第一类改造型低地隙拖拉机通过降低普通拖拉机重心、加宽轮距、折腰转向等措施来提高其丘陵坡地作业稳定性与转向灵活性，具有重心低、爬坡能力强、侧向稳定性好、轴距短、外形尺寸小、转向灵活的特点。主要制造商有意大利的Goldoni、Valpadana、BCS等公司，代表性产品如意大利BCS公司的Volcan L80"山地"型拖拉机，配备2.4 L Kohler发动机，功率为55.1 kW（75马力），转弯半径小，可通过座椅和操控台对折旋转实现双向驾驶。第二类山地专用拖拉机，可通过机身调平与机具自适应调整实现沿坡体等高线作业。主要制造商有美国Knudson、意大利Gntonio carraro、瑞士Aebi、澳大利亚HTA、奥地利Reform和Lindner等公司，代表性产品如美国Knudson公司生产的hillside山地专用拖拉机，具有车身调平机构，转向方式为独特的蟹型转向，车身可以进行自动调节以适应山坡地起伏的地面。第三类是小型半履带/履带型拖拉机，其行走系统采用橡胶履带，动力传动系统采用静液压变速传动系统（HST）、液压机械无级变速（HMCVT），具有小型化、轻量化、低重心、通过性好、适应性强等特点。主要制造商有日本的洋马、久保田、井关等公司，代表性产品如洋马EG105半履带拖拉机，采用前轮后履行走系统，驱动力和牵引力好，接地压力小，能够较好地适应湿烂地或倾斜的地面。

2. 智能化大田作业装备

（1）耕整地装备

国外土壤耕作装备正朝着联合智能作业方向发展，高效、节能、少耕的机械化耕作技术已成为国外耕作机具的发展方向。美国、法国等发达国家的田间拖拉机功率可达360 kW以上，与其配套的耕整地机械也随之向大型化发展。这类宽幅机械生产率高，单位幅宽成本低，便于采用先进技术和提高作业速度，改善机具作业性能，且部件和机具组合形式多，可根据土壤条件和不同作业要求，组成多种配置方式。与拖拉机配套方式多，可后牵引、后悬挂，也有前悬挂、后牵引等组合，实现了一机多能。例如，翻转犁向宽幅、高速方向发展，半悬挂犁幅宽已达6 m，一般在5铧以上，最多可达18铧，作业速度达到10 km/h，且耕幅可调，液压自动控制翻转，代表产品有德国的半悬挂式翻转犁Varititan、法国的Multi-Master和Vari-master系列犁；旋耕机向宽幅、深耕、变速、多功能方向发展，作业速度达20 km/h。动力驱动耙幅宽一般为4～6 m，如德国的动力驱动耙Zirkon10、法国的HR1040R系列的动力驱动耙。深松整地联合作业机与大功率拖拉机配套，其幅宽可达7 m以上，能够一次完成灭茬、浅松、深松、合墒、碎土镇压等多项作业，既可减少作业次数，减轻机具对土壤的压实破坏，有效缩短作业周期、节约人工、减少能耗、争取农时等，也有利于保持土壤的水分，从而达到农作物稳产高产的目的。德国耕-耙联合机具的半悬挂犁与滚齿耙构成组配式联合作业机组，一次作业可完成犁耕及耕后表层碎土。联合整地机械已具有耕深和水平自控调节、快速换刀、快速挂接、自动过载保护等功能。土壤质量快速检测电化学技术应用，实现了土壤盐分的三维空间信息采集，建立了不同地块土壤养分分布及空间变异模型，提升了作业质量。美国Trimble、Topcon等公司在激光平地高程控制基础上实现了地形测量、作业量及工作时间计算和自主导航，且犁铧、耙片、耙齿等入土部件重量轻、强度大、韧性好，热处理加工工艺领先，坚固耐用。

（2）播种作业装备

国外的播种机械技术已经在精准智能化方面发展较为成熟。技术引领性体现为气力式排种逐渐取代机械式排种，实现精密（量）、高速播种作业且提高播种作业效率、种肥流量、播施深度和覆土镇压力测控等技术，保障种子着床达到苗全苗齐苗壮的播种质量。产品先进性体现为实现高速宽幅气流输送播种提效率、单体随地仿形质量、苗床整备与播种施肥一体功能。机型实用性体现为多传感监测实现远程运维、应用液压折叠方便转场、精量条播与精密穴播满足多样化、高"三化"水平减少成本。使用的播种机作业速度16 km/h以上，最高达到20 km/h，小麦播种最高行数达到60行以上。

（3）植保作业装备

欧美发达国家的植保机械以中、大型喷雾机为主（自走、牵引和悬挂），现代电子技术、仪器与控制技术、信息技术等许多高新技术现已在发达国家植保机械产品中广泛地应用。一是提高了设备的安全性、可靠性及方便性；二是满足越来越高的环保要求，实现低喷量、精喷洒、少污染、高功效、高防效，达到病虫害防治作业的高效率、高质量、低成本。国外的植保机械正朝着智能化、光机电一体化方向快速发展。针对大田作物普遍采用大型悬挂式或牵引式喷杆喷雾机，药箱载药容积5 000～10 000 L、喷幅达18～52 m，作业速度达8～10 km/h，配套拖拉机功率在58.8～73.5 kW（80～100马力）以上，尤其是适合作物生长后期需要的高地隙植保机械，地隙高达2 m。针对果园种植，在标准化果园，欧美国家广泛使用风送式施药装备，丹麦HARDI公司、法国BERTHOUD公司、日本丸山公司等企业的产品在国际上处于领先地位。该类装备通常采用果树精准对靶施药技术，经过超声波及激光传感器进行果树靶标信息的探测和识别，构建靶标外形（体积）模型，并基于此模型开发了风送式精准变量喷雾机械。该类设备多采用多风机和多柔性出风管道的设计，实现了有针对性的喷雾施药，通过适当降低风速，有效减少了农药的飘移损失，提升了农药的使用效率。

加拿大NORAC公司设计了一种能使喷杆根据地形轮廓自动进行调整的UC5喷杆控制系统，通过超声波传感器对作物高度变化迅速做出反应，确保在复杂地形中喷杆保持恒定的离地距离，使喷头维持在最佳喷洒位置均匀施药，减少农药在喷药过程中的漂移。

（4）收获作业装备

世界主要发达国家智能化收获质量检测与作业参数调控研究起步早。美国John Deere与凯斯、德国克拉斯、意大利纽荷兰公司是世界上生产大型高端轮式联合收割机的代表，生产的机型代表当今世界最高水平。在我国销售的代表机型有John Deere公司的S760、凯斯公司的AF7130、克拉斯公司的470、纽荷兰公司的CX8.70。克拉斯LEXION8900、芬特IDEAL10T等先进机型，发动机动力507.2 kW（690马力）以上，作业幅宽9.3～15.2 m，卸粮速度180 L/s以上，粮仓容量16 000 L以上，每小时可收获小麦180亩[①]以上。行走底盘普遍采用高中低三挡变速箱的电控换挡、轮履通用、单泵双马达驱动补偿等技术，拥有承载能力18 t、22 t、25 t级电控液压换挡底盘；普遍配置柔性仿形割台，可根据田间工况自适应地形和自动调控割茬高度，最大收获幅宽15.2 m；GPS、GIS和RS系统成为标配，配套

---

① 1亩≈667 m²，15亩=1 hm²。

籽粒损失与破碎、含水率与流量等在线监测系统和故障诊断与预警系统，对割幅续接、依据负荷的作业速度和脱粒清选装置进行智能化控制；配备物料喂入调节装置、脱粒分离调节装置、清选系统自动调平装置、复脱性能监控系统等，脱粒滚筒和清选风扇转速、清选筛片开度依据作物及田间作业情况实现自动调整，极大地提高了联合收割机的收获效率、收获质量，降低了籽粒损失率和部件故障率。有些机型还具有自主作业功能，操纵人员只需观察各个监控系统的参数，即可轻松地应对田间作业；整机可在最大收获效率和最小收获损失两种模式下切换，进行智能收获，水稻、小麦和玉米适应性强，但在其他作物收获时，脱粒清选装置通用性较差，收获损失率仍有降低空间。履带式联合收割机除了欧美大型联合收获机之外，还有适应丘陵山地、水田收获作业以日本久保田PRO688Q、洋马AW85GR等为代表的中小型机型，均采用电控液压无级变速底盘，具有良好的湿烂田块通过性，在底盘传动技术、智能化控制技术等方面具有先进性、适应性。

3. 智能化设施种植装备

（1）立体化栽培设施装备

美国、荷兰、日本、意大利等国家研究开发了不同形式的立体栽培。20世纪中期，立体栽培模式首先在发达国家发展起来，如多层立体栽培、垂挂式立体栽培、旋转式立体栽培等，主要目的是充分利用光合作用、增加单位面积的产量。

（2）设施育苗精量播种成套装备

国外穴盘育苗播种机发展起步较早，已有50多年的研发历程。经过多年的发展，国外研制出多种机型，各类产品比较成熟，自动化程度较高。目前，国外生产穴盘育苗播种机的公司主要有美国的Blackmore和SEEDERMAN、英国的Hamilton、意大利的MOSA、荷兰的VISSER、澳大利亚的Williames及韩国的大东机电等，效率可达1 200盘/h，进盘、播种、覆土、洒水、叠盘等全部实现自动化作业和智能化控制。

（3）环境自动调控系统

发达国家的温室智能控制技术已经得到了广泛的应用和完善。使用计算机可以集中控制温室内温度、湿度、光照强度等环境参数，温室内环境参数可通过控制开窗及拉幕电机、暖风机、风扇等温室设备自动调节。目前，随着计算机技术飞速发展，人工智能技术开始普遍应用于温室控制。荷兰将差温管理技术用于温室环境的自动控制，实现了对花卉、果蔬等产品开花和成熟期的调控。日本将各种作物不同生长发育阶段所需环境条件输入计算机程序，以光照条件为始变因素，温度、湿度和CO_2体积分数为随变因素，当某一环境因素发生改变时，其余因素自动做出相应修正或调整，使这4个环境因素始终处于最佳匹配状态。

（4）作物生长信息监测系统

20世纪80年代，美国就建立了包含多个大型信息服务系统和农作物生长模拟系统的AGRICOLA、AGRIS等平台，给农作物生长提供完善的信息服务。日本开发了用于监测大面积农田的无线网络系统，通过Wi-Fi实现离散的传感器节点通信，并将信息通过GPRS传送到远程服务器。德国各州农业局开发的农业数据信息管理系统、植物保护数据服务系统，可对采集的数据进行全面分析，根据分析结果为农户提供技术支持，如提高农作物产量、预防灾害等。澳大利亚的农情信息系统可以实现对农业自然资源、生态环境、农作物种植和产量等领域进行预估。Erica Ceyhan结合作物生长的外部环境因素分析了环境变化对作物品质的影响。

（5）水肥一体化装备

以色列、荷兰、美国等国家都已经普及推广水肥一体化技术，并形成了灌溉施肥系列产品，如以色列NETAFIM公司的NetaJet和Fertikit系列，Eldar Shany公司的Frtimix系列，荷兰PRIVA公司的Nutriline系列，韩国普贤BH系列等灌溉施肥机。这些灌溉施肥机能够精确提供作物的养分和水分，部分产品还可以根据作物类型、不同生育期特点、环境参数等提出不同的灌溉策略，实现智能化灌溉施肥。

（6）设施多功能作业平台

欧美等西方国家早在20世纪60年代就已经开始对多功能作业平台开展研究，且在果园中进行了较大规模应用。通过试验发现，采用多功能作业平台的桃园工人修剪效率比使用扶梯的工人修剪效率平均提高了34%，收获效率平均提高了59%；同时使用多功能作业平台的工人手臂抬高、躯干前弯、重复性、心率和自感劳累程度均低于使用梯子作业的工人。日本则结合本国丘陵地形特点，发展出适应丘陵地区的小型化果园作业平台。同时针对设施农业生产，开发出用于温室及植物工厂的大型多功能作业设备，实现省力化作业。

4. 智能养殖装备

（1）智能感知与精准环境调控技术装备

基于智能感知的精准环控技术，作为改善畜禽水产养殖生产水平与效率、提高健康与福利的关键核心技术，引起了行业广泛重视，欧盟通过实施"Bright Animals""EU-PLF""Future Farm"等重大项目，基于传感器、视频与音频等智能感知途径，实现了不同设施环境条件下的畜禽生理状态与典型生理参数非接触测量、体征与特征行为的自动识别、疾病非接触/远程诊断与健康预警、基于多元参数智能融合的养殖环境评估与应激预警、健康环境智能调控等功能。丹麦哥本哈根大学与奥胡斯大学联合开发的猪、鸡有效温度模型，已经应用到Big Dutchman与SKOV公司自适应学习环境控制器中。该控制器对前期控制经验主动学习，大幅提高了环境控制精度、稳定性和调控效果。此外，机器人技术也被广泛应用在养殖生产关键环节中。乔治亚理工大学已实现商业化运行的巡检机器人可对鸡群和环境参数进行定性分析，检测并捡拾地面鸡蛋，识别死亡的鸡只，且不会破坏鸡只。荷兰Lely公司的A5挤奶机器人，借助三层激光系统结合3D摄像头提高了乳头定位准确性，缩短了4%的挤奶时间；使用奶质检测传感器实时监控牛奶质量；Lely Discovery

120 Collector尘吸式智能清粪机器人，采用真空泵技术和基于内置传感器的自动导航系统，实现了对牛舍实心地面的自动清洁。

（2）成套智能化装备

国外的畜禽养殖行业通过采用绿色化、智能化和工厂化的生产方式，结合成套的智能技术装备，实现了养殖模式的现代化，提高了养殖的规模化和效率。美国、加拿大、荷兰、德国、法国和奥地利等国家开发了智能化的单栏/群养生猪牵引、育种、饲喂、繁育管理系统及自走式饲喂机器人，其中的环境智能监测、调控、尾气处理等装备作业精准快速，猪舍氨气去除效率达70%以上，臭气去除率最大可达90%，PM2.5和PM10去除率达90%。奶牛养殖初步实现了机器人取代人工的作业方式，基于电子耳标身份识别系统，实现了对犊牛采食量的精准控制和预警，同时还可调节牛奶温度等。畜禽安全生产管理实现了智能化，奥地利、法国、美国分别研发投产了智能清洗消毒机器人，实现了肉鸡垫料消毒、猪舍内消杀、环境智能监测及辅助生产人员完成危险与复杂作业等功能。全过程的禽蛋收集分选包装装备实现了精准高效自动化作业，单套产品的鸡蛋分拣效率可达到25.5万枚/h。

在水产养殖方面，通过计算机控制系统高效集约化循环水养殖，水质监测与调控、精准投饲、育苗播苗、起捕采收等环节的智能化装备已普遍应用，水产生长状态的水下监测机器人也开始应用。芬兰的Arvo-Tec开发的"机器人投饲系统"通过计算机控制系统实现了无人操作，还可以实时检测水体理化指标。

5. 农业机器人

（1）农业机器人是国际智能农业装备产业竞争中的焦点

农业机器人是一种集传感技术、监测技术、人工智能技术和图像识别技术等多种前沿科学技术于一身的农业生产机械设备。农业机器人是以具有生物活性的对象为目标，在非结构化环境下，具备环境与对象信息感知能力，能够实时自主分析决策和精确执行，是服务复杂农业生产管理的新一代智能农业装备。

发达国家目前引领农业机器人技术与应用方向，且由于发展阶段和产业特点不同，各国也体现了不同的研发重点。近年来，随着现代农业、人工智能、新一代信息、大数据、传感控制及工业机器人技术等快速发展，农业机器人呈现爆发式发展态势，其研发、制造、应用成为衡量一个国家农业装备科技创新和高端制造水平的重要标志。日本育苗、嫁接、番茄/葡萄/黄瓜采摘、农药喷洒等机器人，荷兰设施农业机器人，美国大田作业行走机器人，瑞士、德国大田除草机器人，英国果实分拣和蘑菇采摘机器人，西班牙果品采摘机器人，法国葡萄园机器人，澳大利亚牧羊和剪毛机器人等已成熟应用。

（2）农业机器人在智慧农业中的产业化应用

国际上，在嫁接、采摘、分拣、除草、移栽机器人方向上经过多年的研发，不同程度地进入示范应用和产业化阶段，近200款嫁接机器人投入商品化应用，极大地提高了农业产出效益，John Deere的机器人化收获机效率提高了70%，番茄、苹果的采摘效率达到了4～5 s/株（棵），果蔬采收机器人可以降低人工50%以上。挤奶机器人的开发虽然起步相对较晚，但已出现较大规模应用的迹象和趋势，正在成为农业机器人领域国际竞争的焦点型产品，截至2019年，荷兰、德国、美国等国家约有3万台挤奶机器人投入使用，挤奶套杯和成功率都达到98%，我国也已有10多家奶牛场购置挤奶机器人进行试验性应用。

国外已涌现出了一批农业机器人专业型、创新型企业。John Deere、凯斯纽荷兰、爱科、久保田等跨国农机企业重点推进拖拉机、播种机、收获机的大田作业装备的机器人化，日本久保田"X tractor"搭载AI和电气化技术，实现完全自主驾驶和100%电力作业；Fendt公司开发了"Xaver"播种机器人；德国大陆集团研发的"Contadino"模块化机器人、德国NEXAT GmbH开发的"ALL in ONE"大型农业机器人平台，都可搭载播种、除草、喷洒、施肥作业机具。美欧一批初创企业重点聚焦果蔬采摘机器人研发，美国的Abundant Robotics公司专注于苹果收割机器人；以色列初创公司MetoMotion开发"温室机器人"；新西兰Robotics Plus公司专注于猕猴桃采摘机器人；西班牙初创公司Agrobot、美国的Advanced Farm Technologies（AFT）、美国的Harvest CROO公司着力于开发草莓采收机器人；韩国的Nao Technologies公司专注于开发葡萄栽培机器人。希尔索农机研究所研制了蘑菇采摘机器人。另外，还有一些初创公司聚焦在关键部件系统研发，美国Vision Robotics公司、英国Soft Robotics公司等专注于农业机器人的视觉系统、柔性执行机构。根据Markets and Markets的市场研究报告，预计到2025年，农业机器人市场预计将从2020年的74亿美元增长到206亿美元，复合年均增长率将超过20%。

二、发展经验

近些年，欧美发达国家纷纷提出智慧农业发展战略，把智能农机发展摆在突出位置，加大农业物联网、农业传感器、农业大数据、农业机器人、农业区块链等智能农机关键技术研发攻关，为中国提供了可借鉴的经验。赵春江等（2023）从政策部署、技术创新、体系化打造、补贴政策等几方面对国外典型发展经验进行了系统梳理总结。

（一）美国经验

早在20世纪80年代，美国农业部就提出了精准农业的概念和构想，开始研发自动驾驶拖拉机，到20世纪90年代中期，John Deere公司率先将卫星导航系统安装在农机上，正式开启了农机装备智能化的先河。历经30余年的发展，美国逐渐形成了以大田全程全面机械化智能化作业的发展模式。

1. 注重顶层战略部署与政策引导

2018年，美国农业部发布了《农业机械化和自动化技术发展蓝图》，将提升农机智能化技术应用的范围和水平作为至2025年农业生产的核心目标和任务。2020年，《美国农业创新议程》明确持续加大对农业自动化创新技术的投资，尤其关注自主机器人、无人机等智能农机装备。

2. 注重以企业为主体的智能农机装备关键核心技术创新

以John Deere、凯斯纽荷兰、爱科集团为代表的农机巨头一直致力于改进与提升智能农机通用数字底盘、智能感知、智能决策等关键核心技术。例如，John Deere推出的全新9R系列拖拉机，搭载了全动力换挡变速箱，配合液压离合器，可实现全自动换挡；CP690自走式打包采棉机采用自动换挡变速箱、防打滑系统等技术，实现一次性完成田间采棉、机械打包和行走卸载棉包（前文有提及相关机型）。

（二）德国经验

德国智能农机装备的发展源于20世纪50年代中期以农业生产机械化和电气化为核心的农业技术革命。20世纪90年代以后，德国开始将"3S"技术与农机相结合，大幅促进了农业生产的自动化与精准化。2015年，德国在"工业4.0"概念的基础上提出"农业4.0"，明确以智能农机装备的研发与应用为核心，推动传统农业向智慧农业过渡。发展至今，德国形成了"农业4.0"驱动下的智能农机装备产业发展模式。

1. 注重智能农机装备制造体系的构建

基于"工业4.0"的持续推动，德国农机工业已经进入了以数字化、智能化为标志的新阶段。农机企业普遍建设了农机制造智能工厂或数字化车间，应用了高精度智能切割、精密配装机器人作业系统等技术，实现了农机装备产品设计、加工、检测、装配的全流程自动化。例如，科乐收目前已经拥有了多条高度智能化的生产线，并充分应用了虚拟仿真、虚拟实验等数字化设计技术，极大缩短了研发周期（陈学庚等，2020b）。

2. 注重发挥农机合作组织的作用

早在1958年，德国就创建了专业的农机合作组织——"农机环"。该组织实行会员制，主要为农业经营主体提供农机租赁、调配、费用结算等服务。当前，半数以上的德国农场与农企加入了"农机环"。通过搭建统一的农机服务平台，"农机环"实现了农机装备的精准调度，极大地提高了农机的使用率。同时，在"农机环"这一组织的带动下，德国还实施了农机购置税收豁免政策。根据德国《机动车辆税法》，对农业、林业经营使用的拖拉机、拖车等实施税收豁免政策，据统计，2019—2022年，此项税收支出高达4.8亿欧元，为全国20项最大税收支出之一（李祯然等，2022）。

（三）日本经验

20世纪90年代，为缓解人口老龄化、少子化带来的粮食安全等问题，日本政府积极推动农机信息化、智能化发展，针对丘陵山地多、平原面积少的资源限制，日本逐渐形成了以小型智能农机装备为代表的精耕发展模式。

1. 注重小型轻量化智能农机装备的研发应用

早在1991年，日本农林水产省就出台了"推广植保无人机在稻田中应用"的鼓励政策，加速了植保无人机在日本农业领域的应用。2019年初，日本农林水产省又发布了农用小型无人机普及计划，持续扩大小型无人机在生产状况分析、农药化肥喷洒、鸟兽害防治等领域的应用，推动日本成为世界上农用无人机第一大国。此外，以久保田、洋马、井关农为代表的农机企业面向大田与设施农业相继研制出育苗、嫁接、采摘、施肥、移栽等多种农业生产机器人，推动日本多功能农业机器人研发应用水平达到世界领先地位。

2. 注重智能农机装备补贴的持续支持

日本近年来推出了多项资金与税收补助措施，例如，"农业现代化资金补助法""农林渔业设施资金"等，以支撑智能农机装备的应用与推广，其中，"农林渔业设施资金"可为机械化智能化产品应用提供最长20年、年利率约为0.20%的融资金额，最多可占农业装备价格的80%；"强农惠农综合补助金"可为经营主体购置智能农机装备提供最高50%的补助金，对于在农业用地安装全球导航卫星系统基站，引入无人驾驶导航系统的经营主体，农林水产省的相关补助可高达50%（黄梓宸等，2022）。

（四）启示借鉴

1. 注重前瞻性战略布局

以美国、德国和日本为代表的世界强国均非常重视智能农机装备的发展，并将智能农机装备发展视为实现本国农业可持续发展的重要目标之一，针对以智能农机装备应用为核心的精准农业、数字农业、智慧农业等，不断推出相关战略举措与行动计划，构建了适合本国国情的智能农机装备创新发展体系，有力保障了本国粮食安全、提高了本国农业综合生产力与竞争力。

2. 突出企业创新主体地位

发达国家智能农机装备的研发创新活动大多由企业主导推动，基本形成了政府引导、市场主体、社会参与的智能农机装备发展协同推进机制。John Deere、凯斯纽荷兰、爱科、久保田、科乐收等农机巨头，近期纷纷布局收购智能化、无人化、新能源技术领域的初创企业，并通过与信息领域龙头企业展开深度合作，打造与自己产品融合的智能农机制造新模式，以此推动智能农机装备产业化发展（崔凯，2022）。

3. 注重政策补贴激励

为确保中小型农场用得到、用得起、用得好智能农机装备，发达国家对智能农机装备的推广应用普遍采用了财政补贴、税收优惠、金融支持等政策性激励，对农业新基础设施和平台建设、智能农机装备研发投入、智能农机购置、农机数据汇集与共享机制等提供相应的财税与金融支持，例如，日本对购买智能农机补贴50%，比一般农机高20个百分点。

第二节 国内智能农业装备发展现状

一、技术进展与产业成效

中国是世界农机装备第一制造大国和使用大国，已形成65个大类、4 000多个机型品种的农机装备产品系列，能够满足国内90%以上的市场需求，为农作物综合机械化率超过71%提供了有力支撑保障。近年来，随着农业农村现代化进程加快推进，中国智能农机装备发展取得积极成效，初步形成了信息化、智能化的技术和产业基础。

（一）总体情况

国家高度重视智慧农业、智能农业装备的发展，近年来，出台了系列支持政策。在相关政策的大力支持下，国内企业和科研院所密切跟踪国外技术和产业发展动向，加大研发创新力度，智能农业装备关键技术攻关取得积极进展，产业发展步伐加快。主要体现在以下5个方面。

1. 智能化核心技术创新能力不断提升

近年来，依托国家部署实施的大量农业装备科技创新项目，农业专家系统、农业智能装备、北斗自动导航驾驶等智慧农业科技先后取得了突破（赵春江等，2021）。高校院所及企业在智能农业动力机械、智能装备控制与导航技术、农机装备智能化设计与验证关键技术、农机智能作业管理关键技术等方面开展了专项研究工作，初步构建形成了自主完善的技术研究体系，提升了自主科技创新能力（张智刚等，2018；姚春生等，2017）。旱作作物栽植技术、农作物生产过程监测与水肥药精量控制施用技术、土壤植物和动植物对象信息感知与跟踪技术、环境信息实时监测、远程智能化自动测控等技术攻关取得积极成效，为农业全程信息化和机械化技术体系构建奠定了基础。作物叶片、个体、群体3个尺度养分、生理信息检测技术，土壤水、盐和养分检测技术，农业复杂环境下信息低能耗、低成本和稳定传输技术等研发成果，为实现基于实测信息和满足植物生长需求的物联网肥、水、药精准管理和设施协同调控提供了有力支撑。

2. 大田智能作业装备应用逐渐兴起

目前，中国在耕种管收田间作业、农产品产地加工及贮运、设施园艺及养殖等智能农机装备方面，已经具备了500多种智能产品研发生产能力。北斗自动导航驾驶系统已在大田种植中规模化应用，植保无人机飞控技术世界领先，目前保有量已超过10万架，装备总量、作业面积位居全球第一。大型动力、复式整地、变量施肥、精量播种、高效收获等关键技术不断取得进步，形成了适应不同生产规模的主粮全程作业装备技术与产品配套体系，并延伸拓展应用于棉花、番茄、甘蔗、花生、马铃薯等优势经济作物环节装备（罗锡文等，2021）。

智能重型拖拉机实现了无级变速传动技术应用开发，极大地推动了中国大型拖拉机自主化。10 kg/s及以上大喂入量谷物联合收割机集北斗卫星导航技术、控制器局域网络（CAN）总线、在线测产等智能化技术，与世界主流技术的差距逐步缩减；自主研发的智能收获机，通过人工智能视觉技术、高精度传感器来感知收获环境、目标，导入算法模型进行数据分析处理，生成最优的农机参数调整控制指令，传递给整车控制系统，使收获作业更加精准、高效（李翼南，2016）；采棉机采棉头、智能控制系统等关键零部件实现自主化，3行采棉机可满足小规模棉花收获需求，6行大型智能采棉机可实现采棉打包一体化；饲草、加工番茄、甘蔗、花生、甜菜等经济作物收获装备智能化升级逐步开展；智能施肥施药机械、基于机器视觉识别技术的田间除草机器人、农田施药无人机实现示范应用。

3. 设施园艺及农产品加工装备向成套式发展

中国无人化设施养殖发展势头强劲，无土栽培、立体种植、自动化管理的设施农业成套技术设备已具有自主知识产权，并逐步打入国际市场。随着物联网和智能控制技术的应用，智能识别技术、智能机器人技术等广泛应用于新型养殖设施、环境调控、养殖数字化监控与远程管理、饲料营养加工及快速溯源与在线检定、个性化饲喂设备、养殖场废物环保处理等猪、鸡、水产、奶牛养殖成套技术与设施设备中，养殖集约化、机械化、智能化水平大幅提升，提高了劳动生产率、土地产出率和资源利用率（罗锡文，2019b）。上海浦东智能种苗工厂已实现全程智能化生产，配置的智能环控系统能在线感知温室内的土壤温度、湿度、空气温度、湿度、光照、二氧化碳、雨雪等参数，通过传感器可自动控制电磁阀和水泵、施肥系统，以及加温设备、加湿设备、二氧化碳发生器等，使温室内环境始终维持在适宜作业生长的最优范围内。草莓、番茄等的智能采摘机器人已经开展试验示范，通过机器视觉和末端执行器等技术对水果和蔬菜实现自动采摘作业，降低果蔬采摘成本，提高农民收入（伍荣达等，2021；徐明东等，2022）。针对畜禽不同生理生长阶段对养分的动态需求差异，国内已研发了犊牛精准饲喂机、奶牛分群管理精准饲喂系统、自走式精准撒料机、生猪自动化液态饲喂设备、智能化奶羊饲喂站等产品，实现了畜禽智能化饲喂装备关键核心技术突破（李保明等，2021；席瑞谦等，2021）。研发的大宗粮食产地集中烘干、果蔬产地保质贮藏、果蔬及棉花等在线检测与分选分级、自动化家禽屠宰等技术装备，可提升农产品加工增值减损能力和能源利用效率（陈学庚等，2020b）。

4. 无人农业示范已分区域分作物逐步开展

无人农场作为实现智慧农业的重要途径，已在多区域开展试验示范（罗锡文等，2021）。黑龙江、江苏、广西、内蒙古、新疆、重庆等15个省（区、市）已建立26个无人农业作业试验区，正在逐步推进甘蔗、马铃薯、棉花、油菜等作物的全程无人化作业示范。

无人农业示范推动了智能农机快速发展。"东方红""欧豹"无人驾驶拖拉机、"谷神"无人驾驶联合收割机可实现收割机与运粮车的主从导航无人驾驶，"丰疆"高速无人驾驶插秧机可实现水田原地掉头对行、秧盘自动提升。"大疆""极飞"等品牌电动多旋翼机型能够精准导航、主动避障、定量施药，可相对稳定、安全开展规模化作业服务。新疆生产建设兵团使用卫星导航自动驾驶技术开展棉花种植，整个作业季每台机具较手动驾驶平均多播种1 000亩，土地利用率可提高0.5%～2.5%，棉花精准施肥能够节肥15%，单产增加5%左右。华南农业大学在多地建立了水稻无人试验农场，集成耕种管收全环节智能农机装备，实现了机库田间转移作业全自动、自动避障异况停车及生产过程实时监控和智能决策精准作业等无人化技术方案（罗锡文等，2021）。

5. 企业加快布局智能化和电动化创新产品

传统企业智能化产品不断完善。潍柴雷沃重工股份有限公司（简称"潍柴雷沃"）研制了商业化CVT智能拖拉机——P7000系列；中国一拖集团有限公司（简称"中国一拖"）研制了LF2204动力换向无人驾驶拖拉机；广西柳工机械股份有限公司生产出系列无人驾驶甘蔗收获机；中国铁建重工集团股份有限公司研制了4QZ-6000高端青贮收获机和4MZ-6型高端智能采棉机等，配置了智能控制系统，实现了整机质量和效率的提升。国家农机装备创新中心研制了"5G+氢燃料"电动拖拉机和73.5 kW（100马力）轮边电动拖拉机样机，江苏沃得农业机械股份有限公司、中联重科股份有限公司、东风井关农业机械有限公司等均在开展智能农机装备产品研发生产。广西玉柴机器集团有限公司、潍柴动力股份有限公司（简称"潍柴动力"）等已生产符合最新排放标准的非道路国Ⅳ柴油机，关键零部件配套能力不断加强。汽车、工程机械、电子信息等行业企业加快跨界布局，碧桂园集团自主研发220.5 kW（300马力）大型无人拖拉机作业机组、220.5 kW（300马力）大型无人联合收割机及智控平台；三一重工股份有限公司继徐工集团工程机械有限公司之后入局农机领域，开展智能农机装备研发制造；比亚迪集团布局新能源农业叉车，北京博创联动科技有限公司、南京天辰礼达电子科技有限公司、上海联适导航技术股份有限公司、丰疆智能科技股份有限公司、苏州极目机器人科技有限公司等企业在智能导航、自动驾驶、作业监测、物联网平台、智能采摘机器人、数字化管理平台等方面均有产品上市。

（二）典型技术与装备发展成效

1. 智能化农业动力装备

（1）农业动力装备智能操控系统

国内在农业动力智能协同控制与自动驾驶技术方面起步晚研究少，还处在样机阶段。中国农业大学、河南科技大学等对经济性约束下的拖拉机速度与工作转速协同控制开展了研究，但控制模型功能较单一；中国一拖与华南农业大学联合研制了东方红LF954-C、东方红LF2204超级拖拉机等系列无人驾驶拖拉机；山东海卓电液控制工程技术研究院在智能电液控制领域开展了研究，取得了初步成果；北京市农林科学院智能装备技术研究中心研发的无人驾驶系统在新疆、东北等地进行了推广应用；中国农业大学开发的基于CAN总线的玉米收获智能控制系统，可实现作物收割损失控制、自动对行及故障诊断等功能。但在非结构作业环境感知、复杂地形自动驾驶、抢农时约束作业协同、开放农田环境主动避障、车身姿态精准感知与自适应调整、多作业端协同控制、总线控制网络等关键技术依然存在较多问题，基于激光雷达和CCD的障碍物识别技术的控制精度不能满足多场景应用，已有样机需要不断迭代提升才能满足产品化、产业化的需求。

（2）农业动力装备高效传动系统

国内实现部分动力换挡技术，全动力换挡技术尚属空白，无级变速拖拉机处在研发阶段，尚未实现商品化。中国农业大学、河南科技大学等对动力换挡结构设计、控制及CVT等技术进行了研究；潍柴动力开发了240HP CVT拖拉机动力总成；中国一拖研制了国内首台300HP级重型动力换挡拖拉机、400HP重型CVT拖拉机样机；潍柴雷沃、江苏悦达智能农业装备有限公司（简称"江苏悦达"）等也开展了动力换挡产品研发；山东海卓电液控制工程技术研究院在电液提升与电液控制领域开展了研究，并获得了自主产权的初步成果。但以大功率动力换挡拖拉机和无级变速拖拉机为代表的高端农用动力装备整体上对外依存度高、原始创新不足、关键技术受制于人，核心零部件严重依赖进口。

（3）山区、丘陵和果园等农业动力装备系统

国内丘陵山区专用型拖拉机处在科研样机阶段，无成熟产品。南方丘陵地区拖拉机拥有量仅占全国的16%，主要为手扶拖拉机、微耕机和小型四轮拖拉机，普遍存在技术简单，作业中易倾翻、转向困难、作业速度慢、适应性及安全性差、不适宜湿烂田作业等问题。中国一拖、湖南农夫农业装备有限公司（简称"湖南农夫"）、中联农业机械股份有限公司（简称"中联农机"）、重庆鑫源农机股份有限公司（简称"重庆鑫源"）等企业围绕丘陵山区水田专用拖拉机需求，研发了36.8～88.2 kW（50～120马力）半履带/履带拖拉机，目前仍处于技术优化和性能提升阶段。重庆宗申动力机械股份有限公司（简称"重庆宗申"）与意大利巴贝锐公司合作，合资生产帕维奇ZS554铰接式拖拉机，广西惠来宝研发了铰接式山地拖拉机，可通过前后桥的铰接实现车身扭转，提高了丘陵坡地作业的稳

效性和转向灵活性，但产品在本土化、适应性等方面还有待提高。四川川龙拖拉机制造有限公司（简称"四川川龙"）、山东五征集团有限公司（简称"山东五征"）等开展了具有适应复杂地面和姿态调整功能的山地拖拉机研发，并形成了科研样机，研发成果尚未得到有效熟化和实际应用。

2. 智能化大田作业机械

（1）耕整地设备

我国耕地提质装备主要包括旋耕机、深松机、铧式犁、圆盘耙、联合整地机等。在高性能的耕地提质工程技术与装备方面已开展相关研究，但现有机械产品还不能满足农业低成本、高可靠性、多对象适应性要求，未形成成套实用可靠装备，迫切需要开展农田提质工程技术与装备系统性研发。我国液压翻转犁多为3铧、4铧，最多不超过8铧，整机笨重、效率低、油耗大、作业效果与国外产品有差距；犁铧、耙片、驱动耙耙齿等各种入土作业部件与国外产品相比差距较大，如国内生产的犁铧和耙齿使用寿命只有国外进口产品的1/2。激光平地与标准化筑埂技术与装备方面，现有激光平地机作业幅宽小、效率低；激光系统作业半径小，难以在大风大雾等气候环境中作业。我国筑埂机械缺乏，主要依靠人工，标准性与修筑质量差。在土壤质量快速检测技术方面，国内研究侧重于光谱、生物传感及电化学技术，光谱传感器成本高、环境条件适应性差；生物传感器很难实现在线式检测。在土壤电化学方面，北京师范大学、中国科学院南京土壤研究所等单位研究较多，但土壤修复精准施放控制技术研究鲜有报道。在残膜回收技术与装备方面，已有土表残膜回收等相关技术与装备，由于地膜薄、强度低、韧性差、碎片小而多，机具拾净率低，亟待提高。

（2）播种作业装备

我国播种机产品种类齐全、机型品种多样，小麦和玉米主要作物基本实现了播种的机械化，但在马铃薯、油菜等作物方面由于种植农艺和区域差异，机械化播种发展相对滞后且不平衡，播种作业装备的智能化处于起步阶段，大多处于推广示范和试验阶段，尚不够成熟和产业化。排种器主要以机械式排种为主，气力式排种器技术研究相对成熟，但受到使用者经济承受能力等外在因素制约，用量相对偏少。具备仿形的开沟、施肥、播种、覆土、镇压一体化播种结构功能部件成熟度达到实用化，产业化应用的普及性有待提高。种子和肥料的流量检测、播深测控、面积计量等智能计算检测技术系统已经搭载应用，并在粮食主产区结合信息云平台推广。适合高速播种方式的系统性技术、宽幅播种的产品技术、不同区域适应性的免耕播种施肥技术、大豆玉米带状种植模式的播种技术、南方黏性土壤的稻麦油菜轮作播种技术、马铃薯起垄播种施肥覆膜播种技术等，正开展主产区农艺和播种机作业联合试验和规范性模式优化。国内研制了基于GPS的智能变量播种、施肥、旋耕复合机，并在一些农场投入使用。高速化、宽幅、苗床整备播种施肥一体化高效播种机成为发展的重点，免耕播种施肥播种机仍要解决秸秆破茬、苗带清理、播深与镇压保障等技术难题和部件可靠性，适合高速播种的精密（量）排种器、系列化气力集中输送系统、物流流量测控、镇压力测控等技术和部件优化，达到低成本实用化。

（3）植保作业装备

我国机动植保机械保有量大幅增长，除大型自走式喷杆喷雾机外，出现了植保无人机、地面无人驾驶喷雾机器人等新技术机型，植保机械化作业面积不断扩大。精准施药、循环喷雾、仿形喷雾、防飘喷雾、低空低量航空喷雾、智能植保机器人等技术达到成熟化水平，开发配套的新型药械在生产中发挥了重要作用，实现了防治病虫草害农药减量施用的目标。

国内对自动对靶喷雾等变量喷药技术进行了较深入的研究，结合生产实际开发了相应的机具。如将红外探测技术、自动控制技术应用于喷雾机上，研制出果园自动对靶喷雾机，较好地解决了现行果园病虫害防治存在的农药利用率低、污染环境等问题。

（4）收获作业装备

我国谷物收获机械旱田以轮式为主、水田以履带式为主，与欧美对比属于中小机型。市场应用的主要机型发动机动力一般在139.7 kW（190马力）左右，作业幅宽6 m以下，喂入量10 kg/s以下，粮仓容量2 800 L左右。制造企业主要有潍柴雷沃、中联农业、新疆新研牧神科技有限公司（简称"新研牧神"）、星光农机股份有限公司（简称"星光农机"）、山东巨明机械有限公司（简称"山东巨明"）、江苏沃得农业机械股份有限公司（简称"江苏沃得"）、中国一拖等。近几年，中小型联合收割机仍是主流，最大喂入量12 kg/s。开发的6～10 kg/s喂入量的稻麦联合收割机成为市场主打机型，代表机型有雷沃谷神4LZ-10M6、中联农机TE100、新研牧神4LZ-8等，喂入量12～15 kg/s联合收割机搭载智能测控系统达到量产程度。玉米茎穗兼收联合收获技术适合国情，应用发展普及，适合高含水率玉米籽粒直收，降低破碎率技术有所突破。但大部分收获装备的关键部件通用性较差，同样存在水稻、小麦和玉米以外作物收获效果不理想的难题需要解决。初步搭载关键部件参数监测、显示和报警的简单检测功能，如对风机、脱粒滚筒、复脱器、发动机等部件的监测。智能测控功能还需加大实用技术研究，作业参数监测相对独立，工作部件间无控制关联，难以实现收获过程的割台自动仿形、喂入自动调节、整机自动调平等控制；在工作过程中利用控制器实现故障自诊断、作业工况监测和作业质量跟踪监控等保障手段还未应用，难以在此基础上形成有效的监控、服务、运维体系；谷物流量传感、损失传感等影响智能化的技术需要朝着低成本、应用化迈进，以促进自主作业的逐步实现。从利用最佳收获时机抢收、高标准农田建设推进等市场需求角度看，将向大喂入量、智能化、多功能、自主作业方向发展。

3.智能化设施种植装备

（1）立体化栽培设施装备

经过多年的探索，目前国内该项技术已经基本成熟，并在不断地发展和提升。20世纪

90年代，我国开始立体栽培模式及技术研究，经历了由平面多层向圆柱体、多面体转变，已形成平面多层、圆柱体、多面体、幕墙式、垂挂式、管道式等多种栽培形式。

（2）设施育苗精量播种成套装备

国内研究起步较晚，但取得了很大的进步，技术已经相对比较成熟，较为普遍应用。"八五"期间，农业部和科技部先后将穴盘育苗技术研究列为重点科研项目，在全国建立五大穴盘育苗示范基地，全国的农机科研单位和生产企业也跟进研究相关技术，研发出了多种穴盘育苗播种机，使我国的穴盘育苗播种机得到了快速发展，减少了与国外的差距。开发的半自动播种机效率为200～600盘/h，全自动播种装备效率可达800盘/h以上。

（3）环境自动调控系统

我国的温室环境自动控制技术已经完成了从引进吸收、简单应用阶段到自主创新、综合应用阶段的过渡。我国智能温室控制系统发展比较晚，但是发展速度比较快。孙小平对温室中的供暖设备、风机、LED灯与其相对应的调控参数（如温度、光强等）之间的关系进行了研究，寻找其相关函数关系，实现温室环境自动调控。张漫等设计了作物光合速率预测模型，将实时监测光照、温度及CO_2浓度输入预测模型中，获取相应的CO_2浓度最佳目标值，从而实现温室CO_2自动调控。李雅善等拟合设计出了多元非线性光合速率预测模型，可进行光饱和点寻优，确定了温室作物在不同光强条件下的环境参数最佳目标值，实现了温室光强自动调控。以上研究多针对温室环境中单一环境变量进行调控，难以实现温室环境多参数自适应调控。

（4）作物生长信息监测系统

我国物联网技术在农业领域中取得了较好的成效，产品基本可以满足设施园艺作物生长的要求。中国农业大学精准农业实验室基于蓝牙技术，开发出无线温室环境信息采集系统。国家农业信息化工程技术研究中心基于PDA和背夹式DGPS设备开发了农田信息采集系统。浙江大学开发了基于GPS、GIS的便携式计算机农田信息处理系统。中国农业科学院建立了农作物生长监控中心，监测点遍布全国小麦代表区域，将影响小麦生长的环境因子传送到监控中心，监测点分布范围广，数据更具代表性。中国科学院遥感应用研究所研发了一套农作物数据系统，可以实现数据采集和传输的功能，并能通过手机进行实时监测，在大田数据采集中具有良好适用性。

（5）水肥一体化装备

国内产品基本可以满足农作物水肥一体化灌溉的要求。形成了膜下滴灌、积雨补灌等多种水肥一体化模式，开发了规格多样的水肥一体化装备，基本满足国内的需求；水肥一体化技术主要通过喷灌、滴灌和微喷灌方式实施，其系统主要由水源工程、施肥装置、过滤装置、管道系统和灌水器等组成，常用的施肥方式包括重力自压式施肥法、压差式施肥法、文丘里法、注肥泵法和水肥一体机等。

（6）设施多功能作业平台

国内起步晚，以传统农用运输机具底盘为平台进行开发，处于样机研发阶段。2007年由新疆机械研究院研制的LG-1型自走履带式多功能果园作业机正式亮相，其主要由行走底盘和升降机构组成，搭配空压机、发电机及喷雾系统，实现果树修剪、果园喷药、果实采摘、果品运输及动力（照明）发电等功能。在此基础上又研发了履带式作业平台，具备姿态调整功能。王建超设计了悬挂式丘陵山地果园作业升降平台，其采用折叠臂式结构升降并具有静液压调平功能，安全性进一步增强，针对设施生产的多功能作业平台，各地使用的功能五花八门，根据需要没有完全一致的定型产品。

4. 智能养殖装备

我国自主的成套化养殖装备创制了符合国情的特色装备，部分实现自动化。养殖设备、智能作业设备、智能机器人系统及粪污处理装备已基本实现养殖过程机械化要求。各类成套化笼具及圈栏设备、生产过程管控系统、产品收集与分类装备等支撑畜禽水产养殖工业化生产，成套笼具装备构建了周年舍饲养殖模式，以蛋鸭笼养为例，实现产蛋高峰期持续6～8个月，期间产蛋率达到97.5%，每只鸭年产320枚鸭蛋，比传统模式的产蛋性能提高了10%。自动机械化抓鸡装备，仅需2～3人即可每小时捕鸡8 000～10 000只。研制了"V"形牛场清粪刮板系统、循环水冲系统，实现了牛舍清粪通道及挤奶厅待挤厅的循环水冲，固体粪污和废水的分离，减少场区污水处理量65%以上。在猪、牛、羊等大动物生产中，精准饲喂与加药系统技术装备日趋完善，通过个体识别实现个体化精准饲喂，结合自身体况按饲喂曲线执行落料操作。例如，妊娠母猪饲喂可通过精准饲喂智能控制系统，母猪进食后剩余饲料比例小于1%，一次完成采食量大于95%，大幅提高了进食效率；奶牛精准饲喂可通过料仓、输送设备、称重系统、暂存装置、搅拌加工设备等配合，精准制作日粮，可节省40%操作时间、降低60%用工和50%以上能耗。水产养殖设备方面，研发的太阳能移动增氧机、太阳能移动底质改良机、太阳能移动臭氧机、疫苗注射机械、拉网机械、起鱼机械、分级机械等装备已在中国和东南亚地区的产业中得到应用，其中，智能精准投饲装备突破了长距离输送、大面积投喂、精准计量、反馈控制、全自动作业、远程集中管控等集约化水产养殖投饲的关键技术。

5. 农业机器人

（1）我国农业机器人起步较晚，尚未形成产业大市场

我国农业机器人整体上处于关键技术研究、样机研制与试验演示阶段，但相关技术发展迅猛，与欧美发达国家同处于市场爆发的前夜。我国从"十一五"开始，通过国家863计划支持了果树采摘机器人研发，"十二五"规划期间支持了大田作业、设施养殖机器人研发，"十三五"国家重点研发计划"智能农机装备"重点专项支持了设施果蔬采收机器人技术研发。嫁接、采摘、除草机器人方面科技论文产出已居国际第一位；开发了

相应的传感、控制、执行器，但因整机工效、可靠性、性价比等多种因素，均停留在样机的示范展示阶段，如苹果、番茄等采摘效率在8～10 s，识别精度85%～90%，控制精度5%～10%FS，难以满足实际生产需求；在挤奶机器人的乳头识别、机械臂及其运动控制等子系统方面有一定的研究基础。

目前，我国农业机器人还没有自主化的成熟市场产品应用。采摘、设施喷药、养殖巡检机器人有若干试验样机演示；果品分拣机器人已有几十套的产业化应用；具有自动驾驶功能的无人化移动平台、无人化拖拉机、无人化收获机已形成了产品样机，自动驾驶系统与装置已初步形成产业化规模；挤奶机器人、除草机器人开展了部分装置的技术研发。国外部分成熟的农业机器人已进入我国市场，例如，挤奶机器人对外依存度100%，主要来自荷兰莱利（Lely）、瑞典利拉伐（DeLaval）、德国基伊埃（GEA）等公司的挤奶机器人已在国内销售数10余台（套）。

（2）我国农业机器人的产业基础初步具备

农业机器人产业是集成度比较高的产业，近年来，随着工业机器人的快速发展，我国产业链逐步齐全，自主可控程度也不断提升。上游是关键零部件生产厂商，主要是减速器、控制系统、伺服系统、视觉系统、导航系统，近年来我国已在相关方面有所突破。中游是机器人本体，即动力平台、行走系统和协作机械臂、执行机构等，是机器人的机械传统和支撑基础，我国的基础相对较好，特别是可以支撑果蔬采收的协作机械臂发展迅速。下游是农业机器人技术系统及产品集成商，根据不同的种植、养殖、加工等应用场景和用途进行有针对性的系统集成。我国是农业装备制造大国，具有发展无人驾驶拖拉机、播种机器人、移栽机器人、除草机器人、采收机器人、巡检机器人等农业机器人产品的研发、制造和推广基础。

近年来，在控制技术与算法、视觉识别系统、行走底盘、采收协作机械臂、大田机器人化作业装备等方面逐步培育了一些专业分工、特色突出的创新力量。中国农业机械化科学研究院聚焦播种施肥、植保、采收大田作业机器人，以及在高适应机器人行走底盘、挤奶机器人等方面开展研究。潍柴雷沃、中国一拖、华南农业大学等重点聚焦拖拉机无人化、智慧农业技术开展研究。苏州博田自动化技术有限公司（简称"苏州博田"）、北京京鹏环宇畜牧科技股份有限公司（简称"北京京鹏环宇畜牧"）、北京派得伟业科技发展有限公司（简称"北京派得伟业"）、中国农业大学、江苏大学等则分别聚焦于设施种养领域的巡检、消毒、采集作业机器人。中国农业科学院农业信息研究所、北京市农林科学院等在病虫草、动植物对象信息感知方面具有较好积累。哈工大机器人、沈阳新松机器人、汇博机器人、上海节卡机器人、北京珞石等重点农业机器人可借鉴的协作机械臂具有优势。上海交通大学、上海大学、北京航空航天大学、北京理工大学、中国科学院沈阳自动化研究所等在智能控制系统、导航及路径规划、视觉识别等技术上有优势。

二、发展经验

（一）加强顶层布局，开展重点攻关

中共中央、国务院高度重视智能农业装备产业的发展，国家层面出台的系列政策，也为智能农业装备产业的发展提供了重要政策保障，如表2-1所示。"十三五"以来，国家部委通过专项或补贴等方式支持智能农机关键技术突破和重点产品产业化攻关。工业和信息化部支持企业对无人驾驶装备、智能收获设备等产品开展研发攻关和工程化验证；农业农村部通过购置补贴将北斗导航系统、植保无人机等关键部件和产品纳入补贴目录，给予价格优惠；科技部国家重点研发计划设立"智能农机装备"重点专项，推动农机作业信息感知与精细生产管控应用基础研究、农机智能作业管理等关键技术研究，开展智能农业动力机械、高效精准环保多功能农田作业装备、粮食和经济作物高效智能收获装备、设施智能化精细生产装备等重大装备研究等（吴海华等，2020a；翟长远等，2022）。

通过以上述政策支持为导向，有力地促进了科研院所、科技企业、生产企业、社会资本等各方力量向智慧农业、智能农业装备领域集聚，促进了优势资源倾斜，助力我国智能农业装备产业近年来的快速发展。

表2-1 近年中国智能农业装备相关政策

发布日期	政策	相关内容
2017年7月	新一代人工智能发展规划	研制农业智能传感与控制系统、智能化农业装备、农机田间作业自主系统等。建立完善天空地一体化的智能农业信息遥感监测网络。建立典型农业大数据智能决策分析系统，开展智能农场、智能化植物工厂、智能牧场、智能渔场、智能果园、农产品加工智能车间、农产品绿色智能供应链等集成应用示范
2018年12月	国务院关于加快推进农业机械化和农机装备产业转型升级的指导意见	加快精准农业、智能农机、绿色农机等标准制定，构建现代农机装备标准体系。促进物联网、大数据、移动互联网、智能控制、卫星定位等信息技术在农机装备和农机作业上的应用。编制高端农机装备技术路线图，引导智能高效农机装备加快发展。推进智能农机与智慧农业、云农场建设等融合发展
2019年12月	数字农业农村发展规划（2019—2025年）	突破农机装备专用传感器、农机导航及自动作业、精准作业和农机智能运维管理等关键装备技术，推进农机农艺和信息技术等集成研究与系统示范，实现农机作业信息感知、定量决策、智能控制、精准投入、个性服务。实施农业机器人发展战略，研发适应性强、性价比高、智能决策的新一代农业机器人，加快标准化、产业化发展
2021年2月	中共中央 国务院关于全面推进乡村振兴加快农业农村现代化的意见	提高农机装备自主研制能力，支持高端智能、丘陵山区农机装备研发制造。发展智慧农业，建立农业农村大数据体系，推动新一代信息技术与农业生产经营深度融合

（续表）

发布日期	政策	相关内容
2021年3月	中华人民共和国国民经济和社会发展第十四个五年规划和2035年远景目标纲要	农机方面的数字化应用场景为：推广大田作物精准播种、精准施肥施药、精准收获，推动设施园艺、畜禽水产养殖智能化应用
2021年12月	"十四五"机器人产业发展规划	面向制造业、采矿业、建筑业、农业等行业，重点推进工业机器人、服务机器人、特种机器人重点产品的研制及应用。研制果园除草、精准植保、果蔬剪枝、采摘收获、分选，以及用于畜禽养殖的喂料、巡检、清淤泥、清网衣附着物、消毒处理等农业机器人
2021年12月	"十四五"全国农业机械化发展规划	积极引导高端智能农机装备投入农业生产，加快提升农机装备"耕、种、管、收"全程作业质量与作业效率。大力推广基于北斗、5G的自动驾驶、远程监控、智能控制等技术在大型拖拉机、联合收割机、水稻插秧机等机具上的应用，引导高端智能农机装备加快发展。加快播种、施肥施药、收获等环节智能装备的广泛应用，推动设施园艺、畜禽水产养殖、农产品初加工的机械化、自动化、智能化装备应用
2022年2月	中共中央　国务院关于做好2022年全面推进乡村振兴重点工作的意见	加快大功率机械、丘陵山区和设施园艺小型机械、高端智能机械研发制造并纳入国家重点研发计划予以长期稳定支持
2023年2月	中共中央　国务院关于做好2023年全面推进乡村振兴重点工作的意见	要加快先进农机研发推广。加紧研发大型智能农机装备、丘陵山区适用小型机械和园艺机械。支持北斗智能监测终端及辅助驾驶系统集成应用。完善农机购置与应用补贴政策，探索与作业量挂钩的补贴办法，地方要履行法定支出责任
2022年2月	"十四五"全国农业农村信息化发展规划	到2025年，农业农村信息化发展水平明显提升，现代信息技术与农业农村各领域各环节深度融合，支撑农业农村现代化的能力显著增强。智慧农业发展迈上新台阶。农业农村大数据体系基本建立。数字乡村建设取得重要进展。信息化创新能力显著增强
2024年2月	中共中央　国务院关于学习运用"千村示范、万村整治"工程经验有力有效推进乡村全面振兴的意见	实施粮食单产提升工程，集成推广良田良种良机良法。 加大糖料蔗种苗和机收补贴力度。 大力实施农机装备补短板行动，完善农机购置与应用补贴政策，开辟急需适用农机鉴定"绿色通道"。 挖掘粮食机收减损潜力，推广散粮运输和储粮新型装具。 扎实推进新一轮千亿斤粮食产能提升行动。 推进设施农业现代化提升行动。 推进农产品加工设施改造提升，支持区域性预冷烘干、储藏保鲜、鲜切包装等初加工设施建设，发展智能化、清洁化精深加工。 持续实施数字乡村发展行动，发展智慧农业，缩小城乡"数字鸿沟"。 扎实推进化肥农药减量增效，推广种养循环模式

（二）紧跟国际前沿，借鉴经验后发

我国在农业装备信息化、智能化应用基础及关键共性技术研究方面起步较晚，也正因为有欧美发达国家的发展基础积累、前期经验，在发展前期，可以有一定的经验借鉴，可节省前期基础研究时间，乘着国际经验的东风，后起直追，积极布局，瞄准差距不断发展，取得一些重要进展，如动植物生长信息感知技术、农业生产土壤及环境信息实时监测、农作物生产过程监测与水肥药精量控制施用、农机工况智能化监测等技术进展迅速，开发形成了植物叶绿素、蒸腾速率、温湿度、光照、CO_2 等传感器，开发了土壤养分水分、播种量、作业深度、行走速度、喷药量、部件转速等传感控制系统，实现了试验应用，技术达到国际水平（宋超等，2017）。

（三）参与国际竞争，助推水平提升

近年来，随着智能农业装备国际化竞争日趋激烈，我国也在积极布局参与该产业的国际化竞争，在残酷的竞争中，可以被发达国家的竞争优势反向激励、快速找准差距，有先进的发展目标对标，快速促进了我国智能农业装备水平的提升，如我国147 kW（200马力）级、220.5 kW（300马力）级大型拖拉机传动、电控等关键技术自主化水平不断提升，实现了产业化。294 kW（400马力）重型拖拉机实现了无级变速传动技术自主化研发，推进了我国重型拖拉机自主化。60行大型智能播种施肥机突破了种（肥）远距离气流输送种肥、种肥分开侧深施、种肥深度准确控制、播种质量实时检测等关键技术，达到国际水平。10 kg/s大喂入量智能谷物联合收割机与世界主流技术平齐，实现了导航作业、在线测产、智能调控、故障诊断等功能。以大型农业装备智能化为引领，带动信息技术、智能化技术在中小型农业装备上的推广应用，形成了一批具有特点的信息化、智能化农业装备解决方案。

第三节 发展趋势

智慧农业是未来农业的发展方向，而智能农业装备则是智慧农业的重要支撑。在农村劳动力急剧降低和土地规模化发展的大背景下，智能农业装备的市场需求更加旺盛，多功能集成化的智能农机作业装备、适应复杂田间环境作业的农业机器人、大功率绿色高端智能拖拉机等将成为研发应用的重点方向。预计到2025年，我国主要作物智能农业装备推广应用将达到5亿亩以上，智能化农机数量占农机装备保有量的20%以上；集无人农机系统、无人灌溉系统、无人绿色防控系统等多维技术为一体的高标准无人农场，将在2030年前后得到规模化应用并实现市场化运作；预计2035年前后，智能农业装备有望实现产业化发展与规模化应用。

就农业装备的智能化转型趋势看，多数前沿智慧农业技术仍在试验示范阶段，智能农机装备核心零部件还落后于美国、德国和日本等发达国家，中国迈入农业4.0阶段仍需要一个长期的过程。基于当前国内外相关科技创新发展态势分析，在当前传统农业向以智能农业装备为典型应用的智慧农业4.0发展过程中，智能农业装备向着高效化、智能化、网联化、绿色化、体系化方面不断发展。

一、高效化

实现耕整、播种、植保、收获、产后加工处理全程配套，多功能、复式联合、精细作业，新原理、新机构、新方法，过程工况智能调控等，实现农业高效、高质、低损生产。美国爱科的全球精准农业战略（Fuse Technologies），通过提供高科技技术产品和互联增益服务，确保农户的农业生产始终在最优状态下进行，保障所有农业生产资料在正确时间处于正确位置，并通过整个农场数据管理系统来实现每个农作物生产环节的无缝连接，减少农资投入成本，提升产量。

二、智能化

动植物生长、环境、土壤、机器感知与调控技术广泛应用，推进群体向个体、变量向精量、环节向全程智能调控转变，实现对装备作业过程及质量的智能控制，实现装备智能、作业智能。美国John Deere公司构建了以"绿色之星（Green Star）"为核心的精准农业系统，可实现田间耕作、播种、施肥、喷撒农药和收获等作业的准确定位、田间作业参数监测和采集，以及对农业机械的智能化控制。荷兰瓦赫宁根大学承担了欧洲2020食品和农场互联网计划（IoF2020）及智能农业枢纽计划（SmartAgriHubs），融合物联网（IoT）、大数据、人工智能（AI）、自动化、无人机和卫星等技术，提供80个新的数字化解决方案（覆盖农业耕作、牲畜、蔬菜、水果和水产养殖），已帮助超过200万个分布全欧洲的农场实现了智慧生产和管理。

三、网联化

物联网、大数据、新一代人工智能等技术发展及应用，实现了对环境、土壤、装备、农产品等全要素监测，支撑农机生产作业大数据、云服务，构建人机物与环境协同的技术体系，实现自主作业、机群协同作业，推进互联网+农机装备、无人农场、智慧农业发展。凯斯公司2018年推出了Magnum无人驾驶概念拖拉机，额定功率为269.7 kW（367马力），最大功率为308 kW（419马力）。孟山都旗下的Climate公司开发了FieldView™数字农业平台，强化数据互联，管理农田变量，优化资源投入、提高产出和收益。

四、绿色化

水肥药高效施用实现农业投入品高效利用、减少污染；电动等清洁能源农机、高效作业农机等推进能源替代和节能减排；农业废弃物综合利用、农产品减损保质处理等构建可持续发展种养生态。凯斯公司自2006年发布了一款氢气动力拖拉机，2012年发布丙烷动力拖拉机样机，2013年又发布第一代甲烷动力拖拉机，其尾气排放CO_2为0，且总排放量较柴油拖拉机减少80%，噪声减少50%。2016年，纽荷兰推出了世界上第一辆以氢燃料电池为动力的拖拉机NH2，可以驱动一台77.9 kW（106马力）的电动机。目前，John Deere、凯斯纽荷兰、爱科等世界农机前3强均发布了新能源拖拉机。中国一拖也于2020年发布73.5 kW（100马力）电动无人驾驶拖拉机原理样机，山东时风（集团）有限责任公司（简称"山东时风"）也研制成功18.4 kW（25马力）、25.7 kW（35马力）电动拖拉机。预期以新能源动力为核心的绿色高效智能拖拉机将成为发展重点方向。

五、体系化

智慧农业体现在农业生产、加工、经营、管理和服务等全产业链各环节，融合信息、生物、装备、环境、数据等技术，融通科技与产业、一二三产业和生产生活生态，是现代农业发展的新场景、新模式，将催生农业大数据、农业机器人、农业传感器、智能装备、智慧服务等新业态、新产业。Kubota智能农业系统（KSAS）基于云的农业管理支持服务，将拖拉机、水稻插秧机和收割机等与信息通信技术集成在一起，实现可视化农场管理；利用地图上的位置信息与大数据结合起来，预测生长和虫害发生，同时调整肥料施用和化学喷洒；构建先进的AI农业业务支持系统，与会计和销售系统在内的各种信息系统结合起来，通过基于模拟的优化种植计划实现利润最大化。哈珀亚当斯和英国精准农业中心从2016年开始1 hm^2规模的无人农场试验，实现大麦免耕条播-喷洒农药-播后碾压-无人机田间巡查-机器人田间土壤/植物采样-喷洒除草剂/叶肥-联合收获-拖拉机挂车接粮全过程无人作业，2019年试验农场规模35 hm^2。

第四节　典型案例

"十三五"以来，在国家重点研发计划"智能农机装备"专项研究成果的支持下，我国农机装备智能化水平大幅提高，企业创新能力得到进一步提升，有效支撑了农业现代化的发展。专项创立了智能农机装备自主研发体系，在作物种植和动物养殖信息感知、农机作业决策智控、农机制造试验检测、大宗粮经作物生产全程机械化示范等方面取得了重大成效，项目取得的成果已大面积推广应用，取得了良好的市场效果。一些典型的智能农业装备技术研究进展情况如下。

一、基于北斗的农机自动导航与作业精准测控关键技术

卫星定位自动导航作业技术是现代智能农业机械装备的关键技术之一，可大幅度提高劳动生产率、土地产出率和资源利用率。华南农业大学和北京农业信息技术研究中心科研团队自主研发的农业机械自动导航作业技术产品已在新疆等10省区的旱地和水田的粮食作物和经济作物生产中推广应用。由于采用了基于北斗的农业机械自动导航及精准测控作业技术，提高了播种行直线度，行距更均匀，通风透气采光好，有利于作物生长，可增产2%～3%，化肥农药施用量减少5%以上；由于接行准确，可提高土地利用率0.5%～1%。

采用北斗卫星定位和MEMS惯性传感相结合，设计了卡尔曼滤波算法，实现了农机不同作业工况下的高精度连续稳定定位和测姿，定位精度达到了国外同类技术的先进水平，但系统成本降低了1/3。设计了基于预瞄跟随的复合路径跟踪控制器，采用非线性状态观测器对决策期望轮角进行侧滑补偿，显著提高了水田农机路径跟踪精度，达到了国外同类技术的先进水平。

突破了土壤-机器-作物信息感知的技术瓶颈，应用深度学习方法建立了作物信息在线检测模型；通过图像纹理特征值提取土壤质构参数，实现了信息快速高频采集；解决了行车过程中的光谱噪声和振动噪声滤除难题，实现了植物养分的车载动态获取；开发了农机精准作业管控理论及精播精施智能控制决策模型，开发了土壤质构、综合肥力、作物养分、喂入量与谷物流量等多种在线感知新型传感器，创制了13种智能监测终端，并构建了全程机械化作业云服务平台，在国内率先实现了业务化运行，为农机作业智能化管理服务提供了有效的技术支撑。

二、免耕精量播种技术装备

免耕精量播种技术装备研究成果代表了国内玉米播种领域的最高科技水平，对推动我国玉米精量播种技术进步、促进玉米播种装备智能升级、实现国产播种装备高端化具有潜在贡献。雷沃重工股份有限公司研发团队通过项目实施发现并解决了制约高速播种的技术难点，成功研制了大型宽幅玉米高速精量播种机。

创制了适宜玉米高速播种作业的气流机械互作式精量排种器，创新了基于电机直驱的

排种器，解决了高速作业条件下播种精度急剧下降及种子易损伤的难题，实现了播种精度和作业速度的同步提升，技术水平达到世界先进。

研究了气流均匀分配和气流稳压技术，研制了高性能气流分配与稳压装置，解决了大型气力式玉米播种机幅宽较大、气流分配不均、气压不稳造成各行播种粒距不均匀的问题，技术水平居国内领先。

三、无人机植保作业装备

农业农村部南京农业机械化研究所研发团队瞄准高效、精准、环保和多功能的总体目标，围绕农用飞行控制系统、机载作业装备和专用农用无人机系统等方面开展了技术研究与装备创制，突破了自主避障、仿地飞行、增稳控制、多机协同等关键技术，研制了高质量智能化航空施药、辅助授粉等附属作业部件，并在此基础上集成创制适合我国不同区域农业生产经营模式和地貌特点的4种系列本体与附属作业部件一体化的高效农用航空器系统，实现农用无人机在坡地、凹地、丘陵等复杂地形环境，电线杆、草垛、树木丛生等复杂空间环境，以及高秆作物、水田作物、设施作物等复杂农田环境内的全自主高稳定智能化集群作业。大幅提升我国农用无人机的智能化水平和关键部件与整机的研发水平，促进了智能农机装备产业的快速发展，提升了我国农业装备在国际市场的竞争能力。成果提升了农用无人机的智能化水平和作业性能，加快了推广应用，大幅提高了农药有效利用率，减少了农药使用量，控制和逐步降低了农业生态环境污染，合理解决了粮食总量需求和农药减量使用之间的矛盾，提高了农产品、食品的安全质量水平。

四、智能谷物联合收获技术装备

谷物高效高质生产是保障国家粮食安全的重中之重。智能化是谷物联合收获机发展的方向，也是实现高效低损收获的重要技术手段。中国农业机械化科学研究院研发团队创制的玉米籽粒收获机有效降低了高含水率（30%～34%）玉米籽粒的破碎率，解决了高含水率玉米籽粒收获国际性难题；开发的茎秆高效切段等核心装置和玉米穗茎联合收获机，实现了玉米全价值利用，解决了粮饲同时收获的难题，构建了我国玉米机械化收获体系，引领了玉米收获技术的发展，满足了我国不同玉米的机械化收获需要。

雷沃重工股份有限公司研发团队创制的10～12 kg/s喂入量和5～6 kg/s喂入量智能稻麦联合收获关键技术与装备，首次实现稻麦联合收获机核心作业参数监测技术及控制系统、智能化稻麦联合收获机多参数融合调控策略、高效脱粒分离系统、高效清选系统、大型收获机械浮动式半履带底盘及驱动技术、可调幅宽茎秆切碎抛撒技术等在整机上的集成与应用，实现了大型收获机械收获智能化，提升了我国稻麦联合收获机智能化创新能力，对全面提升我国农机产业科技创新能力和国际竞争力、农产品有供给能力都具有十分重要的现实意义和战略意义。

五、设施蔬菜精细生产技术与装备

蔬菜生产过程中人工成本占生产总成本的65%，是制约蔬菜产业发展的主要因素。现代农装科技股份有限公司和农业农村部南京农业机械化研究所研发团队创制了一批蔬菜生产作业关键装备，实现甘蓝、青梗菜和胡萝卜的全程机械化，番茄和辣椒的机械化标准育苗和高速定植，洋葱和大蒜收获机械化，并实现作业过程参数实时采集、故障诊断与自动监控，填补我国蔬菜领域的农机产品空白，补齐我国农机化发展中薄弱环节的短板。茄果类蔬菜小苗智能高速定植移栽机解决了移栽机械效率低下、自动取苗工作可靠性差的技术瓶颈，工作效率高，节省人工，促进了我国种植机械的技术进步，对我国蔬菜综合生产能力建设、农民增收、农业节本增效具有显著的促进作用。在制定适宜我国蔬菜机械化种植农艺、作业模式和技术规范基础上，突破收获过程关键技术，集成研制具有我国自主知识产权的收获装备，推动蔬菜生产向高效率、低能耗方向发展。

六、畜禽养殖智能化精细生产技术及装备

我国是畜禽养殖大国，随着现代畜牧业养殖向绿色化、生态化、设施化、智能化发展，关键核心技术装备缺乏已经成为制约养殖业提质增效高质量发展的关键。中国农业科学院北京畜牧兽医研究所和广州温氏食品集团股份有限公司研发团队突破现代家禽规模化养殖健康环境调控方法、系列调控技术、环境检测智能管理和评价预警系统，为我国规模化家禽生产环境智能调控、信息化远程管理和构建智慧畜牧业体系提供了关键技术装备支撑，有效促进了产业的健康与可持续发展。

研制了畜禽舍有害气体高精密、多组分监测仪，能够同时实现甲烷、二氧化碳、硫化氢、氨气、PM1.0、PM2.5、PM10的快速、在线和原位监测。这一仪器的所有器件均为国产，相对于目前国际市场上的主流设备灵敏度更高。以非制冷热红外成像技术为手段，以实现群体猪只中的个体发病筛选和甄别为目标，研制了基于智能手机的动物体温快速测量系统，获得了优于0.2℃的探测能力。研制了基于机器视觉和深度学习的动物生长状态传感系统，实现了猪只体重、体尺，以及主要行为的实时、连续监测。

针对现代家禽规模化生产环境条件复杂且难以调控、易导致鸡只处于"亚健康"的突出问题，基于先进传感、物联网等技术，创新了家禽舍多元环境参数智能节点与无线实时监测技术，突破了规模化养殖生态环境参数经济高效稳定获取、单一环节数据碎片化管理和评价难题；运用神经网络、大数据挖掘技术，创新了现代家禽健康状态自动感知方法，

从运动姿态、运动量、发声音色等特征行为与生理参数中有效提取家禽健康信息并分类，建立了蛋鸡健康信息数据库，深度耦合生理、生态、生产数据并实现健康状况的准确判别；建立了基于异常发声状态的热应激预警及鸡只精确定位方法。

七、农业机器人技术与装备

华南农业大学研发团队创制的水培叶菜苗移植机器人主要用于植物工厂水培叶菜自动化生产，完成由育苗盘向栽培单元种植板移植水培叶菜苗的作业。该机采用双排变距移植技术，解决了栽培单元单行只有4株的采收效率提高难题，一次可变距移植8株秧苗，移植作业生产率超过6 000株/h。水培叶菜成品菜采收机器人主要用于植物工厂水培叶菜自动化生产，实现水培叶菜成品菜自动化采收。通过柔性捡拾技术，解决种植板重力变形导致种植杯无法实现刚性捡拾的问题，一次捡拾4株带种植杯水培叶菜成菜，捡拾作业生产率超过2 400株/h。机器人将应用于广州白云区无人化植物工厂水培叶菜生产，并出口加拿大和美国水培叶菜植物工厂。

第三章

四川省智能农业装备发展现状与趋势

第一节　四川省农业机械化概况

四川地域辽阔、地理差异明显，根据气候、地形、发展程度等方面的差异，参照《四川省农业资源与规划》中综合区划一章的研究成果，四川全域可划分为五大类农业类型区域，分别是：成都平原区、盆地丘陵区、盆周山区、攀西地区和川西高原区（牟锦毅等，2023）。成都平原区主要发展稻麦、稻油、稻菜轮作和稻鱼综合种养等，逐步实现以粮食生产为主。盆地丘陵区重点推广水旱轮作高效种植、旱地粮经复合、粮经作物生态立体种养等模式，逐步实现以粮油生产为主。盆周山区主要发展特色粮食和种养循环，逐步实现以粮经饲统筹协调发展为主。攀西地区主要发展高档优质稻、高原马铃薯等优势特色产业，逐步实现以特色高效优势农业为主。川西高原区主要发展高原绿色蔬菜和特色养殖产业，逐步实现以农牧循环生态农业发展为主（四川经济日报，2023）。

在加快打造全程全面高质高效"天府良机"的背景下，明晰五大区域的重点产业和主攻方向，充分结合不同农业区域的资源禀赋和发展需求，精准施策，因地制宜协同推进具有区域特色的农业机械化发展，聚力补齐四川农业机械装备短板，不仅是破解区域发展不平衡问题，推动"五区共兴"的现实需要，也是推进四川农业高质量发展的必然要求。

一、农业机械总动力

（一）四川省农业机械总动力逐年增加

四川是农业大省，也是全国13个粮食主产省之一和西部唯一的粮食主产省。近年来，乡村振兴战略、宜机化改造、农机装备行动支撑更高水平"天府粮仓"建设等政策和行动的有序推进与深入实施，四川省的农业机械总动力总体呈现出增长的态势。根据国家统计局2023年的最新统计数据，截至2022年底，四川省农业机械总动力4 923.33万kW，相较于2018年增长319.45万kW，增幅约6.94%，全国农业机械总动力110 597.19万kW，相较于2018年增长10 225.45万kW，增幅约10.19%（表3-1）。尽管四川省农业机械总动力呈现出稳定增长趋势，但其增长幅度低于全国平均水平。

表3-1 2018—2022年全国和四川省农业机械总动力

单位：万kW

地区	年份				
	2018	2019	2020	2021	2022
四川	4 603.88	4 682.30	4 754.00	4 833.88	4 923.33
全国	100 371.74	102 758.26	105 622.15	107 764.32	110 597.19

（二）不同区域农业机械总动力发展不平衡

四川省由于地形地貌的多样性、经济发展水平的差异性和人口分布的不均衡性，各地级市（州）的农业机械总动力发展呈现出明显的不平衡。这种不平衡不仅反映了各地区农业发展的实际情况，也揭示了农业机械化进程中的挑战与机遇。

根据四川省统计局2023年发布的统计年鉴（表3-2），截至2022年底，成都平原区以其平坦的地势、肥沃的土地及较高的经济发展水平，农业机械总动力位居全省前列，代表性的城市有成都市、德阳市和绵阳市。其中，成都市农业机械总动力423.52万kW，显著领先于其他地级市（州），充分展示了成都平原区在农业机械化方面的领先地位和强大潜力。

盆地丘陵区和盆周山区呈现出持续稳定的发展趋势。这些区域虽然地形较为复杂，但通过政策扶持和技术创新，农业机械化水平也在逐步提高。以自贡市、内江市、泸州市、宜宾市、遂宁市、南充市、达州市、广元市和巴中市等为代表的地级市农业机械总动力居全省中游，显示出这些地市在农业机械化方面的积极进展（表3-2）。

川西高原区由于高原地形地貌和人口稀疏等因素的限制，农业机械总动力发展相对滞后。阿坝藏族羌族自治州和甘孜藏族自治州等地的农业机械总动力为75.47万kW和105.09万kW，在全省排名靠后。反映了这些地区农业发展的特殊性，也提示在推进农业机械化过程中需要充分考虑地区差异和实际情况（表3-2）。

在攀西地区，凉山彝族自治州的耕地面积和农作物播种总面积等指标居全省前列，其农业机械总动力376.49万kW，仅次于成都市，表明该地区在农业生产和机械化方面具有一定的潜力和优势。而攀枝花市的耕地面积和农作物播种总面积等指标在全省排名靠后，农业机械总动力72.62万kW，为全省最低，但也在逐步提高，显示出积极的发展态势（表3-2）。

表3-2 2018—2022年四川省各地级市（州）农业机械总动力

单位：万kW

地级市（州）	年份				
	2018	2019	2020	2021	2022
成都市	412.94	412.95	414.91	418.52	423.52

（续表）

地级市（州）	年份				
	2018	2019	2020	2021	2022
自贡市	112.46	116.39	120.15	123.16	126.06
攀枝花市	70.14	70.75	71.88	71.12	72.62
泸州市	231.26	234.34	236.53	238.94	241.51
德阳市	192.03	194.61	196.64	198.36	200.38
绵阳市	338.26	342.97	349.76	357.58	366.64
广元市	285.11	290.19	295.28	300.94	307.47
遂宁市	124.10	128.38	132.50	136.98	141.47
内江市	226.38	236.00	245.02	249.58	255.24
乐山市	264.42	270.83	274.63	279.11	284.29
南充市	298.00	303.37	310.00	318.08	327.84
眉山市	215.95	220.37	221.91	223.65	225.48
宜宾市	250.80	255.89	258.98	265.54	274.07
广安市	244.91	249.39	255.02	259.67	265.30
达州市	273.48	278.70	284.27	292.72	299.28
雅安市	164.31	165.30	166.32	166.89	167.45
巴中市	190.24	191.50	193.78	196.60	198.76
资阳市	183.73	184.21	184.76	187.35	188.91
阿坝藏族羌族自治州	73.90	75.90	76.32	77.09	75.47
甘孜藏族自治州	98.10	99.84	101.36	102.80	105.09
凉山彝族自治州	353.35	360.43	363.98	369.21	376.49

（三）地级市（州）农业机械总动力持续增长

　　虽然四川省内各地区农业机械总动力发展差异明显，但各地级市（州）近5年（2018—2022年）农业机械总动力均呈增长趋势（图3-1）。遂宁市、内江市和自贡市的农业机械总动力增长率超过10%。遂宁市以12.28%的增长率位居全省首位，表明该市的农业机械化得到快速发展，内江市和自贡市分别以11.31%和10.79%的增长率紧随其后，表明这两市的农业机械化水平得到迅速提升。大部分地级市（州）的农业机械总动力增长率集中在4%～8%，如广安市、广元市、乐山市等，表明这些地区的农业机械化发展相对平稳。而巴中市、泸州市和眉山市等9个地级市（州）的农业机械总动力增长率低于全省的增长率，其中，雅安市以1.88%的增长率排在全省最后。除成都市、德阳市和泸州市等农业机械化水平较高的城市外，其他增长率较低的地级市（州）需要进一步加大政策扶持和资金投入，制定合理的发展规划，推动农业机械化水平的全面提升。

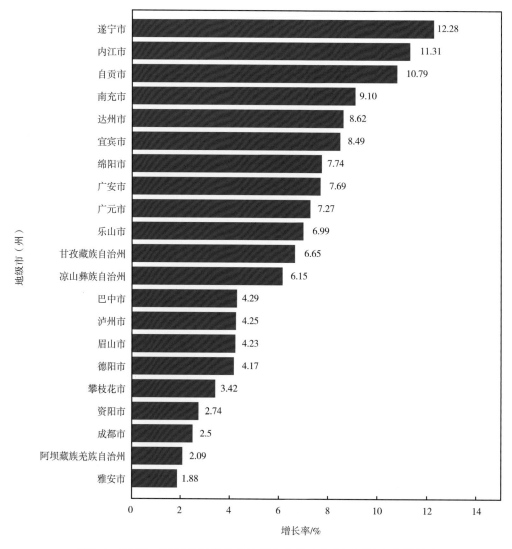

图3-1　2018—2022年四川省各地级市（州）农业机械总动力增长率

二、农业机械化水平

（一）主要农作物耕种收综合机械化率稳步提升

截至2022年，四川省主要农作物的耕种收综合机械化率为67%，尽管低于全国水平（四川日报，2023），但在西南地区位居前列，这标志着四川省在农业生产的关键环节——耕种收方面，已经实现了一定程度的机械化，有效地提升了农业生产效率。同时也表明四川省在推动农业现代化和农业机械化方面取得了积极进展。

此外，这一进展也反映出四川省在推进农业现代化和农业机械化的进程中，已经取得了显著的成效。通过不断优化农业机械的应用与推广，四川省不仅提升了农业生产的科技含量，还为农业可持续发展奠定了坚实的基础。这一系列的努力和成就，无疑为四川省乃至整个西南地区的农业发展注入了新的活力，也为其他地区提供了宝贵的经验和借鉴。

（二）四川省主要农业机械拥有量增减并行

近5年来（2018—2022年），四川农用大中型拖拉机数量、农用大中型拖拉机动力、脱粒机和谷物联合收割机均呈增长趋势，分别增加3 545台、49.62万kW、20 100台和3 409台，增幅分别约为4.54%、16.72%、1.18%和8.38%。宜机化改造和高标准农田建设等政策的实施使农用小型拖拉机数量和农用小型拖拉机动力呈逐年降低趋势，相比于2018年，农用小型拖拉机数量和农用小型拖拉机动力降幅约12.96%和10.34%（表3-3）。

表3-3　四川省主要农业机械拥有量

年份	农用大中型拖拉机数量/台	农用大中型拖拉机动力/万kW	农用小型拖拉机数量/万台	农用小型拖拉机动力/万kW	脱粒机/万台	谷物联合收割机/台
2018	74 614	247.22	15.34	220.01	168.82	37 278
2019	74 408	257.32	15.00	216.91	170.15	37 430
2020	76 077	271.42	14.82	215.29	171.20	38 211
2021	76 673	279.94	14.42	209.37	172.88	39 256
2022	78 159	296.84	13.58	199.39	170.83	40 687

（三）地级市（州）主要农业机械拥有量差异明显

在四川的地级市（州）中，对比分析2018年与2022年地级市（州）主要农业机械拥有量可知（表3-4），仅有攀枝花市和广元市的农用大中型拖拉机数量、农用大中型拖拉机动力、农用小型拖拉机数量、农用小型拖拉机动力、脱粒机和谷物联合收割机均保持增长，其他地市（州）的主要农业机械拥有量则出现不同程度的增减。

对于2018年与2022年的农用大中型拖拉机数量和农用大中型拖拉机动力两个指标，内江市、乐山市、达州市、雅安市、巴中市和资阳市均呈现不同程度的下降。其中，巴中市农用大中型拖拉机数量和农用大中型拖拉机动力分别降低1 989台和5.65万kW，是下降最多的地级市。成都市农用大中型拖拉机数量降低，但农用大中型拖拉机动力增加。在其他地级市（州），农用大中型拖拉机数量和农用大中型拖拉机动力增长最明显的是绵阳市，分别增加3 157台和19.29万kW（表3-4）。

对于2018年与2022年的农用小型拖拉机数量和农用小型拖拉机动力两个指标，自贡市、攀枝花市、广元市、内江市和眉山市呈增长趋势。其中，广元市农用小型拖拉机数量和农用小型拖拉机动力分别增加213台和1.03万kW，是增长最多的地级市。成都市是其他地级市（州）中农用小型拖拉机数量和农用小型拖拉机动力下降最明显的城市，分别下降6 328台和5.91万kW（表3-4）。

对于2018年与2022年的脱粒机数量，成都市、德阳市、眉山市和广安市呈下降趋势。其中广安市脱粒机数量下降3.65万台，是下降最多的地级市。在其他地级市（州）中，宜宾市脱粒机数量增加最多，增加1.41万台。

对于2018年与2022年的谷物联合收割机数量，成都市、自贡市、德阳市、广安市、雅安市和凉山彝族自治州呈下降趋势。其中德阳市谷物联合收割机数量下降378台，是下降最多的地级市。在其他地级市（州）中，广元市谷物联合收割机数量增加最多，增加899台（表3-4）。

表3-4　2018年与2022年各地级市（州）主要农业机械拥有量

地级市（州）	农用大中型拖拉机				农用小型拖拉机				脱粒机/万台		谷物联合收割机/台	
	数量/台		动力/万kW		数量/台		动力/万kW					
	2018年	2022年	2018年	2022年	2018年	2022年	2018年	2022年	2018年	2022年	2018年	2022年
成都市	9 769	9 472	44.07	48.01	22 515	16 187	27.49	21.58	10.07	8.81	2 787	2 537
自贡市	49	75	0.19	0.35	74	95	0.13	0.19	10.82	10.87	290	356
攀枝花市	1 275	1 895	3.54	6.15	3 173	3 187	4.00	4.03	0.79	0.95	80	112
泸州市	83	96	0.30	0.41	10	2	0.01	0.00	6.47	7.13	567	754
德阳市	7 769	8 805	28.66	39.01	13 917	10 786	23.33	19.68	3.07	2.98	5 286	4 908
绵阳市	9 497	12 654	28.72	48.01	13 744	11 769	17.25	14.53	8.32	8.56	6 689	7 508
广元市	4 090	4 934	11.50	16.03	3 395	3 608	2.80	3.83	13.30	13.66	8 254	9 153
遂宁市	1 951	2 165	7.50	11.68	670	594	1.83	1.23	7.32	7.54	818	1 088
内江市	892	155	5.03	0.73	219	250	0.28	0.32	3.24	3.53	811	973
乐山市	2 005	1 044	8.81	5.06	1 980	1 683	2.55	1.98	5.53	5.82	562	828
南充市	1 370	2 180	4.20	8.84	1 477	1 072	2.04	1.50	12.41	13.22	2 636	3 154
眉山市	2 630	2 867	10.41	12.82	3 259	3 282	4.51	4.54	12.43	12.37	962	1 020
宜宾市	139	219	0.39	0.56	615	522	0.75	0.55	14.25	15.66	609	900
广安市	434	547	1.72	2.88	571	347	0.72	0.41	16.49	12.84	704	629

（续表）

地级市 （州）	农用大中型拖拉机				农用小型拖拉机				脱粒机/万台		谷物联合收割机/台	
	数量/台		动力/万kW		数量/台		动力/万kW					
	2018年	2022年	2018年	2022年	2018年	2022年	2018年	2022年	2018年	2022年	2018年	2022年
达州市	1 062	512	4.17	2.03	984	755	1.67	0.90	14.51	14.94	1 430	1 436
雅安市	918	292	1.79	0.86	2 343	1 868	3.31	2.68	1.60	1.60	88	59
巴中市	3 612	1 623	13.69	8.04	1 106	685	1.37	1.30	6.37	7.71	1 014	1 339
资阳市	554	347	1.81	1.30	1 532	1 145	1.75	1.32	16.25	16.33	1 375	1 634
阿坝藏族羌族自治州	4 323	4 944	9.58	14.68	22 694	19 924	29.79	27.20	0.69	0.69	26	32
甘孜藏族自治州	6 904	7 330	17.02	19.51	27 713	27 400	45.71	45.50	1.06	1.22	595	614
凉山彝族自治州	15 288	16 003	44.14	49.88	31 429	30 590	48.73	46.11	3.83	4.40	1 695	1 653

（四）科技创新助力四川省农业机械装备结构优化

在深入研究主要粮食作物机械化的同时，以四川省农业机械科学研究院、四川农业大学为主的科研院所也在积极推进特色经济作物（如薯类、油菜、茶叶、水果、蚕桑和道地中药材等）的机械化进程，结合大数据、人工智能、传感技术和自动控制技术，围绕特色经济作物生产环节所需的田间作业装备、灌排技术装备、烘干冷链装备、农副产品加工装备或养殖装备等开展研究。代表性的成果有马铃薯播种机，大豆玉米旋耕施肥播种机、油菜联合收割机、自走式采茶机和茶蓬修剪机、桑园遥控自走式喷雾机和侧位施肥机、麦冬收获机，以及省力型养蚕成套设备等。这种装备结构的优化，使四川省的农业机械装备更加适应本地农业生产的需求，提高了农机作业的效率和效果。

四川省近年来在农业机械化方面取得了显著进展，但也面临着一些挑战和问题。主要原因有丘陵山地多、农机研发能力弱及农机农艺融合难等（于代松等，2023a）。四川有近八成的耕地位于丘陵山区（熊梦圆，2024），这些地区的地块高低不平、坡度大，保水能力差，耕地条件差，且地块小而分散，形状不规则，机具进地难、作业难，地形条件的复杂性和种植制度的多样性，很大程度上制约了农业机械化水平的发展（于代松等，2023）。此外，农机研发主要集中在小功率、中低端机具上，而大功率、高品质机具较少。农机农艺融合方面也存在问题，四川经济作物绝大部分采取间套作，农机农艺融合困难，如茶园、果园行间距和种植密度与现有机械不搭配，导致机械化生产推进难度较大（杨建国等，2021；刘一潭等，2022）。

为解决这些问题，四川省制定一系列政策与方案。在四川省农业农村厅、财政厅启动2021年省级财政现代农业发展工程"五良"融合产业宜机化改造项目实施通知和《四川省丘陵山区农田宜机化改造技术规范（试行）》中，明确以良田、良机、良种、良法、良制"五良"融合为牵引，推进宜机化改造行动，改善大中型农业机械的通行和作业条件，特别是在丘陵山区。在四川省人民政府出台的《四川省人民政府关于加快推进农业机械化和农机装备产业转型升级的实施意见》（以下简称《意见》）中，设定到2025年，全省主要农作物耕种收综合机械化率达到70%以上的目标。同时《意见》中提到支持农机科研院所、高校、农机企业和农机合作社等强化合作，共同组建农机装备制造产业联盟，联合建设农机装备工程技术（研究）中心、重点实验室等协同创新平台，共同建立农机装备产业发展项目库。此外，强调对农机装备新技术和新产品研发的支持，以及推动农机装备全产业链协同发展。在四川省政府出台的《四川省加力补齐农机装备短板加快打造全程全面高质高效"天府良机"行动方案（2023—2025年）》中，提出以科技创新、制度创新、机制创新为动力，加力补齐农机装备短板，加快打造全程全面高质高效"天府良机"。政策中强调坚持需求牵引、政府引导、企业主体和市场运作的原则，以及加快凝练薄弱环节农机装备需求、搭建农机装备创新平台、联合攻关短板机具核心共性技术、打造农机装备产业集群等任务。这些政策和方案的实施，有助于提升四川省农业机械化水平，加快农业现代化进程，为农机装备产业的发展提供了明确的发展方向和支持。同时也为实现农业现代化和乡村振兴战略目标奠定坚实的基础。

三、农机装备管理与服务

近年来，《四川省"十四五"推进农业农村现代化规划》《四川省"十四五"现代农业装备推进方案（2021—2025年）》《四川省加力补齐农机装备短板加快打造全程全面高质高效"天府良机"行动方案（2023—2025年）》《加快建设区域农机服务中心的实施意见》《区域农机服务中心省级认定标准及遴选程序》等政策文件的相继出台，为构建高效、完善的农机服务体系提供了政策支持和操作框架。同时也为推动四川农机装备管理与服务向更高水平发展，全面提升四川农机装备的管理水平和服务能力，打造新时代更高水平的"天府粮仓"提供了有力的支撑。

（一）提高农机服务能力

推广"1+1"农机社会化服务新模式（每个现代粮油园区至少建立一个集全程机械化和综合农事服务于一体的服务中心），实现装备设施的现代化、服务链条的完整性、要素保障的有效性、运行管理的规范性、规模效益的优良性及示范引领的显著性。坚持"一乡一社"的原则，加大对农机合作社的培育力度，引导其规范化发展，从而不断提升农机合作社的经营与服务能力。同时，积极探索建立区域农机维修（托管）服务中心，依托农业企业和农机合作社，增强区域农机维修服务能力，有效解决农机维修难题。此外，构建多元化、多层次、多类型的农机社会化服务体系。通过培育和壮大区域性农机服务中心，采取"一村一农机大户、一乡一农机合作社、一县一综合农事服务中心"的策略，提供销售、生产、维修、培训等全链条服务，满足不同层面的农业机械化需求。目前，全省农机专业合作社共计1 626个，农机作业服务组织约1.65万个，农机户235万户，从业人员约280万人（佚名，2023）。

（二）完善农机化推广服务体系

推行"互联网+"农机推广服务方式，建立省级农机信息管理服务平台和手机应用程序，引导农机服务主体开展包括农业生产托管、跨区作业、订单作业、承包服务在内的多种形式"全过程"机械化生产服务，打造农机化共享服务体系，促进大中型农机共享共用。持续提升农机试验鉴定的能力和效率，通过优化试验鉴定流程，加速农机鉴定及作业补助等相关管理服务工作的数字化转型，并推动各信息系统的互联互通。同时，构建农机研发、推广及应用的综合性交流平台，推进农业装备领域的科研、制造、销售、使用、维修及培训等全产业链的协同发展。此外，强化县乡农机推广和监理机构的建设，确保人员、装备及经费等关键资源的充分配备。创新农机化公益性服务的供给方式，支持高等院校、科研院所开展农机化科技研究与培训服务，组建省、市两级农机农艺融合专家团队，推动"五良"融合技术到田间，实施基层农技推广服务体系建设、专业农机手培训行动等项目，开展农机技术知识的更新培训，确保农机操作人员能够掌握最新的农机技术和信息，并鼓励农机制造企业及流通企业建立健全农机流通、维修保养及金融保险服务的体系，提升整体的农机服务水平，共同推动四川省农机化事业的全面发展。

（三）健全农机购置补贴政策

完善农机购置补贴政策以覆盖更多种类的农机具，扩大农机购置补贴政策的影响力。重点加大对粮食生产的关键薄弱环节和丘陵山区的补贴力度，促进这些区域的农业机械化水平提升。开展农机化发展综合奖补试点工作，针对粮食生产功能区、现代农业园区及深度贫困地区的农业生产发展实际需要，重点支持关键薄弱环节机械化作业奖补、购机贷款贴息。根据省委省政府确立的十大优势特色产业，对病死畜禽无害化处理设备、农业用北斗终端等特定品目实施资质采信试点。同时，开展拖拉机、联合收割机购置补贴应用程序申请、二维码识别和作业轨迹检测"三合一"的办理试点，以及支持生猪养殖场购置自动化饲喂和环境控制等农机具的补贴政策。

此外，鼓励创新性地探索扶贫资金、涉农资金支持农机化发展的新方式，支持农机服务组织开展适度规模经营。同时，探索贷款贴息、融资租赁承租、农业装备新产品、农田建设、标准化骨架大棚、农机报废等综合奖补试点项目，加快推进农机化发展综合奖补试点，扩大先进适用机具补贴范围，并研究针对特色产业发展所需的机具、新装备、智能农机装备、作业基础条件建设等的补贴政策。落实设施农用地、新型农业经营主体建设用地、农业生产用电等相关政策，支持农机合作社等农机服务组织的生产条件建设。健全农机具抵押贷款、担保贷款、贷款贴息、保险补助等金融保险政策保障体系，以降低农机经营的风险。积极争取省级工业发展资金、财政支农资金，以及地方科技研发计划项目的支持，提升农业机械化投入中科技创新的比例，并开展特色产业、数字农业等领域的装备与技术研发。强化农机购置补贴的规范管理，加强政策指导和监管，确保补贴政策的透明性和有效性。

（四）强化农机安全监管和质量监督

在农机安全监管方面，推进农机安全监管领域的"放管服"改革，强化农机安全监管的规范化建设，并贯彻执行农业机械安全监督管理条例及农机报废更新补贴政策。提升农机安全监管队伍的专业能力，完善农机安全监管的应急管理体系，制订并演练农机事故应急处理预案，确保农机安全生产形势的持续稳定。深入推进"平安农机"创建活动，有序开展变型拖拉机的专项整治，确保2021—2025年，按计划完成存量变型拖拉机的报废注销工作，力争到2025年实现全省存量变型拖拉机的全面清零。此外，推动农机合作社安全生产的标准化建设，建立健全农机合作社的安全管理制度和责任体系，确保安全生产责任落实到位。

在农机市场监管方面，加强对农业装备产品质量的监督检查，督促企业严格遵守生产流程和强制质量标准，实施质量提升行动。依法对涉及人身安全的产品实施强制性产品认证，并积极推动农业装备产品的自愿性认证，确保农机购置补贴机具的资质与产品质量认证结果相匹配。此外，完善省、市、县多级农机质量投诉监督体系，健全农机质量投诉的信息化平台，实施农机鉴定获证产品的监督检查，针对农业生产中广泛使用的农机购置补贴产品开展质量调查。通过健全农机维修网络，规范服务程序，提升维修能力和服务质量，确保农机的正常运行和使用安全。此外，完善农机报废更新制度，加快淘汰老旧及高耗能的农业机械，促进农业机械化的绿色发展。

（五）加强农机人才体系建设

着力推动高等院校加强农业工程学科建设，提升农机化科研人才的培养质量，以缓解农机科研人才供给的紧张局面。完善和充实现代农业创新团队体系，扩大农业装备岗位专家的产业覆盖范围。通过实施农机装备人才引进培育计划和产业创新人才工程，建立高端人才引进的绿色通道，引进并培养具有高层次、创新性和引领性的农机人才及团队，完善农机人才的引进、培养、试用、评价和激励政策措施。支持涉农高校加强学科交叉融合，优化专业设置，培养具有研发能力和多学科背景，同时能够引领农业装备与技术创新发展的复合型农机化人才，并大力培育青年农机人才队伍，通过购买服务、项目支持等方式，选拔和培养一批农机推广服务的"土专家"。

依托高素质农民培训和基层农技人员知识更新培训，支持农机生产企业技术人员的岗位培训，培养"农机工匠"。还支持将区域农机服务中心的农机手、维修人员、经营管理人员等纳入高素质农民培训计划和农村实用人才带头人培训计划，并统筹制订培训方案。深入实施区域农机服务中心带头人和资深专业农机手的再提升培育行动，并将符合条件的人员纳入乡村产业振兴带头人培育"头雁"项目实施范围，加大对"土专家"型农机手和懂生产善管理的经营人才培养力度。开展农机职业技能鉴定，支持新型职业农民进行农机操作维修技能培训，选拔和培养"农机标兵"。

鼓励大中专毕业生、农机推广科技人员等返乡下乡创办领办区域性农机社会化服务中心，打造一支引领农机社会化服务提档升级发展的新力量。按照专业技术服务人才评价管理的相关规章制度，支持经营管理、农机维修、驾驶操作等领域的农机人才参加农业等相关系列职称评审，并支持区域农机服务中心申报农业农村行业职业技能等级认定分支机构。还将按规定对业绩突出的农机人才进行通报，并支持区域农机服务中心人才参加全国农业农村劳动模范和先进工作者评选表彰，提升他们的职业荣誉感。此外，完善激励机制，全面落实基层农机人员的职称、工资等倾斜政策，提高保障水平，激发农机人才的积极性和创造性。

第二节　四川省智能农业装备发展现状

智能农业装备的建设和应用是智慧农业的重要组成部分，也是保障粮食安全生产的最直接手段。在国内外农业装备智能化的发展引领与农业生产需求驱动下，四川省在新型农机动力装备、大田作业装备、设施农业装备、绿色养殖装备、农产品初加工装备等方面开展智能化关键技术研发攻关，在农业传感器和农业机器人装备研发方面发力，并积极与国内优势团队合作，打造智能农业装备应用场景和示范点。

一、新型农机动力装备

（一）新型农机动力装备科研概况

从动力形式看，有关企业、科研院所开展了混合动力、纯电动动力、氢能动力拖拉机能量管理、协同调速、多工作端协同输出等关键技术方面研究。在智能操控方面，智能协同控制与自动驾驶技术方面有少许研究。四川省农机企业、高校、科研院所，以丘陵山地拖拉机为平台，针对丘陵山地拖拉机对适应性强、成本低的机载智能终端的需求，研制出具备运行工况信息采集功能的机载智能终端，设计完成了能人机切换并可以自动控制的转向系统，开发了丘陵山地拖拉机用高扭矩储备柴油机、多点动力输出可选配静液压无级变速传动箱、车身姿态自调整转向驱动桥、坡地自适应电控液压悬挂系统等关键部件，并形成了科研样机，但研发成果尚未得到有效熟化和实际应用。

经过引进消化吸收再创新，四川省农机科研院所通过向拖拉机、收割机、喷雾器等加载北斗卫星导航、自动驾驶系统、差动导航系统等，可以准确地引导田间的农业机械自行行走，当前已经建立部分示范点。

四川省新型农机动力装备的应用与示范主要集中在平原地区。丘陵山区拖拉机主要为手扶、小型四轮低地隙和盘式拖拉机等，但大多技术简单，实际作业中也存在易倾翻、转向困难、作业速度慢、复杂丘陵山地作业适应性差、不适宜水田作业等问题，同时作业质量也难以满足使用要求，而高适应性的拖拉机处在科研样机阶段。

（二）北斗卫星导航系统模块应用

北斗卫星导航系统（BeiDou Navigation Satellite System，BDS）是中国自主研制、独立运行、自主控制的全球卫星导航定位系统，是继美国全球定位系统（Global Positioning System，GPS）、俄罗斯格洛纳斯卫星导航系统（GLObalnaya NAvigatsionnaya Sputnikovaya Sistema，GLONASS）之后第三个成熟的卫星导航系统。北斗卫星导航系统具有快速定位、短报文通信、精密授时三大功能，可为服务区域内用户提供全天候、高精度、快速实时位置服务。采用北斗卫星导航定位功能时，和基站定位信息相比，北斗卫星导航定位信息更加精确。2014年11月，成都市、绵阳市等入选国家首批北斗卫星导航产业区域重大应用示范城市。

四川省农业机械科学研究院基于北斗导航系统的农机物联网技术，研究了拖拉机作业数据采集系统装置，实时提供农机作业位置区域准确定位数据，对农机作业质量情况实时监测，对农机作业有效面积准确测量，实现农机前端与后端管理后台实时信息互通，以及对采集数据进行数据挖掘及有效备份等。农机信息采集仪管理系统主要架构是由前端数据采集系统，通过油量传感器、三维角度陀螺仪电子传感器等相关传感器对农机作业情况实时监测。设备使用物联网通信技术将获取运动轨迹、计算作业区域与面积及定位数据实时传输到服务器，通过云计算及大数据处理，最终实现农机信息化管理。设备主要对前端农机作业数据采集系统进行研究，硬件电路采用单片机作为核心控制器，通过油量传感器、定位模块等实现对农机作业工作状态的监测，把农机工作时的工作状态进行记录保存。系统自动根据农机作业状态，实时获取北斗定位模块上经纬度坐标数据，实现对作业区域精确定位，并通过GPRS网络通信模块，实现前端控制器与后台服务器联网通信，实现前端与后端的数据交换，最终将前端采集的农机作业数据保存在后台服务器，便于后台管理系统跟踪分析，统计数据。基于北斗导航系统研发的农机信息采集装置在四川省德阳市旌阳区和成都市双流区进行了示范应用。

（三）自动驾驶系统应用

农机自动驾驶设备是智慧农业建设的重要支撑，是我国机械制造技术发展的具体体现。农机自动驾驶设备的核心是能够依照空间变异定时、定位实现精准化作业。其核心技术就是利用北斗导航系统将航模模块采集的数据作为控制系统感知参数，以此根据系统预设指令控制自动驾驶设备的方向盘、转动电机等系统，从而代替人工实现自主作业。农机自动导航驾驶系统主要包括全球导航卫星系统、精准定位技术、自动导航技术及农机转向机构。

超宽带通信（Ultra Wide Band，UWB）技术是一种精准定位技术，在无线通信传输领域应用广泛。成都大学彭川等（2022）基于UWB的检测系统设计了一款农机自动驾驶导航检测系统，该系统通过在农田边界设置2个UWB基站作为导航参数，在自动驾驶农机上布置2个UWB标签，利用UWB基站-标签实时测距信息，来实现自动驾驶农机的实时检测。该检测系统主要包括UWB基站-标签套件（测量距离小于300 m，测量精度：±5 cm）、控制器、人际交互显示屏及RS485通信接口等元件。UWB基站与标签间的距离信息主要根据双向双边测距离算法自行解算。控制器接收UWB标签输出的测距信息，按照预设的模型计算自动驾驶农机的横向偏差和导航偏差。当检测到自动驾驶出现偏航后，控制器会及时将偏航信息传给控制系统，控制系统发出调整指令，从而实现精准控制。

二、大田作业装备

（一）耕整机械装备

耕整土地的主要作用是疏通土壤、透气蓄水、覆盖杂草与残茬、防治病虫害，为作物的生长发育创造良好的条件，作业装备主要包括旋耕机、深松机、铧式犁、圆盘耙、联合整地机等。四川省耕整地环节机械化水平相较于其他环节更高，但智能化程度低。目前，主要通过在动力机械上加载自动驾驶系统，减少耕地环节的人力投入，提升耕整机械装备自动化、智能化水平。

成都市农林科学院史志明等（2021）在成都市郫都区和简阳市基地搭载基于北斗定位技术的自动驾驶系统进行生菜开沟起垄试验和胡萝卜起垄播种试验作业，测定垄体直线度、相邻垄距等参数，并与人工驾驶进行对比。试验显示，利用自动导航驾驶系统辅助进行机械化作业能够减小相邻垄之间的多余空白地带，提高土地利用率。

（二）种植机械装备

四川大田作物种植机械装备智能化主要集中在作物精量播种、无人驾驶移栽、无人机播种等核心技术与装备的研发攻关，以及成熟装备的推广应用。

在玉米精量播种方面，四川农业大学持续攻关，根据不同的需求和应用场景研发了一系列播种机。为解决玉米-大豆带状间作复合种植模式机械化播种机具作业性能不良、综合效益低的现状，结合整机驱动和仿形播种单体的优点，设计了2BF-5型玉米-大豆带状间作精量播种机（任领等，2019）。该播种机采用被动排种的方式进行排种，通过三点悬挂方式与拖拉机具相连。作业时，驱动地轮采用前置倾斜向下并附预紧弹簧实现弹性调节的安装方式，保证驱动轮始终贴地。播种机两侧的驱动装置均安装有超越离合齿轮，由转速最快的驱动地轮提供动力，并传输给主传动轴。同时动力分别经过玉米和大豆的粒距调节装置，改变传动比后分别传输到玉米和大豆排种单元，通过链轮带动各单体排种装置中的内嵌勺盘式舵轮穴播器进行排种。而玉米排种传动轴与大豆排种传动轴之间用镶嵌在六方管中的轴承相互隔离，实现玉米和大豆各自穴距的精准控制。针对四川丘陵地区冬干春旱，玉米播种时需浇水造墒、覆膜防旱，生产中常因缺水、水资源浪费严重、工序繁多等问题，研究设计了一款集开沟施肥、精量播种、精准穴灌、盖土覆膜于一体的穴灌覆膜施肥播种机（胡云等，2020）。该播种机主要由水箱、肥箱、穴播排肥器、种箱、精量玉米播种盘、开沟器、智能穴喷控制器、地膜轮等核心构件组成。播种时，智能穴喷控制器接受精量玉米播种盘排种红外传感信号，通过间歇性通电和通电时间精确控制灌水位置和灌水量，水分利用率提高31.03%。针对西南丘陵山地玉米精量播种，设计了一种适用于西南丘陵山地的集施肥开沟播种于一体的4行轻简型玉米精量播种机（2BF-4），该播种机单体上增加压密轮，限制种子在种沟内的弹跳；将仿形机构设计为后置式仿形机构，能有效对大坡度地面进行贴地仿形作业；该播种机采用勺轮式精量排种器，在排种器出口处设计导种机构，改善勺轮式排种器排种均匀性差、作业质量不稳定等问题（韩丹丹等，2023）。

四川丘陵区稻田大小形状不一、水平分布落差大、泥脚过深，不适宜大中型机械作业（朱从桦等，2021）。随着科技进步，水稻无人机直播技术应运而生，为水稻直播提供了新途径，大幅降低了水稻种植劳动强度，使农民实现节本增收。近年来，四川省水稻无人机直播呈现快速发展势头，大力推广机插秧技术。水稻精量直播无人机主要有撒播型、条播型两类。针对丘陵区水稻季光热、降雨分布特点，结合各地区茬口类型和水稻品种特征，精确控制播种量。通常杂交籼稻每公顷播种量为18～24 kg，常规籼稻每公顷播种量为30～45 kg。播种前检查调试直播无人机，再根据作业机型、目标播种量、飞行速度等调整播种量控制开关。

四川省是中国油菜最主要的传统种植区域，近年来油菜种植面积和总产均已跃居全国第一位。油菜作为重要的冬种"现金"作物，是农户经济收入的重要来源。但油菜种植以传统人工育苗移栽和人工稻草覆盖免耕直播为主，机械化播种率偏低。四川省农机化技术推广总站联合多家科研院所和政府农业部门引入2BFQ-6型油菜精量联合直播机（任丹华等，2020），在四川省广安市岳池县平坝浅丘区开展适应性研究试验，结果显示2BFQ-6型油菜精量联合直播机在四川平坝浅丘区播种质量好，节本增效效果明显，可大面积推广。为适应丘陵区油菜机械化量播种要求，实现油菜轻简化精量播种，四川农业大学雷小龙等（2020a，2020b）设计了一种油菜电驱排种控制系统和一种油菜精量穴播集中排种装置。油菜电驱排种控制系统集成无线蓝牙传输模块、单片机模块和Android终端平台开发，采用优化PID算法，实现集排器转速随作业速度的同步控制和自动调节播种穴距。油菜穴播集中排种装置包括充种、携种、护种和投种4个过程，成穴排种机构在充种室完成单穴1～3粒精量充种，携种至由硅胶板形成的护种带护送种子进入投种区，完成投种过程。其中，由6个成穴排种轮组成的排种机构对应6行排种，是实现集中精量穴播的核心。

在机插秧环节，四川省推广了无人驾驶插秧机。无人驾驶插秧机能够按照预设作业指令，沿着系统预设路径精准栽插秧苗，栽插深度和行驶轨迹达到厘米级精准控制，水稻机插轻松实现"跑直线"。这样的插秧方式，全程仅需一名辅助人员补充秧苗，大幅降低劳作强度，每小时可插秧5亩以上，稻田有效栽插利用率能提高3%以上，目前在四川省已推广近10万亩。

（三）田间管理机械装备

田间管理机械装备保有量大幅增长，除大型自走式喷杆喷雾机外，出现了植保无人机、地面无人驾驶喷雾机器人等新技术机型，植保机械化作业面积不断扩大。

四川省农业机械科学研究院在植保机械装备研发方面长期投入，研发了一系列不同型号的植保喷雾机，以研制的3WPY-300型遥控履带自走式喷雾机为例，该机型适用于桑园、果园等郁闭型作业环境的喷雾作业，该机采用履带自走式作业底盘，具有较强的通过性和稳定性；对各喷头采用分段独立控制并采用风送辅助喷雾，可有效提高作业质量；对作业过程中的全部动作均采用遥控控制，实现作业过程的人机分离，降低了劳动强度并防止药物对作业者的健康造成威胁。

四川作为农业大省，粮食作物、经济作物各有所长，以水稻、小麦、油菜为代表的粮油作物，以柑橘、杜果、茶叶为代表的特色果树茶叶等经济附加值高的作物，全省农作物播种面积常年稳定在 1 000 万 hm² 左右。水稻、油菜大多连片大面积种植，果茶多分布于山区、丘区坡地，背负式喷雾防治病虫害的传统方式效率极低、人工成本高、费时费力费钱，特别在暴发性、流行性病虫害发生期间，施药窗口期短，必然要求防治的高效性。植保无人机更为科学、经济、高效，已逐步成为先进施药器械的首选。到2022年底，四川省植保无人机保有量为 2 794 架（马利等，2023）。随着植保无人机保有量的快速增加，使用植保无人机防治病虫害的年防治作业面积逐年递增。2022年底，全省植保无人机的防治作业总面积为147.55万 hm²，约占全省病虫害防治面积的10.0%、全省耕地面积的28.2%。

（四）收获机械装备

智能化粮食收获机械是当今国内智能化农机装备研究的重点和热点，目前已研制开发出实用化的大型智能化粮食收割机。对四川而言，四川省谷物收获机械旱田以轮式为主、水田以履带式为主，适合于四川省目前的生产力水平。但部分收获装备的关键部件通用性较差，水稻、小麦和玉米以外作物收获效果不理想的难题需要解决。

经济作物采收方面，四川在茶叶采摘和花椒采摘装备的研发方面取得了较好的进展。目前正研究将采茶机械的姿态智能控制运用于夏秋茶采摘装备，研制适用于夏秋茶采收自走式单垄智能采茶机，该机具具有模块化组件，结构可靠，智能化程度较高。花椒生长不规则、有皮刺、果实小，人工采摘效率低，已影响到四川省花椒产业发展，为此，四川在花椒采摘机械方面大力投入，研发了一款智能花椒采摘机器人样机，它身高不足1 m，重700 kg，蓝色的机械臂展开长达3 m，外形如同一台履带式微型挖掘机。这台机器人突破了实时目标果实识别定位、机器人深度学习算法、机械臂运动控制等关键技术。目前，该样机已经在冕宁、汉源、汶川等地的花椒基地试用，下一步等技术成熟后有望在更大范围推广应用。

三、设施农业装备

（一）设施种植装备

目前，四川省设施种植装备主要包括立体化栽培设施与设备、设施育苗精量播种成套装备、设施移栽机械、设施种植多功能作业平台等。随着物联网和人工智能等现代技术的加速应用，设施农业装备逐渐向数字化、信息化、智能化与绿色化发展。

设施无土栽培可以精准地实现营养调控，据此，成都农业科技职业技术学院张梅等（2023）设计了一套新型栽培装备，实现了川芎快速育苗，有效解决了苓种培育、水肥管理、病虫害防治等环节的难题。该设备包括补光系统、通风系统、密封面板、控制器、栽培盘、营养液循环泵等部分。育苗时，先对苓种消毒，然后放入栽培盘中，盖上密封面板，采用微电脑控制进行精准育苗。

针对当前超高层植物工厂作业难度大、作业强度高等问题，中国农业科学院都市农业研究所发明了一种用于多层立体植物工厂的穿梭车及控制方法。开发的栽培板自动取送设备可实现植物工厂栽培层内部空间作业，减少传统无人植物工厂中巷道设置，显著提升植物工厂空间利用效率。通过红外定位技术，可完成栽培板在超高层植物工厂中的精准取放作业，定位精度达 ±1 mm；搭配的超级电容技术，可实现作业装备的快速充电，续航时间长。

（二）作物生长信息监测系统

在农业种植过程中，需要对农作物生长信息进行监测，解译植物生理生态信息即植物的生长、营养、水分状况，以制订更科学的调控方案。为在设施农业中准确监测并调控温室大棚内部的环境参数，并降低系统的网络负担和经济成本，电子科技大学王旭等（2022）提出了采用移动机器人动态监测数据的方案。在温室大棚中，移动机器人搭载温湿度传感器、光照传感器及二氧化碳传感器等监测装置在温室大棚中按照设定路线运动。机器人在移动过程中动态监测环境数据，并将采集到的数据信息传送至控制端，由控制端（手机App）根据获取的信息进行环境系统的判断和参数调整操作。

（三）温室自动控制系统

温室自动控制系统是将数字式控制仪与传感器组合在一起，从而根据温室内作物的需求，智能地优化组合室内的温度、光照、湿度等环境因子，从而更好地促进作物生长。在四川，目前应用较多的是顶窗和侧窗自动卷膜，远程电磁阀开闭等，现代园区会集成环境综合控制系统（张泽锦等，2023）。

四、提灌设施装备

（一）水肥一体化装备

水肥一体化灌溉技术是利用压力灌溉系统，将肥料溶于施肥器中，并随水通过各级管道，最终以点滴、雾滴等形式施入土壤或作物根区的施肥过程。该技术通过作物营养诊断、土壤养分及水分诊断，实时、准确、定量地将水肥施在作物根区，实现按需供给，既能降低蔬菜劳动力成本，提高劳动效率，又能有效降低施肥量，改善作物根系生长环境，提高产品品质。在四川，水肥一体化技术主要通过喷灌、滴灌和微喷灌方式实施，其系统主要由水源工程、施肥装置、过滤装置、管道系统和灌水器等组成，常用的施肥方式包括重力自压式施肥法、压差式施肥法和水肥一体机。

（二）太阳能提灌系统

太阳能提灌站是新能源技术发展的一种有效探索，可有效解决电力缺乏地区人畜饮水困难及灌溉用水不足的问题。针对四川西部地区水资源短缺的问题，结合当地太阳能资源丰富的特点，四川省农业机械科学研究院将太阳能应用于提灌系统，研发了太阳能提灌装置，该装置由太阳能电源系统、提灌系统、控制系统组成，在无蓄电池条件下实现了太阳能电池发电最大功率点动态跟踪，保证系统稳定运行；采用了高效容积式水泵与潜水泵集成装置有效结合，有利于系统安全高效运行；研制了适用于该装置的专用控制器；利用远传技术实现了对提灌装置的远程监测。

（三）智慧灌溉系统

智慧灌溉系统，又称LORA农业灌溉控制系统、智能灌溉控制系统，集成了物联网、移动互联网、LORA、遥感监测等多项技术，并通过智能逻辑调控阀门启停，实现灌溉节水、作物生理和土壤墒情控制之间的平衡。智慧灌溉系统的使用不仅能有效利用水资源，而且能提高自动化生产效率，大大减少人力和管理，显著提高效率。四川省在彭山、盐边、顺庆、威远、广汉、南部等县（市、区）的葡萄、枇杷、猕猴桃、柑橘、无花果、蔬菜等产业园开展了农业智慧灌溉试点，将喷灌、滴灌、微灌等节水节肥施灌技术与互联网、大数据、云计算、物联网技术相融合，建设了农业智慧灌溉系统，实现了对农业生产智能决策和精准施灌。2019年底，在11个试点县建成了农业智慧灌溉系统并投入运行，7 735亩产业园实现了智慧灌溉。

五、绿色养殖装备

（一）畜禽养殖装备

畜禽养殖装备智能化主要聚焦养殖环境智能调控、畜禽健康状态智能辨识、饲养过程智能管理等技术领域（杨飞云，2019）。畜禽健康状态智能辨识主要对畜禽的生理、行为、声音和个体差异等特征进行自动化实时监测，养殖过程智能管理涉及精准饲喂、机械清粪、畜产品自动收取和养殖信息系统管理等。四川在畜禽养殖装备智能化方面取得了一定的研究成果，如规模化养鸡环境精准控制（杨朝武等，2021）、生猪声音和姿态智能识别（顾小平，2023）、养殖综合管理系统（张顺发等，2023）等。

针对清粪工作劳动强度大、清扫环境恶劣、畜收监视困难、改变畜收生长环境等难题，四川农业大学马江勇等（2014）提出了一种以全新的STC11F32XE单片机核心控制系统的自动清粪机器人，该清粪机器人的控制系统主要由上位机（PC机）和下位机（STC11F32XE单片机）两部分组成。工作时，首先由安装在上方的摄像头将所拍摄到的现实场景通过无线装置发送至操作室的上位机上；操作人员观察上位机上所显示画面，然后控制清粪机器人工作；操作人员通过上位机控制界面向清粪机器人发出指令，该指令由无线发送装置传送给清粪机器人上的无线接收模块；无线接收装置将指令传送给下位机；下位机接收到指令以后，通过事先设置的程序再控制连接在下位机上的继电器；然后继电器控制电机，最后由电机控制清粪机器人的执行机构，使清粪机器人完成作业。当操作人员未发出任何指令时，系统处于待机状态，并自动进行红外追踪，同时将周围的情况通过摄像头无线传输到上位机上。为了避免机器人在过低的电量下工作，机器人具有对自身电能用量实时监测的电源管理系统。当机器人的能量处于低电量的情况时，系统会立即进行报警，便于对机器人进行管理。

（二）水产养殖装备

一直以来，在水产养殖业中，装备数字化程度低，实时精准测控技术缺乏，导致劳动生产率和资源利用率低、劳动强度大、养殖风险高，严重制约了水产养殖业的可持续发展（王勇等，2022）。随着人工智能、物联网、大数据等技术的发展，为水产养殖业的转型升级带来新的可能。四川农业大学邹志勇等（2014）设计了一种能模拟齐口裂腹鱼自然生长环境的智能设施鱼池。鱼池采用水泥结构，通过进排水、水质参数检测传感器、Zig Bee网络实现鱼池微水流效果和水质参数智能监控。邓玉平等（2023）构建水产养殖智能精准投饲系统，该系统由投饲设备（料仓、供料机构、投料机构等）、控制柜、投饲管理软件等部分组成。通过运料车上的输送设备将散装料直接装入料仓，实现饲料出厂、运输、装料和投料全程机械化作业。投饲机采用称重模板实时计量料仓内的饲料重量，结合可编程逻辑控制器程序进行控制，实现设备投饲量精准控制和全自动运行。控制系统通过通信网络与投饲管理软件对接，实现投饲远程管控与集成管理。

四川规模化水产养殖户，为了更好地管理鱼塘，选择安装鱼大大"塘管家"。当水中溶氧不足时会自动提醒，用户使用手机就可以远程开关增氧机。目前鱼大大"塘管家"在四川装机量约1.4万台。

六、农产品初加工装备

农产品初加工指农产品一次性地不涉及农产品内在成分改变的加工，主要包括：干燥、品质检测与分选、贮藏与保鲜。

在农产品干燥方面，针对南方丘陵地带对粮食作物、经济作物等多种农产品的多样化烘干需求，开展了多物料广兼容烘干关键技术研究及应用示范。研究粮食、油料、药材等多物料烘干特性和兼容烘干新方法，形成多功能、高兼容性、高烘干品质的网带烘干新模式，解决传统卡料、漏料及破损率严重的问题。水分含量是影响粮食质量最基本的要素之一，水分含量超标会造成粮食局部发热，甚至霉变。因此，对粮食的充分干燥是保障粮食安全的重要因素。近年来，四川省持续将粮食干燥机械纳入农机购置补贴范围，对购买粮食烘干机械的合作社和种植农户给予重点倾斜（易文裕等，2020）。目前，烘干装备智能化主要是在现有烘干装备中安装智能终端设备、水分监测传感器、温湿度与风速传感器等模块（杨军，2023）。智能终端设备的应用，让用户能够通过手机实时了解烘干机运行情况和烘干数量（江晨等，2023）。传感器的应用可以实现粮食烘干过程中的变温控制，可以根据粮食水分含量变化进行烘干过程控制（谭新圆等，2021）。

在贮藏保鲜及冷链物流方面，产地预冷、移动保鲜装备已有部分研究，但缺乏冷链物流过程中品质变化规律及品质与病害控制技术研究。四川省农业机械科学研究院针对农产品冷藏库设备功能单一、库内环境控制不精确、信息化程度不高、人为因素影响过大的弊病，运用信息化及数字化技术对农产品冷藏库进行提档升级，研发了农产品冷藏库智能管理及数字化装备。农产品冷藏库智能管理及数字化装备配置有仓库信息化智能系统，该系统通过智能采集主机自动采集仓库的温度、湿度、气体浓度、视频等贮藏环境信息进行记录，自动将鲜活农产品的产地、品类、交易量、库存量、价格、流向等市场流通信息做记录，并可以通过互联网自动将信息上传到指定信息平台。

七、传感器和农业机器人装备

传感器技术是推动农业机械智能化、高效化和精准化发展的重要技术支撑，通过监测农业生产各项数据实现科学决策和规划，使农业机械能够更好地适应复杂多变的农业环境。传感器一方面可以感知土壤的湿度、温度和养分含量，对作物生长情况、病虫害发生等进行预警和控制；另一方面，传感器通过内置的感知元件，实时感知农业机械的运动状态和环境条件，能够测量机械的加速度、角速度、温度等关键参数，将这些数据转换成电信号。农业传感器主要分为土壤传感器、气象传感器、作物传感器和农业机械传感器。传感器微型化、数字化、智能化、多功能化、系统化、网络化等特点，是实现自动检测和自动控制的首要环节（郑大刚，2024）。

农业机器人是从事农业生产活动的特种机器人，是一种由程序软件控制，能感知并适应作物、动物种类或环境变化，具有人工智能特征的自动化或半自动化农业装备。现代的农业机器人集成了传感技术、监测技术、人工智能技术、通信技术、图像识别技术、精密制造及系统集成技术等多种前沿科学技术，是一个依靠自动控制完成移动、作业功能的完整系统。农业机器人整体上处于关键技术研究、样机研制与试验演示阶段，包括但不限于采摘机器人、锄草机器人、施药机器人、采棉机器人、育苗机器人、胡萝卜分拣机器人、养殖巡检机器人、饲喂机器人等方面的关键技术研究。

目前，四川省农机企业、科研院所在控制技术与算法、视觉识别系统、行走底盘、采收协作机械臂、大田机器人化作业装备等方面进行了一些研究，但因整机工效、可靠性、性价比等多种因素，均停留在样机的示范展示阶段。

（一）采茶机器人

四川是茶叶大省，近年来省委省政府高度重视川茶产业发展，茶业已成为四川省茶叶主产区农业农村经济的重要支柱产业。对于采茶来说劳动强度无疑是较高的，现在所使用的采茶机械都应用于大宗茶的采摘，这种一刀切割茶叶的方式对于名优茶来说并不适合。名优茶的采摘需要采摘精度、智能水平更高的机器人来完成。为突破四川名优茶的智能采摘技术，四川省内农机科研高校院所各展其长开展了相关研究。

西华大学研究了一种适用于名优茶采摘的智能机器人，该机器人具有采摘范围广，准确识别嫩叶，区分芽尖、一芽一叶、一芽二叶的特点。该智能采茶机器人由机架、并联机器人、图像采集装置、切割装置、收集装置等主要工作部件构成。机架采用铝合金型材和X-Y平面移动导轨滑块方案。并联机器人则是在动平台与静平台之间通过两根以上并行滑轨或者两个以上并行旋转手臂连接，从而形成一套闭环结构，定位灵活快捷。在并联机器人里选择4轴机器人，使末端可实现在空间上移动、旋转，能够更好地模拟人的手臂采摘茶叶的各种形态、角度。高清摄像头安装在并联机器人上，避免机器人移动遮挡茶叶的情况发生。收集装置采用文丘管原理，从气动剪刀手处吸入采下茶叶，进而到达收集箱，降低茶叶损伤率。该机器人可采摘一定范围内的茶叶，并进行收集，采摘范围为 1 340 mm × 1 110 mm × 280 mm。

名优茶智能采摘的先决条件是对茶芽的识别与定位，四川省农业机械科学研究院开展了基于机器视觉的茶芽的识别和定位技术及装置研究。茶芽识别定位试验装置包含了试验台架、全局相机、局部相机、运动控制装置等。采用定位精度高、稳定性好的封闭式滚珠丝杆滑台搭建试验台架，可实现XYZ三维空间移动且保持自身状态不变，用于搭载相机、控制系统等装置。全局相机为单目相机，采用千兆网工业相机及镜头，负责拍摄茶叶图像并粗略估计嫩芽位置。局部相机为双目相机，主要负责获取茶芽深度图像，两相机同时拍照，通过算法分析可以得到当前拍摄范围内嫩芽的深度图像。运动控制装置主要用于控制各部件模拟机械采摘动作，控制相机对茶芽的识别、采摘机械的动作、控制部件的联动及三者间的相互通信。使用YOLOv5算法建立茶芽识别模型，茶芽识别率为78%。

（二）巡检机器人

农业精细化作业需要实现对农田和农作物环境信息的采集及监控，且保证信息采集全面、准确、快速和具有一定的连续性。农业设备的智能化不但可以有效提高农作物的产量，还可以在很大程度上节省人力成本。为了解决巡检机器人在小型农场环境信息采集时需自主导航并合理规划局部路径的问题，成都理工大学李忠玉等（2022）设计了一款适用于小型农场环境监测的巡检机器人系统，能够在复杂的环境中自主规划路径，获取各种有效信息，例如，农场中的温湿度、CO_2浓度、有害气体及异常位置等，从而使工作人员能够实时地了解每个地方的运行状况，以便快速获取农场中准确可靠的数据信息，让管理工作更加高效化、智能化。该农场巡检机器人使用基于ARM芯片架构的ArduinoMega2560控制板，集成了普通I/O接口、串口、I2C等多种功能，结构小巧，便于开发和调整。农场巡检过程中环境复杂，机器人行驶中需要动力，该系统采用电机进行驱动。考虑小型农场的实际情况，系统的电机采用价格低廉、体积小、重量轻、出力大、响应快的直流电机；农作物的生长需要监控环境的温湿度信息，系统采用的环境温湿度采集模块为DHT11温湿度传感器，该温湿度传感器成本低、适用范围广；农场中的有害气体直接影响农作物的生长，系统采用MQ135气体传感器作为农场中的气体采集模块，MQ135气敏传感器接口少、成本低且功能强大，适用于小型农场；CO_2的浓度对农作物生产有抑制和促进作用，过高的CO_2对农作物的生长不利，因此，需要定时检测农场中的CO_2浓度，在系统中采用SGP30气体传感器进行CO_2浓度检测，该传感器不仅能够适应户外常温的CO_2检测，还能采集大棚室内的CO_2浓度，比较适合用于小型农场环境中。巡检机器人在农场中的定位模块采用的是集成加速度传感器与陀螺仪传感器于一体的MPU6050六轴传感器，该传感器精致小巧、功能丰富，便于安装。机器人巡检过程中遇到障碍物时，采用HC-SR04超声波传感器进行探测，该传感器测量范围广，成本低廉，对于成本要求较高的小型农场具有良好的适用性。巡检机器人在农场中采集的环境信息通过BT08蓝牙模块进行短距离传输，该蓝牙模块传输速度快、数据稳定。巡检机器人不仅成本较低，而且便于后期的维护。该巡检机器人系统基于多传感器和模糊控制融合的方法来对局部路径进行合理规划，工作原理为：首先利用多个传感器采集局部路径环境信息，然后将经计算得到的距离和角度信息输入模糊控制器，制定出模糊控制规则，再进行模糊化处理从而输出处理结果，进行模糊推理以得到控制模糊集，最后进行去模糊化处理，得到较精确的电机值并以此规划出较优路径。该机器人系统运行稳定，可以有效地完成小型农场环境信息的采集并将数据返回上位机。

（三）农业种植机器人

在目前的农作物种植中，去除杂草、施肥、灌溉及农药喷洒等过程仍然主要停留在人工操作阶段，整个过程费时费力。为节约农作物种植的成本，进一步提升现代农业的自动化水平，电子科技大学肖紫涵等（2022）设计了一种多功能智能农业种植机器人。该机器人具有温湿度检测、气味识别、除草、喷洒及机器视觉等多种功能，采用功能与形态统一的原理进行设计，采用视觉导航路径生成算法和农业害虫检测识别算法相结合的形式，实现了农作物病虫害识别的目标。该机器人系统的主要模块包括：气味识别模块、温湿度检测、机器视觉模块、驱动模块、抓取模块、无线通信模块和主控系统等。该机器人的控制系统包括：红外测距模块、气味识别模块、农药喷洒模块及温湿度传感模块等。其中，红外测距模块由LCD1602、ADC芯片和红外传感器三部分构成。红外测距模块检测信号，由ADC数模转换器将检测结果转换成被测距离。其功能是对路线进行测距并自主规划路径，用最优的路径到达需要实现工作的地方。农药喷洒模块和温湿度传感模块通常进行一致性运作，其中温湿度模块由DHT11温湿度传感器和数字信号显示屏构成，用于自主检测农作物所处环境中的温度与湿度，并且将反馈数据与标准温湿度进行对比，判断两者的差别，并反馈至喷洒模块；喷洒模块中的C8051F020微控制器和PCF8563功能芯片对接收信号进行处理，判断农作物生长环境的具体情况，对农作物进行药物喷洒、灌溉等操作。就本系统而言，喷洒模块设置了两个区域，除药物喷洒和灌溉区域外，另一个区域将装入农作物所缺少的元素并喷洒补充，当检测植物缺少某种元素时，可通过打开存放相应元素营养液的喷洒区域，进行元素补充。机器人在运行的过程中，通过机器视觉模块对害虫和杂草进行判断和位置识别。当系统完成识别后，驱动模块将驱动机械臂和机械爪进行拔除。同时，控制系统会启动喷头进行药物喷洒，来完成农作物的除草和除虫消杀的过程。机器人本体设置了温湿度传感器，用于检测农作物的生长温湿度，并判断作物是否处于最佳温湿度环境。当系统的反馈参数与最佳参数存在偏差时，系统将启动灌溉功能，直至达到最佳阈值，将数值反馈给系统并停止灌溉功能。测试结果表明：该智能农业种植机器人的功能较为全面，能够有效降低设施农业的生产成本，提高农作物产量，可为机器人技术应用与设施农业提供参考。

八、四川智能农业装备应用示范场景打造

（一）无人农场

智慧农业主要包括智慧农业生产、智慧农业管理、智慧农业信息、服务等，而无人农场则是智慧农业发展的具体体现。无人农场是通过机械化、信息化和智能化高度融合，采用新一代信息技术、智能装备技术与先进种植、养殖操作规程深度融合，实现农业劳动力最大限度地解放，其基本特征是全天候、全过程、全空间的无人化作业。位于成都市大邑县安仁镇新华社区的"五良"融合无人农场是四川省首个"无人农场"，即把"良田、良机、良种、良法、良制"的实施融入到了智慧农场的打造中。"无人农场"采取"政府+高校+企业"相结合模式，由成都大邑县进行宏观指导和统筹协调，西华大学现代农业装备研究院牵头实施，罗锡文院士团队提供技术支持。在无人农场，可以实现小麦、水稻耕种管收的无人作业。

（二）智能植物工厂

植物工厂是通过设施内高精度环境控制实现作物周年连续生产的高效农业系统，能够根据不同的作物对光照、温度、湿度、营养等要素的需求，实时调控，精准供给，实现高效生产。坐落在四川省成都市的中国农业科学院都市农业研究所在植物工厂方面的研究成果显著，研发的垂直智慧植物工厂入选100项重大农业科技成果。在四川成都国家现代农业产业科技创新中心建设有栽培层达20层的无人化垂直植物工厂，将土地利用率提升了120倍以上。在这座无人化工厂里，依靠智慧管控和辅助机器人技术，从蔬果栽培到水稻育种，从收获到包装，全流程智能调控，实现无人化作业。

（三）智慧牧场

智慧养殖是智慧畜牧业的重要环节，是充分利用大数据技术、物联网等信息化手段，依托各种传感器和无线通信网络，应用于畜牧业养殖环节的先进畜牧业发展模式，能够提高畜禽养殖生产效率、降低畜禽养殖成本、科学预防畜禽疫病发生等。

为了便于畜牧主和畜牧局工作人员对牦牛的管理，四川移动联合几米实业集团有限公司在四川阿坝藏族羌族自治州打造了通过NB-IOT网络技术实现牦牛畜牧管理的"智慧牧场"。智慧牧场涵盖牲畜基础数据，对每头牲畜可实现定位、监控等，可追溯体系则是智慧牧场建设的核心。该体系的建立，能及时了解全县养殖数据，对每头牲畜建档，录入基础信息，实现牲畜的信息化管理，监控牦牛使用激素、抗生素、饲料等情况，优化对配种牦牛基因的选择，做到科学化养殖和繁殖。可实现政府对牧户牧企的规范管理，同时畜产品销售出去以后，消费者也可了解该牲畜的生长环境、免疫记录等。

成都市青白江区立足"开放农业引领区、绿色农业先行区、精品农业示范区"功能定位，以建设国家农业对外开放合作试验区和中国（成都）国际农产品加工产业园为抓手，持续推进"数字化战略"，于2020年7月在西南地区率先启动智慧牧场建设。智慧牧场运用互联网、物联网、大数据等技术手段，集成原牧场中的各个系统，实现畜牧业智能化管理和运行，切实提高工作效率，提升生鲜乳产量和品质。

（四）智慧渔场

通过加大数字化设备在渔业生产中的运用，四川省雅安市天全县水产现代农业园区实现核心区域智能化全覆盖，打造"智慧渔场"，建设数字渔业基地。实现水温、液位、溶解氧、氨氮等数据指标动态监测实时显示。养殖人员可以通过手机App随时进行监测，也可以远程控制投饵机和增氧机进行科学养殖，节约饲料的同时也大大节约了人力成本。基地中投入使用了智能增氧设备、智能投饵设备、水量管控装置等。为了更科学地监测可繁殖鲟鱼的信息，所有可繁育鲟鱼被注入了芯片，都有唯一的编号，作为鲟鱼的"身份证"，由系统记录它们的繁育信息，避免出差错。随着"智慧渔场"打造，园区进一步扩大了养殖规模、精养面积，鱼子酱产量大幅增加，在国际市场占有率显著提高。

第三节　四川省智能农业装备发展趋势

一、我国智能农机的重点发展方向

当前世界主要农业大国的农业从业人员快速下降，谁来种地已经成为日趋突出的问题。智慧农业是未来农业的发展方向，而智能农机装备则是智慧农业的重要支撑。当前需要做的是大力加强智能农机装备技术创新，推动农机装备绿色、智能、全程、全面发展。未来装备将不会集中在增加设备尺寸、作业宽度和数量上，应该通过使用电子和数字化解决方案，来实现农业装备的环境兼容，高效应用。随着农业机器人的兴起，越来越多的新技术将被引入，包括深度学习、人机共融、新材料、触觉反馈等。我国智能农机装备重点发展6个方面。一是要顺应世界农机装备绿色、智能、节能减排的发展趋势，开展农机装备的战略性、前沿性、基础性和多学科交叉研究，突破高压共轨、动力换挡、无级变速、新能源动力、数字化设计等关键核心技术，解决好新能源、动力、控制、核心关键部件等关键问题。二是加强农机装备新材料和新工艺研制，缩小我国农机关键件寿命和可靠性的差距。三是针对我国农业复杂多样的特点和农机弱项短板，研发先进实用的各类机具，推进农业机械化全程、全面发展，满足现代农业发展的需求。四是适应智慧农业发展的需要，大力推动农机装备的数字化、智能化水平，积极运用总线技术，发展数字化底盘，开发电控单元、电液一体化等关键技术，实现场景与环境兼容，提高农机感知力、执行力、脑智力。五是推进北斗自动导航、智能监控终端在农机装备上的集成应用，研发农机大数据系统，促进农业生产智能化、作业精准化、管理数字化、服务网格化。六是推进农机节能减排，加快绿色智能农机装备和节本增效农业机械化技术推广应用，推进农机节能减排，助力实施农业碳达峰和碳中和。支持排放标准由国三升级国四，减少废气排放（赵春江，2022）。

预计到2025年，我国主要作物智能农机推广应用将达到5亿亩以上，智能化农机数量占农机装备保有量的20%以上。集无人农机系统、无人灌溉系统、无人绿色防控系统等多维技术为一体的高标准无人农场，将在2030年前后得到规模化应用并实现市场化运作。预计2035年前后，智能农机装备有望实现产业化发展与规模化应用（赵春江等，2023）。

二、四川省智能农业装备的重点发展方向

四川是西部唯一的粮食主产省，也是全国13个粮食主产省之一，同时，也是人口大省和粮食消费转化大省，无论是服务国家大局、助力端牢中国饭碗，还是满足自身需要，四川都必须继续推动粮食扩种、增加单产，实现粮食总产量稳步提升。四川农业装备的发展为全省粮食安全和农业现代化提供了重要支撑。

四川省委省政府为深入贯彻党的二十大精神和习近平总书记关于"打造新时代更高水平的'天府粮仓'"重要指示，落实中共中央、国务院关于加快建设农业强国的决策部署，印发了《建设新时代更高水平"天府粮仓"行动方案》（以下简称《行动方案》），提出三大阶段建设目标：第一阶段，到2025年"天府粮仓"建设取得显著成效；第二阶段，到2030年"天府粮仓"建设目标基本实现，明确提出粮食产量提高到3 750万t以上、"菜篮子"产品生产基本实现现代化、耕地保有量和永久基本农田保护面积超额完成国家下达目标任务、永久基本农田基本建成高标准农田等定量定性的目标；第三阶段，到2035年基本实现粮食安全和食物供给保障能力强、农业基础强、科技装备强、经营服务强、抗风险能力强、质量效益和竞争力强的农业现代化强省目标。四川省农业科学院按照省委省政府部署和《行动方案》要求，印发了《四川省农业科学院农机装备支撑"天府粮仓"建设科技行动方案（2023—2025年）》，着力解决"谁来种地"的现实问题，以及在农村劳动力老龄化严重和新生农业从业者严重缺乏的大背景下，加快推进智能农业装备的发展。重点在以下几个方面发力。

（一）新能源农机装备

重点突破新能源在农机高效传递与行走驱动的应用，针对丘陵山区地形地貌复杂、土壤条件多样等特点，开发高效传动装置、行走系统及自动导航等关键核心零部件，大坡度高通过性行走机构、机身姿态自适应调控、作业远程操控等关键技术，研发自适应悬挂装置、自调平转向驱动桥和坡地转运装备装置。

（二）主要粮油作物智能化农机装备

研发水稻自动化智能育秧装备、深泥脚田中大苗轻型高质量栽插装备、再生水稻头季专用收割机具；研发玉米高效轻量化高通过性底盘、低损摘穗机、适合垄作的高效收获机、机播机收作业质量监测调控装备；攻克稻茬麦一播全苗的抗逆精量播种机和旱地小麦高质量播种一体化精量播种机及智能化监测与调节系统；研发油菜中小型直播机、割晒机，突破智能化机械直播、高效低损机械化收获农机农艺融合技术；研发马铃薯开沟施肥播种起垄覆膜一体化精量播种机、甘薯秧苗垄上移栽机和薯类单垄收获机；突破绿色高效提水及灌溉智能化决策技术，研发新能源智慧灌溉装备。

（三）优势经济作物农机装备

研发和优化果园时空谱特征的深度语义分割网络模型，集成精准监测技术和基于深度学习的经济作物全生育期数字化监测体系；研发菜园蔬菜无损营养监测、宜机化作业的地下排水与循环利用系统和水肥精准增效供给模型；研发适宜山地作业的茶园开沟机、多功能除草旋耕施肥机；研发适用于丘陵山区桑园专用耕整除草、开沟施肥、喷雾打药的多功能桑园管理装备及桑叶桑果快速收获、运输机械设备。

（四）主要畜禽（水产）工厂化养殖装备

研发生猪液态饲料饲喂系统，牛、羊、兔机械化撒料机械设备（搭载信息化饲喂系统）；研发牛、羊无接触式体尺体重采集设备和软件系统；研发种猪精液自动收集、质量检测和包装生产等装备；研发畜禽养殖环境智能检测管理系统和配套设备；研发群体健康状况早期预警系统、自动免疫、场内生物安全分级控制系统和疫病远程自助诊断系统，研发畜禽高通量智能巡检机器人、畜禽智能穿戴设备等智慧养殖装备；研发场内外智能消毒车和无害化收集装置；研发养殖场区机械设备万物互联及智慧控制系统；研发水产养殖工厂化循环水设备、池塘"零排放"圈养绿色高效养殖系统、陆基循环水养殖系统和渔业智能化控制系统。

（五）农产品初加工装备

集成创新节能、清洁、优质产品率高的小麦、稻米、玉米、薯类等主要粮食产品色选、脱壳、碾米、制粉等设施设备；研发清洁化、自动化的多物料广兼容烘干技术及装备；创制并推广浓香菜籽油自动化生产成套设备；集成创新优质粮油贮藏设施及配套装备。

（六）农产品商品化装备

集成创新并推广适合川产大宗水果、蔬菜及畜禽水产品的清洗、杀菌、切分、干制、速冻等设施设备，配套完成相关技术的研发应用；突破特色经济作物数字化分级分选设备创制技术，开发相关配套设备；集成创新高速高效率保鲜包装设备及配套的功能性保鲜包装材料和保鲜技术；集成创新预冷、催熟、贮藏等多功能产地可移动预冷设施与设备；集成创新仓储用节能制冷机组。

（七）供应链贮运装备

引进推广节能、高效冷链运输车辆或集装箱；创新农产品供应链条中库、车、船贮运环境数字化监管控制技术及配套的设施设备；构建安全高效的农产品溯源管理技术并创制相关的设施设备。

（八）农机装备科技服务团

成立农机装备支撑"天府粮仓"科技行动领导小组和"五区同兴"专家服务团，与"天府粮仓"大面积生产科技服务团同步开展科技服务工作，建立指导服务机制，在"五大生态区域"选择一批全程机械化先行县、先导区和农业园区，开展全方位、多渠道、多层级技术指导服务，科技支撑建设一批"全程机械化+综合农事服务中心"，辐射带动全省农机装备高质量发展。

（九）农机装备科技创新联合体

以项目为载体，联合省内知名农业科研院所、大专院校、农机农技推广服务机构、农机创新企业和农机服务组织，成立创新联合体，构建组织架构，制定运行机制，明确未来发展目标，助力打造新时代更高水平"天府粮仓"。

（十）智能农机装备示范基地

根据"五大生态区域"主导特色产业，以机械化、智能化、信息化、数字化等农机装备为核心，依托农业产业园、农业科技示范基地，优先选择省、市级农机专业示范合作社作为建设主体，分区域、分产业、分品种、分环节建设一批农业机械化示范基地，推进农机装备科技创新发展进程。

三、"五区同兴"背景下智能农业装备发展趋势

（一）五大农业生态区的划分和重点产业

为了打造新时代更高水平"天府粮仓"，四川省根据气候、地形、发展程度等方面的差异，分区域明确成都平原、盆地丘陵、盆周山区、攀西地区、川西高原的重点产业和主攻方向。成都平原"天府粮仓"核心区，主要发展稻麦、稻油、稻菜轮作和稻鱼综合种养等，逐步实现平原地区以粮为主。盆地丘陵以粮为主集中发展区，主要推动以粮为主集聚发展，推广水旱轮作高效种植、旱地粮经复合、粮经作物生态立体种养等模式，逐步实现浅丘地区以粮油生产为主。盆周山区粮经饲统筹发展区，主要发展特色粮食和种养循环，实现粮经饲统筹协调发展。攀西特色高效农业优势区，主要发挥独特的光温资源和气候优势，打造"天府第二粮仓"，发展高档优质稻、高原马铃薯、高原饲草、冬春喜温蔬菜、特色水果、优质中药材等。川西北高原农牧循环生态农业发展区。主要稳定青稞面积，发展高原绿色蔬菜和特色养殖，推动农牧循环发展。

（二）"五区同兴"背景下智能农业装备发展趋势

为了助推"五区同兴"发展，未来一段时间四川智能农业装备发展应该在以下几个方面重点布局。

1.加强标准和检测体系建设，提升四川省智能农业装备质量

加快建立四川省智能农机装备标准体系，明晰智能农机装备的术语和定义、安全要求等基础标准。面向农机物联网、无人驾驶拖拉机、植保无人机、智慧园艺设施装备、智慧养殖设施装备等产业化应用快速扩张的领域，制修订产品、技术、检测等标准，以及作业技术与服务规范（胡小鹿等，2020）。建立国家和行业认可的第三方产品、技术检测平台，大力提升农机装备智能化系统、农机信息化平台、无人化农机装备、农业机器人的检验检测能力。建立智能/新能源农机整机及核心零部件检验检测平台，建立自动辅助/无人驾驶测试系统、动力电池及控制系统、无级变速/电动拖拉机测试系统等，提升智能农机整机和零部件安全性、环境适应性、设备可靠性及可维修性等试验测试和鉴定能力，进而提升四川省智能农业装备质量（欧阳安等，2022）。

2.强化基础研究，筑牢四川省智能农业装备发展根基

加强基础研究，是实现高水平科技自立自强的迫切要求，是建设世界科技强国的必由之路（习近平，2023）。未来四川省智能农机装备发展中会更加重视基础研究，顺应世界农机装备绿色、智能、节能减排的发展趋势，重点研究"土壤-作物-机器"系统互作机制、高效低损耗作业机构设计理论，探索作业信息快速感知、作业变量有效决策、作业指标精确监测、作业故障精准诊断方法等。针对大型智能农机装备关键部件体积大、寿命短、可靠性差等共性问题，重点开展智能农机装备新材料、新工艺研制，特别是湿式离合器摩擦片和高速犁等，缩小四川省与东部省份农机关键零部件寿命和可靠性的差距。

3.攻克关键核心技术，提升四川省智能农业装备技术水平

以提高农机感知力、执行力、脑智力为核心，持续加强新型智能农机装备关键核心技术攻关，重点加强"植物-土壤-环境"信息快速获取技术，以及农机专用传感器、动植物个体精细调控、农机无人自主作业系统、多机协同智能控制、农业机器人等前沿性关键技术研究，突破电液提升器、悬浮前驱动桥、智能高效脱粒清选装置、高性能大排量电控变量泵和变量马达等基础零部件。针对主要粮食作物生产全程机械化精准作业需要，面向土地耕整、播种、施肥、施药、收获等关键作业环节，重点突破电驱精量排种器、精准高效投种装置、稳定播深调控系统等智能高效的精准作业机具，研制推广一批确保粮油有效供给、农民急用、农业急需的智能农机装备，形成以新一代国产智能农机装备为主导的产品格局。针对丘陵山区农机作业环境复杂、作物土壤环境多样难题，重点支持适应坡地、水田等复杂地形地况及高速作业工况的自动导航技术研究，突破轻便高效动力、山地节力物运、小型履带多功能底盘爬坡与稳定性、机身姿态自适应调控、作业装置模块化快速换装、作业远程操控等关键技术，加快补齐丘陵山区智能农机装备研发应用短板。此外，支持国四标准的智能农机产品的研制与规模化推广，因地制宜发展复式、高效农机和电动农机装备，助力农业碳达峰和碳中和。

4. 建立示范基地，加快先进适用智能农机装备落地应用

大力推进农机自动导航、土地精细平整、精准播种施肥、精准施药等技术装备在成都平原地区应用，加强已经成熟的智能化农业装备产品在主要农作物生产关键环节进行推广，建立一批"机器人+"综合农事服务示范基地。例如，在成都平原区，加大农田精细平整、精准播种施肥、精准喷洒、智能收获和自动驾驶等精准农业装备应用，初步建立适应不同作物和不同种植制度，场景与环境兼容的无人化或少人化农场技术体系。面向规模化农场和畜禽养殖基地，建设一批无人化或少人化农场、牧场，应用标准规范和智慧化生产技术方案。重点示范推广一批无人驾驶拖拉机、除草机器人、采摘机器人、畜禽舍健康状况巡检机器人、畜禽舍清扫机器人等高端智能农机装备。在水产养殖方面，建立智慧水产养殖场，集成推广精准投喂、鱼鳔补气、成鱼收获、死鱼捕捞、网箱巡检与清洗及尾水处理等智能装备与机器人。建设数字农业示范基地，推进智能农机与智慧农业、云农场建设等融合发展，探索"互联网+农机作业服务""全程托""全程机械化+综合农事服务"等服务模式，打造智能先进适用农机技术推广应用先导区（欧阳安等，2022）。

5. 建立健全智能农业装备服务体系，助力解决"谁来种地"难题

大力推进北斗导航、智能监控终端在农业装备上的集成应用，研发推广全域"北斗+互联网+农机"大数据模式，实现农机全程机械化作业智能监控，有力促进农机装备效能提升和农机管理现代化。支持建设农机社会化服务中心，积极推广"全程机械化+综合农事"服务模式，通过打造农机智能管理服务大数据平台，为农业经营主体提供农机作业、农技推广、农机共享、农机鉴定、农机维修等一站式服务，实现农机、人力、技术等资源的即时响应与调配、集聚与重构（罗建强等，2021）。鼓励农机服务主体通过跨区作业、订单作业、生产托管等多种形式，开展高效便捷的智能农机服务。助力解决日益突出的"谁来种地"难题。

6. 支持优质企业研发，带动智能农业装备产业链协同发展

四川省当代农业科技企业的创新能力正在逐步赶超高等院校乃至科研院所，凭借强大的资本市场、人才优势，灵活的管理体制，以及对市场变化的敏锐嗅觉，在当今智能农业装备快速发展机遇期，科技企业迅速站在了市场的前沿，推动了现代智能农业装备的发展。支持鼓励农机制造企业抢抓智能制造机遇，将敏捷制造、并行技术、虚拟制造技术、智能制造技术等先进制造技术，以及现代数字化设计技术应用于智能农机制造当中，探索建立汇集农机产品数字化设计、数控机床、数字化工厂、工业互联网、工业自动化、自动

焊接及精密装配机器人、动力传动等板块的现代农机智能化生产线，满足柔性化生产需求。鼓励农机头部企业试点建设一批农机智能工厂，不断提高智能农机装备的综合产能和精密制造水平，推动农机装备和技术主动适应农业规模化、精细化、设施化等要求，达到国际先进水平（赵春江等，2023）。鼓励支持优势企业对标世界先进农机装备企业，开展兼并重组、战略合作，由生产单一农机产品向成套全程智能装备集成转变；鼓励支持中小企业深耕细分领域，打造独门绝技，由生产大宗农机产品向特色、定制经济作物机械及养殖业和加工业智能农机装备转变，成为"配套专家""单项冠军"。提升智能农机产业链现代化水平。支持有实力的龙头企业作为"链主"，与上下游零部件企业、科研院所等构建协同创新、稳定配套联合体，构建以"链主"企业为中心、大中小企业融通发展的产业生态体系。推广应用安全可控传感器和控制软件，确保智能农机产品数据安全；扩大智能农机应用范围，提高农业农村基础数据收集运用水平，进一步提升种子安全、粮食安全、农业安全的保障能力（欧阳安等，2022）。

7. 优化购置金融政策，释放智能农业装备购置需求

当前，部分智能农业装备已开始示范应用，但普及使用率很低，重要原因之一是购置智能农机装备费用较高，发展智慧农业的资金支持力度不够。因此，加大购置补贴力度、完善智能农机发展政策势在必行。将智能农机具纳入农机购置补贴范围，加大对智能、复式、高端产品的补贴力度，实施农机新产品购置补贴试点，支持促进智能农机装备产品技术创新和研发生产。引导金融服务通过保险、贷款、以租代购等方式进一步降低生产主体用机门槛。修订完善智能农机装备应用的政策和法规，规范智能农机装备高效、安全应用（欧阳安等，2022）。此外，以政府为主导，为农业经营主体购置或改善农机水平提供金融支持，不断简化农机具抵押贷款流程，实行农户购置农机低息贷款甚至贴息贷款。进一步优化农机购置补贴政策，释放农业装备购置压力，鼓励农业经营主体购置智能农业装备，同时，扶植智能农业装备企业发展，从而不断提高农业机械化水平与作业水平。

8. 加强人才培养，推进智能农业装备可持续发展

改革开放以来，特别是高等教育进入快速发展阶段以后，各地市县农业机械化学校对农业化技术人才培养与培训功能极度弱化，农场主、农机大户及农机合作社等农机经营主体对智能农机装备的结构原理、故障诊断与维护保养的基本知识欠缺。因此，加强智能农业装备人才培养刻不容缓，建议省市相关管理部门加强各地市县农业机械化学校优势，创造理论和实践学习的机会，逐步承担起智慧农业与智能农机装备的技术培训工作。加强农业工程学科建设，提高农机创新研发人才培养质量，大力强化农机职业教育，创新产教融合、校企合作、工学结合的农机职业教育人才培养模式，针对基层需求进行农机实用人才精准培育，构建多层次人才队伍体系，强化智能农机装备相关人才培

养。此外，还要在四川智能农业装备发展过程中充分发挥高校和科研院所在农业装备专业方面的教育资源优势，培育复合型人才，建立一批智能农业装备生产和示范基地，鼓励在校农业相关专业的师生进行社会实践，支持毕业生从事智能农业装备研发推广的有关工作。

9. 区域特色迥异，政策驱动智能农业装备差异化发展

政策扶持是驱动智能农业装备发展的重要力量，结合四川省各农业生态区气候、土壤、地理环境和耕种水平等实际特征，探索适合各区域发展现状的农业机械化、自动化、信息化、智能化新途径。深入贯彻落实农机设备购置补贴政策，按照四川省各区域实际尝试进行差异化的农机设备购置专项补贴，结合农业机械结构不合理发展现状，可相应加强对智能化农业装备、中大型农机具、经作收获机械的购置补贴。同时农机监管部门继续加强对劣质农业装备的销售监管（李雪，2022）。相关科研院所与农机设备厂家加强合作，根据农业耕种管收需要研发特色农业装备新产品，如四川省盆地丘陵和盆周山区以丘陵山区为主，可设计研发无人机植保设备、田间管理机、收获机等，逐步探索出产学研推相结合的特色智能农业装备发展之路。

10. 加快基础设施改造，夯实智能农业装备应用基础

推动农机作业条件和作物品种性状宜机化改造。支持高标准农田建设和丘陵山区宜机化改造，坚持集中连片、规模开发、整体推进，加大田地平整力度，注重农田农机与沟渠路树结合、桥涵闸站配套，为智能化作业、规模化生产创造条件。支持选育具有宜机化性状特征的作物品种，充分发挥智能化、机械化生产方式增产增收潜力。同时，加快数字化基础设施建设。利用5G、物联网等信息技术，加快农场设备、基础设施改造，提高农业各环节数据采集和分析能力。打造智能农业信息服务平台，整合农田地图数据、农作物表型识别训练数据、农机智能决策知识图谱数据等，开展农业装备作业监测、维修诊断、远程调度等，为农业全产业链提供大数据支撑，逐步提升农场管理云应用效应（欧阳安等，2022）。

11. 突破新能源智能农机技术，助力智能农业装备碳达峰碳中和

研究智能农机的高密度、高续航、安全、稳定、耐用的清洁能源技术，综合考虑如三元锂电池、磷酸铁锂电池、镍氢电池、氢燃料电池等技术，从材料、工艺、制备等方面进行突破，保证拖拉机在不同复杂作业环境下持续大功率输出，全面保障智能农机工作时间与效率。研究动力模式与经济模式下的能量管理技术，优化电动拖拉机整机控制策略和能量管理策略，通过对电动拖拉机作业模式进行划分，以达到细化蓄电池分组、降低充放电过程中的能量耗散，减少充电次数以提高蓄电池使用寿命，提高电动拖拉机作业时的电能利用效率。研究多电源协同的分布式柔性供电技术，构建更加强大灵活的综合电力系统，实现功率和总体容量灵活配置，通过高性能能量管理，实现整体能效的

提高。综合考虑减速器的构造形式、齿轮的强度、轮轴的强度、刚性及减速器与卷筒的连接方式、齿轮的制造工艺、载荷的分配及整体装配等方面，研发低转速大扭矩智能农机减速器。研究新能源智能农机装备电控液压悬挂技术，利用磁致伸缩式测力销、角位移传感器、应变式力传感器等多维度信息，进行深度信号处理及算法控制液压驱动装置，实现精准的阻力、压力、位置及滑转率控制调节。研究整机功率匹配与协同控制技术，根据不同的作业工况存在农艺需求的差异，要求动力输出轴转速能够实现跟随式与恒定式之间的切换功能，即在满足旋耕、中耕植保等作业时实现动力输出轴恒定转速的同时，实现匹配播种机械动力输出轴转速与行驶速度之间的正比关系，解决电动拖拉机驱动系统中动力元件、传动元件之间的协同控制技术问题。研究新能源智能农机装备智能化技术，采用云平台、高性能图像识别技术和多传感器融合技术，实现拖拉机智能化。通过云平台和互联网实现云端数据缓存，实现作业远程管理、智能化决策，提高农机作业信息管理，实现农机作业参数实时调整。通过多传感器融合、高精度图像识别和作业控制器实现对作业机构高性能运动控制，达到精准作业、不重复作业、省水省肥的作业效果（宋裕民等，2024）。

12. 推进畜禽水产智慧养殖，补齐智能农业装备短板弱项

加强畜禽养殖工艺、设施装备集成配套，支持中小规模养殖场（户）改善设施装备条件，推进规模养殖全程机械化、智能化。加快先进适用的育种孵化、工程防疫、智能饲喂、精准环控、动物行为监测、畜产品采集贮存加工、粪污资源化利用等智能机械装备技术应用。构建区域化、规模化、标准化、信息化的畜禽养殖全程机械化生产模式。此外，应当为畜牧养殖场的动物和人畜共患疾病（如非洲猪瘟）的防控提供智能化解决方案。构建水产绿色养殖全程机械化、智能化体系。推动水产设施装备运用与绿色养殖方式发展相适应，促进养殖品种、工艺、设施与机械装备协同联动，加快饲喂、增氧与清淤清扫、疫苗注射、起捕采收、分选分级、保质保鲜及水质监控、水草管护、尾水处理等方面的设施装备集成配套。凝练推出一批机械化、智能化养殖解决方案。推广绿色高效养殖装备技术。加快优质饲草青贮、农作物秸秆制备饲料、畜禽粪污肥料化利用等机械化技术推广应用，推动构建农牧配套、种养结合的生态循环模式。创新畜禽和水产养殖新装备新技术体验式、参与式推广方式。遴选推广绿色高效畜禽水产养殖机械化新技术、新装备、新工艺、新模式，加快淘汰高能耗、高污染、安全性能差的老旧养殖机械，促进技术装备更新换代，推进畜禽水产养殖机械装备节能降耗（杨敏丽等，2023）。

13. 提升应用场景融合度，推动智能农业装备快速发展

四川省农机智能化处于起步阶段，智能农机设备多处于试验阶段，加之四川省的耕地情况复杂，平原、丘陵、山地、高原等地貌复杂，农作物品种繁多，生长情况不一等多样性，目前的智能农业装备尚不足以在这些多重复杂因素的环境下工作，智能农机产品的农

艺融合度、技术成熟度都有待进一步提升。急需为智能农机装备的研发制造提供熟化定型基地和推广试用的场景，提升高端智能农机适用于农场的可靠性水平，择优筛选一批智能农业装备创新应用基地，总结一批可复制可推广的典型范例，通过现场观摩、研讨交流等方式加大宣传推广，以点带面促进四川省智能农业装备快速发展。

第四章

四川省智能农业装备发展需求分析

第一节 概念界定与技术预见

一、概念内涵与研究边界

（一）四川省智能农业装备发展对农业强国建设的积极推动作用

1.农业强国内涵

农业强国是指在全球范围内，通过国际比较，那些在农业生产能力和国际竞争力方面表现突出的国家。学术界普遍认为，如果一个国家在农业整体或其优势部门的现代化水平上处于世界领先地位，并能够引领全球农业发展潮流，那么就可以称其为农业强国。明确农业强国的概念内涵，不仅是确定农业强国建设目标的客观要求，也是指导农业强国建设方向的现实需要。要解析农业强国的概念范畴，可以从基本语义、参照对象及构成要素等多个维度进行深入研究。

从基本语义上分析，"强"在"农业强国"这一表述中充当形容词角色，用以描述国家的农业实力，而非作为动词，表达通过农业来增强国家实力的概念。因此，农业强国指的是农业实力雄厚的国家，而非依赖农业发展提升国家整体实力的国家。尽管农业强大的国家未必能在全球范围内跻身强国之列，但全球公认的强国往往都具备强大的农业基础，鲜有农业发展上的明显短板。由此可见，农业强国在很大程度上构成了世界强国的必要但不充分条件。之所以强调农业强国对于世界强国的必要性，原因在于，若一个国家缺乏坚实的农业基础，其最基本的民众温饱问题便难以自主解决，从而国家富强无从谈起。

从参照对象看，农业强国是一个国际比较语境下的概念范畴。农业强国强调一个国家的农业现代化发展在整体上没有明显的短板和弱项，且至少在部分农业发展领域内处于世界领先的强势地位；同时强调一个国家在全球范围内具有很强的农产品市场竞争能力和很强的农业资源配置能力，既体现在农产品成本竞争优势和品牌竞争优势，又体现在农产品定价和农业国际贸易规则制定的话语权及对全球农业产业链供应链的影响力。进一步看，农业强国建设的过程，是一个国家从传统农业生产方式向现代农业生产方式转变的过程，不断提升本国农业现代化发展水平。

从构成要素来看，农业强国是一个多维度的综合概念，包括现代农业生产体系、现代农业经营体系和现代农业产业体系。建设农业强国不仅仅是解决农业发展问题，而是要在农业、农村、农民三者有机统一中实现农业强、农村美、农民富的目标。从静态角度来看，农业强国强调农业发展的质量效益和竞争力，而非规模大小。农业资源禀赋与成为农业强国之间无必然因果关系，农业资源强的国家仍需推动农业发展从规模扩张向质效提升、从要素驱动向创新驱动的跨越；资源相对不足的国家也可能成为农业强国。从动态角度来看，农业强国的内涵随时代发展而变化，因为农业现代化是一个动态过程，其核心要义随农业生产力发展而变化。

2. 世界农业强国的共同特征

世界农业强国虽资源禀赋和制度环境各不相同，农业强国的表现也不尽一样，但有着一些普遍的共同特征：已经实现农业现代化，具有农业物质技术装备水平高、粮食和重要农产品基础支撑强、农业全产业链建设好等特征。其中，农业物质技术装备水平高使农业劳动生产率或比较劳动生产率水平高，为引领支撑现代智能农业发展提供了坚实基础。德国农业机械化水平长期名列全球前茅，其农机产品以拖拉机等动力设备为主、大功率拖拉机应用渐成主流，并向复式作业和联合作业方向发展，为提高农业劳动生产率和竞争力提供了重要依托。美国已形成健全的农业机械化体系，农业生产作业几乎全部采用农业机械，不仅农业机械总量大、专业化机械多，而且机械智能化水平高、生产能力强、机械性能完善，在农机智能化、大型化、高速化发展的同时，节本增效降险机械和高效小型机械发展也很快。农业强国的农业物质技术装备水平高，在劳均农业固定资产形成总额上也有突出体现。农业劳均固定资产总额是农业强国评价指标体系中农业产业竞争力的指标之一，其计算方式为农业固定资产形成总额除以农业从业人数。以2023年为例，在世界农业强国中，农业劳均固定资产总额最低值和最高值的国家，分别为0.51万美元/人和3.37万美元/人，分别相当于中国的5.1倍和33.7倍。

3. 智能农业装备发展对农业强国的支撑作用

党的十八大以来，我国农业现代化建设取得了长足发展，具备了由农业大国向农业强国迈进的基本条件。党的二十大报告明确提出了加快建设农业强国的战略要求。强化农业是建设强国的基石，农业的强盛直接关系国家的强盛。推进农业强国建设，是党中央、国务院的重大决策，也是国家发展的长远之计。作为国民经济的基础性行业，农业在推动国家强盛中发挥着重要作用。因此，我国建设农业强国的目标，是在实现农业现代化的基础上提升农业在国民经济中的地位，同时增强我国在国际农产品市场中的竞争力。

而农业强国建设，科技为利器。科技之力，不仅提升农业生产效率与质量，更为农业农村现代化的加速、农业强国的发展提供了关键抓手与坚实支撑。农业机械与农机装备科技水平的提升，尤显重要。农业机械化在一定程度上提高了农业生产力，而农业装备智能化则是进一步提升农业生产效率的关键。近年来中央一号文件多次强调，强化现代农业基础支撑，应加强农机装备升级；促进智能化生产管理与农艺融合应用，应作为全面推进乡村振兴重点工作之一（王晓兵，2023）。在此背景下，农业装备智能化成为推动农业产业发展的关键技术。智能农业装备是将现代通信技术、软硬件集成技术、遥传感控制技术、大数据云平台技术及农机农艺融合技术等在传统农业机械上集中体现的一种高集约、高精准、高智能和高度生态的现代农业装备技术形态，通常具有专业性强、稳定可靠、省力高效、智慧精准等特点。随着科技的不断进步，智能农业装备作为现代农业发展的重要支撑，对农业强国建设具有不可替代的作用。

智能农业装备能够显著提高农业生产效率。随着科技的不断进步，现代化的农业装备如智能农机、无人机等，通过应用物联网、大数据、人工智能等先进技术，能够实现精准播种、施肥、灌溉和收割等作业，在很大程度上替代了传统的人力劳动，极大地提高了农业生产的自动化和智能化水平。智能农业装备能够显著提高农业生产效率，降低生产成本，提升农产品质量，从而增加农民收入，是乡村振兴发展中最为显著的特征和最为重要的实现手段，其发展壮大对于我国推进乡村振兴进程有着至关重要的意义（檀律科，2021）。

智能农业装备的发展是推动农业现代化的重要动力。农业现代化是农业强国建设的基础，而农业装备作为农业现代化的重要载体，其发展水平直接影响农业现代化的进程。通过引进和研发先进的农业装备，可以推动农业生产方式的转变，提升农业生产的科技含量和附加值，促进农业产业的升级和转型，是夯实粮食安全、推进我国从农业大国向农业强国转变的物质技术基础（金文成，2023）。

智能农业装备的发展还有助于提升农业的综合竞争力。在全球化的背景下，农业竞争已经不再是简单的产量竞争，而是综合实力的竞争。智能农业装备有助于提升农产品质量和安全。智能装备能够实时监测农田环境、作物生长状况及病虫害情况，并根据数据进行科学决策，从而精准调控农业生产过程，提高农产品的产量和质量。同时，通过智能追溯系统，还可以确保农产品的来源可追溯、去向可查证，保障农产品安全。通过发展先进的智能农业装备，可以提升我国农业的综合竞争力，使我国在全球农业市场中占据更有利的地位。

智能农业装备发展对农业强国建设具有重要的战略意义。农业强国不仅要求农业生产的高效和优质，还要求农业产业的全面发展和可持续发展。一方面，通过精准作业和管理，智能农业装备能够减少化肥、农药等投入品的使用量，降低对环境的污染和破坏。同时，智能灌溉系统、智能温室等装备的应用，还能够提高水资源的利用效率，促进农业资源的节约和循环利用；另一方面，智能农业装备的发展可以为农业产业的全面发展提供有力支撑，通过推广和应用先进的农业装备技术，可以促进农业产业链的延伸和拓展，推动农业与二三产业的融合发展，实现农业产业的全面升级和转型。

因此，农业装备作为农业现代化建设的重要支撑，其发展水平直接关系农业生产的效率和质量。从农业装备发展的角度来看，我国已经取得了显著的进步。随着科技的不断进步，我国农业装备的技术水平不断提升，智能化、自动化、精准化等现代技术的应用日益广泛。随着国家对农业装备产业的支持力度不断加大，农业装备的种类和数量不断增加，覆盖了从种植、养殖到收获、加工等各个环节。

然而，与发达国家相比，我国农业装备的发展还存在一定的差距。一方面，部分高端农业装备仍然依赖进口，自主创新能力有待提高；另一方面，农业装备的普及率和利用率还有待提升，部分地区仍然存在装备落后、使用不便等问题。

为了加快建设农业强国，需要进一步加强农业装备的研发和创新，提高自主创新能力，推动农业装备的升级换代。同时，还需要加强农业装备的推广和应用，提高普及率和利用率，促进农业生产的现代化和智能化。

4. 四川省农业发展在建设农业强国中的关键性地位

四川自古被誉为"天府之国"，其农业地位与贡献历来显著。历史上，四川曾以全国1/16的耕地面积，支撑了1/10的人口生活所需，展现了其在农业生产中的重要地位。尽管交通条件一度受限，但四川凭借得天独厚的自然条件，长期实现了粮食自给自足。在抗战时期，当传统产粮区受战争影响，四川作为大后方，其粮食产量占全国征收谷物总量的一半，突显了其在特殊时期的粮食保障作用。

改革开放以来，四川在农业领域持续创新，1978年率先实施农业经营体制改革，释放了农业生产力。截至2023年，四川粮食产量已达到3 593.8万t，居西南地区首位、全国第九位。其粮食总产量不仅能满足口粮需求，还具备较高的粮食储备潜力，符合新时代对粮食安全的新要求。

当前，四川正致力于打造更高水平的"天府粮仓"。从空间布局上看，我国四大粮仓均集中在东部，而西部缺乏稳定的粮食安全保障中心。四川作为西部产粮最多的省份，建立以其为核心的粮食仓储体系，能够打通东西部、西南部至西北部的粮食储备网络，与东南地区共同构建全国粮食安全保障体系，对全国粮食安全空间布局具有重大战略意义。在当前国际形势复杂多变的背景下，粮食安全问题愈发突显。"天府粮仓"作为西部地区的重要粮食生产和储备中心，能够在关键时刻为国家提供稳定的粮食供应，保障国家的战略安全。此外，天府粮仓的建设有助于推动农业现代化和乡村振兴。通过引入先进的农业科技和智能农业装备，天府粮仓能够实现农业生产的高效化、智能化和绿色化，提升农业生产的效益和质量。故而作为农业大省和西部唯一的粮食主产区，"天府粮仓"对于我国农业强国建设具有不可替代的战略作用。

当前，四川省农业总产值在全省农林牧渔业生产总值中所占的比例呈增长趋势。从地域布局来看，成都、南充、凉山是四川农林牧渔业总产值较高的地区。作为拥有超过2 000万常住人口的超大城市，成都市"大城市带大农村"的特征明显，"米袋子""菜篮子"保供压力大。南充市作为四川省农业和人口大市，率先在全省推动粮食安全产业带建设、大力推进机耕道建设、田型整治等宜机化改造、推广绿色轻简栽培技术，实施粮油轻简化、机械化、规模化生产，为全市经济社会高质量发展奠定坚实基础。凉山彝族自治州土地资源富集，耕地、园地居全省第一，林地、水域及水利设施用地居全省第二，草地、湿地居全省第三。水资源充足，境内有金沙江、雅砻江、大渡河三大干流，流域面积1 000 km²以上的河流13条，流域面积500 km²以上的河流23条；有邛海、马湖、泸沽湖等23个内陆淡水湖。地表水总量380亿m³，地下水资源量86.9亿m³。依托于优质的地理气候条件，凉山彝族自治州建有世界最大的苦荞麦生产基地，被授予"中国苦荞之都"的称号；是全国最大的绿色食品原料马铃薯标准化生产基地、全国重要的战略性优质烟叶基地、全国最大的石榴生产基地等特色农产品生产地。丰富的农业资源不仅为四川省的经济发展提供了坚实的基础，更是推进农业强省建设的重要保障。推进农业强省发展，不仅有助于提升四川省的农业综合实力，更是对农业强国建设的重要支撑。

而强化农业科技和智能农业装备支撑，做到藏粮于技，是为四川农业现代化插上"科技"翅膀，推进农业强国建设的重要力量。作为西部地区的重要农业省份，其智能农业装备的发展对于提升农业生产效率、促进农业现代化、增强农业综合竞争力具有重要意义。

（二）四川省智能农业装备的内涵及边界

1. 四川省智能农业装备发展的局限性

地形地貌复杂导致农机作业条件较差。全省面积48.6万km²，占全国国土总面积的5.1%，居全国第五位。全省地貌复杂多样，主要有山地、丘陵、平原和高原4种地貌类型，分别占全省土地面积的77.1%、12.9%、5.3%和4.7%。土地利用以林牧业为主，林牧地集中分布于盆周山地和西部高山高原，占总土地面积的68.9%；耕地集中分布于东部盆地和低山丘陵区，占全省耕地的85%以上；园地集中分布于盆地丘陵和西南山地，占全省园地的70%以上。丘陵山区占比较大，这些地区的道路崎岖、耕作条件差，使得农机装备在这些地区的作业难度增加。许多地块细碎凌乱，形状不规则，农机装备难以下田作业，从而影响了农机装备的普及和使用效率。

种植制度多样，适用机具研发困难。四川农业素有精耕细作的传统，形成了夏收作物、秋收作物、晚秋作物一年三季的耕作制度。常年农作物种植面积14 500万～15 000万亩，其中粮食作物10 000万亩左右，经济作物2 200万～2 500万亩，其他作物2 300万～2 500万亩。粮食作物中有水稻、小麦、玉米、红苕、马铃薯、大豆等；经济作物有油菜、花生、蔬菜、水果、茶叶、药材、花卉、蚕桑、棉花、甘蔗、烟叶、麻类等，资源丰富、种类繁多。由此可见，四川的种植作物品种多，不同的作物需要不同的种植、管理和收获方式。然而，当前一些产业品种、栽培方法与装备不配套，导致一些产业所需的关键环节机具缺乏或者性能不佳，无法满足实际生产需求。

物质装备水平有待提高。尽管近年来四川农机装备水平有了显著提升，但与一些农业发达地区相比，仍然存在物质装备水平不高的问题。部分地区的农机装备数量不足、性能不高，难以满足现代农业发展的需求。由于地形原因，四川省是全国丘陵山地农业机械推广应用大省，2022年年末，四川省农业机械总动力4 917.7万kW，同比增长1.7%，农业机械化程度进一步提升；与2011年相比，增长了1 491.6万kW，增幅约为43.54%。但由于丘陵山地占四川省耕地面积的80%以上，经济条件较差，耕地田块小、不规则，导致耕地"宜机化"建设进度缓慢，效果不明显。另外，四川省人多地少、土地肥沃、种植模式特殊，规模化种植较少，土地利用率较高，农作物间套作普遍，作物成熟度不一致，导致现有农业装备难以适应四川农业生产方式，农机农艺融合困难，农机供给矛盾突出，农业机械化、智能化水平较低。在各类农用机械中，四川省拖拉机的数量在2011—2013年呈逐年增长态势，从23.22万台增长至24.09万台，增长了0.87万台，增幅约为3.75%；2013—2021年逐年下降，从24.09万台减少至22.09万台，减少了2万台，降幅约为8.31%。整体上，从2011—2021年，四川省拖拉机数量呈波动下降趋势，减少了1.13万台，降幅约为4.88%。

农机农艺融合能力欠缺。典型的丘陵山区耕地特点，使得引进的相关农业装备无法直接使用，需根据实际情况进行优化改进，各种作物套种较广泛，作物成熟时间不一致，现有农业装备的研发往往要针对于特定种植模式和单一作物，缺乏具有"一机多用"功能的相应装备，导致农机的适应性较差；此外，生产中存在的品种、种养方式与机械化生产不协调，从而制约了农机研发、推广应用和作业效率等。农艺的多样性和农机研制的单一性之间矛盾突出，农机农艺融合不够导致农机供给矛盾突出。

现代农业装备创新能力薄弱。四川省现代农业装备基础研究较欠缺，创新能力不足，在农机装备关键环节的关键技术存在受制于人的情况；全省农机科研机构数量不足，农机科研人员相对欠缺；科研项目小而散、连续性较差，财政渠道每年投入农机装备研发的资金不足，农机装备研发难出大成果，农机装备供给难以满足作物品种多样性、农艺生产复杂性的需求。整体创新能力弱，产学研推结合不够紧密，新成果转化及推广孵化能力较差。

农业装备关键部件可靠性有待提高。各类农机装备的关键部件作为农业机械高效运作的重要技术支撑，是现代农业装备可持续发展的重要环节。部分科研院所存在"重样机试制，轻优化升级"的现象，后期研发再优化能力不足，升级能力较差，存在新研发农机粗犷使用的情况；农机装备研发过程只注重初步设计，缺少相关仿真模型理论方法的计算及实验数据的验证支撑，导致农业装备整体的可靠性、稳定性较差，从而影响整机作业效率，阻碍现代农业装备的可持续发展。

智能农机发展较缓慢。"十三五"以来，国家相关政策的出台，以大数据、信息感知为支撑的智能农机装备成为了农机装备新的发展方向。四川省也出台了相关智能农业装备发展政策，但具体政策的细化及实施等还需加强监管反馈力度，在土壤与动植物信息感知、关键零部件及整机试验检测等农机装备自动化、智能化关键核心技术方面还有欠缺；整个"十三五"期间，国家重大重点研发计划"智能农机装备"专项项目支持总计306个，而四川省承担的只有8个，位列全国中下水平。相关政策支持力度不够及重大重点项目的缺失，共同影响了四川省智能农机装备发展的进程。

2. 四川省智能农业装备发展的重要性

农业装备智能化是转变农业发展方式、提升农业生产力的重要基础，是建设农业强国的重要支撑。针对四川农业机械化和智能农业装备发展现状与不足，《四川省乡村振兴战略规划（2018—2022年）》对提升农业装备水平提出了专门要求。针对四川农业机械化水平不高和农业装备供给结构性矛盾等问题，四川省委省政府提出培育工业"5+1"现代产业体系和现代农业"10+3"产业体系，相继把现代农业装备作为先导性支撑产业重点发展，体现省委省政府对发展智能农机装备的坚定意志，为推动全省农业装备产业高质量发展创造了良好的政策环境。

农业装备智能化是擦亮四川农业大省金字招牌的基本保障。随着城镇化进程的加快，四川每年输出农村劳动力在2 500万人以上。这对四川农业大省发展现代农业提出了"谁来种地、谁来养猪"的严峻挑战。四川作为全国13个粮食主产省之一，丘陵地貌突出，作物种类和种植模式多种多样，现代农业"10+3"产业体系明确了现代智能农业装备的先导性支撑作用。从农业生产成本、生产效率、生产资源利用率等方面来看，农业装备智能化有助于加快推进四川省十大优势特色产业全产业链融合发展，深化农业供给侧结构性改革，保障粮食安全，提高劳动生产率，促进农业可持续发展，提高农业综合竞争力，推进农业大省向农业强省跨越。

3. 四川省智能农业装备的内涵

智能农业装备作为现代农业发展的核心支撑，对构建农业强国具有不可替代的战略意义。四川作为国内农业开发的先行区域，其农机制造业的发展同样走在国内前列。然而，四川地区特殊的地形地貌，包括丘陵、山地、地块分散、落差大等特征，以及多样化的农作物种植模式和普遍的套种现象，均对智能农业装备的发展构成了显著挑战（张建，2019）。

进入"十四五"规划时期，四川省积极响应国家关于农业现代化的战略部署，致力于打造更高水平的"天府粮仓"，对智能农业装备的发展提出了更高的要求。四川省不仅要加速高端智能农机的研发和应用，还需持续推进智能化农业管理系统的建设和农业服务体系的完善，以实现农业装备的全面现代化。智能农业装备产业的高质量发展，对于提升四川农业的整体竞争力，实现由农业大省向农业强省的跨越具有至关重要的推动作用（欧之福，2019）。

农业装备现代化的核心内涵主要体现在3个方面：首先是装备的智能化，这包括应用传感器、物联网、大数据等前沿技术，使农业装备具备自主导航、精准作业、智能决策等先进功能；其次是作业的高效化，通过优化装备设计和作业流程，提升农业生产的效率和质量；最后是环境友好化，通过推广节能、减排、资源循环利用等环保技术，降低农业生产对环境的负面影响。

智能农业装备概念边界的提出，旨在明确其与传统农业装备的区别。传统农业装备主要依赖人力和机械力进行作业，而智能农业装备则更加注重信息化、智能化技术的应用，能够实现更加精准、高效的农业生产。同时，智能农业装备还需与现代农业管理体系和服务体系深度融合，形成完整的智能化农业生产体系。

在四川省的具体实践中，智能农业装备的发展将有力地推动农业产业链的升级和优化，引导农业生产方式向更高效、更智能、更绿色的方向发展。通过智能化技术和装备的应用，可以实现精准播种、施肥、灌溉、收割等作业，提高农业生产效率和质量。根据精细化生产的需求，以土壤湿度、温度、入土阻力、水势等数据为基础，完善农作物生产过程监测的精细生产调控；充分利用北斗系统、自组网络技术、机器视觉技术、主机与机具协同、路径跟踪与自动避障技术融合，实现智能农机管理关键技术。同时，智能农业装备还能够实现农业生产过程的全程监控和管理，为农业管理者提供科学决策依据，推动农业管理现代化、智能化。具体而言，一是要促进"机艺融合"协同发展：农业现代化、智能化生产仅依靠智能装备的创新发展是不够的，需要农机农艺双向而行，加强农机和农艺相关部门在管理、科研和推广过程中的相互协作和联合攻关，努力培育适合机械化作业的作物品种，以及适合机械化作业的栽培和管理方式，实现农机作业、栽培模式相互适应（宋乐见，2021）。二是要促进高效智能农机装备创新：随着农业生产规模的扩大和劳动力成本的上升，对高效智能农机装备的需求不断增加。要立足实际生产需要，以推进农业供给侧结构性改革为主线，以农机农艺融合技术、智能农机管控关键技术为导向，以推动农机装备产业转型升级、提高现代农业建设装备支撑能力为目标（随顺涛，2019），加快高效、智能、绿色、安全的农业装备研发。这些装备能够实现自动化、精准化作业，提高生产效率和质量。三是要提升农业信息化水平：随着信息化技术的发展，农业信息化管理系统在农业生产中的应用越来越广泛。利用电子信息、物联网、云计算等高新技术获取并处理农业生产全过程信息，包括田间信息感知获取、田间智能作业机械、田间互通互联及云-端互联系统、云平台决策管控中心。这些系统能够实现对农业生产全过程的监控和管理，提高农业生产的智能化水平。四是要提升农业智能化服务：随着农业生产的转型升级，对农业智能化服务的需求也日益增加。通过一二三产业的跨界融合，构建从农机研发、生产制造、销售、运用到维保的产业生态圈。以农业与服务业的跨界融合推进农机的销售、运用和售后服务方式的升级，甚至是农产品物流方式、销售模式的升级。这些服务包括智能决策支持、农业技术咨询、农产品营销等方面，能够为农业生产提供全方位的支持。

二、国内外主要技术预见方法综述

（一）技术预见的内涵与主要方法

技术预见是指对未来提出合理陈述或说明，并采用广泛的行动对这些陈述和说明进行解释的一种行为，由英国苏塞克斯大学的Irvine和Martin两位学者明确提出，并在20世纪90年代开始在欧洲得到广泛应用，并快速传播到其他国家。其主要目标是探求未来机会以设定科学与创新活动的优先投资领域；再定位创新系统；验证创新系统的活力；为战略决策制定活动引入新的参与者；构建跨领域、跨部门和市场的或围绕特定问题的新的网络和链接。

技术预见分析方法较多，通常分为定性分析和定量分析两类。早期的技术预见以定性分析为主，包括德尔菲法、专家访谈法、情景分析、技术路线图等；后期开始逐渐引入定量研究方法，包括专利分析法、社会网络分析、聚类分析、系统动力学等，以推动预见结果的客观性。

（二）国外技术预见方法的应用实践

技术预见这一概念诞生于英国，在欧洲范围内获得了较为广泛的应用，并在美国、日本等发达国家开展了广泛的研究，为各个国家的战略决策、政策制定、研发项目布局及风险评估等多个方面提供了强有力的支持，涵盖了可持续发展、环境、能源、气候变化、纳米技术等多个关键领域。

在英国，技术预见研究经历了三轮重要的演变。从最初的分领域技术预见，到主题式技术预见，再到滚动式项目的技术预见，英国不断地完善和优化这一研究方法，形成了符合本国国情的制度化技术预见体系。这一体系不仅有效地支撑了英国政府的决策，更为英国未来的发展提供了明确的方向和指导（李思敏，2020）。作为第一个进行技术预见的国家，日本在技术预见领域积累了丰富的经验。迄今为止，日本已经实施了11次科学技术预见调查活动，每次活动都设计了新的分析框架，开展了系统性、拓展性的"增量"预测。这些预见活动为日本未来的发展绘制了一幅清晰的"蓝图"，为国家的科技创新和产业发展提供了重要的参考（许彦卿，2020）。在韩国，技术预见研究同样受到了高度重视。韩国已经开展了6次技术预见调查，不断调整调查方法，实现了从以科技专家为绝对中心的技术预见到定量定性多种方法相结合的转变。这一转变不仅加强了科学技术与社会需求之间的联系，也保证了技术预测的科学性和预测结果的广泛用途（胡月，2022）。为了确定优先发展领域和支撑相关科技政策的制定，德国政府于2007年和2012年先后开展了两轮技术预见活动。这些活动综合使用了情景分析法、文献计量法、访谈法等多种方法，深入探究了2030年社会和技术的发展趋势与挑战，为德国未来的科技创新和产业发展提供了有力的支撑。俄罗斯于2007年启动了"俄罗斯2030：科学和技术预见"项目，参考了日本、德国、英国等国家的技术预见实施案例，结合俄罗斯国家特点形成了独特的技术预见研究框架。该项目采用了专利和文献计量法、情景分析、技术路线图、全球挑战分析、水平扫描、弱信号等多种方法开展了三轮技术预见研究，为俄罗斯的社会、经济、科学和技术发展战略提供了重要的指导（杨捷，2021）。

从各国的实践案例可以看出，技术预见研究已经成为了全球科技创新和产业发展的重要支撑。各国在实践中不断积累经验、完善方法，为未来的科技发展和产业变革提供了有力的保障。未来技术预见的方法将趋向于综合集成，不断提高技术预见的科学性。同时，技术预见实践过程与信息技术的结合也将成为未来的发展趋势，这将进一步提高技术预见实施的效率。此外，未来的技术预见还将更加强调构建社会愿景，明确技术预见实践导向，并强调要素联系，充分发挥技术预见的战略功能。

（三）国内技术预见方法的应用实践

技术预见方法在当今社会中的应用日益广泛，其在科技管理、产业技术创新体系等多个领域均发挥着重要作用。近年来，我国技术预见在国家和省市的科技规划制定中扮演着越来越重要的角色，不仅为科技发展提供了方向性指导，还推动了产业的转型和升级。

在国家层面上，我国技术预见活动得到了科学技术部的大力支持。自2003—2005年，中国科学技术发展战略研究院受委托开展了技术预见活动，汇聚了来自研究机构、大学、企业、政府部门的技术专家和经济社会专家，共同研究未来15年生物、信息、能源、新材料、先进制造、资源环境、农业等9个领域的国家技术发展趋势。这一活动不仅为国家的科技规划提供了重要参考，也为产业的发展提供了明确的方向。

随着技术的不断发展和产业的不断升级，我国技术预见活动也在不断地深化和拓展。2014年和2019年，中国科学技术发展战略研究院又分别开展了面向"十三五""十四五"和中长期科技规划的两次大规模技术预见活动。这些活动不仅关注传统领域的技术发展趋势，还积极关注新兴领域的发展动态，为国家的科技规划提供了更加全面和科学的依据。

在地方层面上，我国各地也积极开展技术预见活动。例如，上海、北京、新疆等地围绕风能、太阳能、半导体等领域开展的技术预见或技术路线图研究，为当地科技发展规划的制定提供了重要参考。这些活动不仅推动了当地产业的发展，也提升了地方科技水平，为区域经济的发展注入了新的动力。

同时，我国技术预见活动关注的领域也在逐步增多。从20世纪90年代末的信息、农业和制造领域，到现在的信息、生物、新材料、制造、能源、环境、农业农村等多个领域，技术预见的范围越来越广，涉及的领域越来越深入。这种不断拓展的趋势，不仅反映了我国科技发展的全面性和多元化，也为产业的转型和升级提供了更加广阔的舞台。

　　为了提高技术预见的准确性和可靠性，我国技术预见方法体系也在不断地完善和创新。传统的定性方法虽然具有一定的主观性，但结合文献计量、专利分析等定量方法，可以减少专家预见过程中的认知偏差，增加分析的科学性。这种定性与定量相结合的方法，不仅使技术预见过程更加系统化和科学化，还为其在智能化领域的应用奠定了基础。

　　技术预见方法在科技管理、产业技术创新体系等多个领域均发挥着重要作用。在我国，技术预见活动得到了国家和地方的高度重视与支持，不仅在范围上不断拓展，在方法体系上也在不断完善和创新。相信在未来，随着技术的不断进步和产业的不断升级，我国技术预见活动将会发挥更加重要的作用，为国家的科技发展和产业的升级转型提供更加全面和科学的指导。

（四）技术预见方法在农业领域的应用

　　技术预见作为一种系统性预测和规划未来科技发展的方法，对于指导四川省智能农业装备的发展具有不可或缺的重要作用。

　　在国际范围内，最初主要应用于天气预报和经济学领域。随着时间的推移，其应用范围逐渐扩展至自然科学、药物发现及教育研究等多个领域。然而，尽管技术预见在多个领域均有所应用，但在农业领域的特定分析却相对较少。这可能是因为农业领域的特殊性，使得技术预见的难度相对较大。尽管如此，仍有一些学者在农业生产力评价（Rehman et al.，2018）、环境因素对农业生产变化的影响程度评价（Haruvy et al.，2012）及新技术在农业领域的应用前景分析（Ray et al.，2022）等特定领域进行了有益的尝试。

　　在我国，技术预见方法在农业领域的应用相对较多。邱立新等（2011）利用德尔菲法对青岛市农业发展的关键要素进行了深入分析和评价，为当地的农业发展提供了宝贵的参考。同时，"中国工程科技2035发展战略研究"农业领域的课题组也借助德尔菲法，全面剖析了世界农业领域工程科技的发展动态，并对我国2035年农业领域工程科技的发展水平进行了前瞻性预判。这些研究不仅为我国的农业发展指明了方向，也为智能农业装备的发展提供了有力的支持。

　　除了德尔菲法，文献计量方法也是农业领域常用的技术预见手段。张亚如（2018）利用文献计量方法分析了我国农业技术发展进程，揭示了我国农业技术的发展趋势和热点。高超（2022）则通过文献计量方法，深入研究了农业灾害研究的发展状况，为农业灾害防控提供了有益的启示。兰玉彬和陈雪（2022）等学者则分别运用文献计量方法，对智能农业和节水农业的发展现状进行了深入剖析，为相关领域的进一步发展提供了有力支持。

　　值得一提的是，罗莘莘等（2024）学者依托文献计量与德尔菲法的综合应用，实现了定性与定量的有机结合。他们对"十四五"至2035年重庆农业领域气象大数据的应用场景及基于这些场景的气象服务技术进行了前瞻性研究。这种综合性的研究方法不仅提高了技术预见的准确性和可靠性，也为智能农业装备的发展提供了更加全面和深入的指导。

通过运用德尔菲法和文献计量方法等技术预见手段，可以更加深入地了解农业领域的发展趋势和需求，为智能农业装备的研发和推广提供更加精准的指导和支持。未来，随着技术的不断进步和应用领域的不断扩展，技术预见在农业领域的作用将更加突显。

（五）智能农业装备发展研究热点分析

通过文献检索，智能农业装备发展的技术预见将涉及物联网、人工智能、机器人技术、环保可持续性和新一代信息技术等多个方面。

智能化与自动化技术的深入应用。智能农业装备将借助物联网、大数据、云计算等现代信息技术，实现农业生产全过程的智能化和自动化。通过智能传感器、无人机、智能农机等设备的协同作业，收集农田环境、作物生长等数据，农业生产将实现精准播种、智能施肥、自动化灌溉、智能收割等环节的全面智能化。随着物联网技术的不断发展和完善，智能农业装备将能够更加精准地感知农田环境，为农业生产提供更为准确的数据支持。这将大大提高了农业生产效率，降低了劳动力成本，同时减少人为因素对农业生产的影响，提升农业生产的可持续性和稳定性。

农业机器人将在农业生产中发挥越来越重要的作用。农业机器人将能够完成复杂、繁重的农业生产任务，如果树修剪、采摘、喷药等。随着机器人技术的不断进步，未来的农业机器人将具备更强的感知、决策和执行能力，通过精确的导航和控制系统，农业机器人能够自主完成作业任务，提高农业生产的精度和效率。此外，农业机器人还可以实现对农田环境的实时监测和数据采集，为农业生产提供科学依据。

精准农业技术的进一步发展。精准农业技术是实现农业生产高效、环保的重要手段。随着5G、云计算等新一代信息技术的快速发展，智能农业装备将实现更加高效的数据传输和处理。未来，精准农业技术将进一步发展，通过智能农业装备的应用，实现对农田环境、作物生长状况的实时监测和数据采集。通过对数据的分析和处理，可以实现对农田的精准管理，如精准施肥、精准灌溉等。这将大大提高农业生产的资源利用效率，减少农业面源污染，促进农业生产的可持续发展。

智能农业装备的智能化升级。人工智能和机器学习技术将在智能农业装备中发挥更加重要的作用。通过大数据分析和算法优化，智能农业装备能够根据农田环境和作物生长状况自主地进行决策和执行任务，实现农业生产的自动化和智能化。例如，智能农机可以根据农田环境和作物生长情况自主规划作业路径，实现精准播种、施肥和收割等作业。同时，智能农业装备还将具备更好的人机交互功能，方便用户进行操作和管理。这将进一步提升智能农业装备的使用体验和应用效果。

智能农业装备的跨界融合与创新。未来，智能农业装备的发展将不仅局限于农业领域，还将与其他领域进行跨界融合与创新。例如，智能农业装备可以与无人机技术、物联网技术、3D打印技术等先进技术进行融合，开发出更加智能、高效的农业装备。这些技术的发展将为智能农业装备提供更加广阔的应用前景和发展空间，推动农业现代化和可持续发展。

智能农业装备将更加注重环保和可持续发展。未来的智能农业装备将采用更加环保的材料和工艺，降低能源消耗和排放。同时，智能农业装备也将更加注重资源的循环利用和废弃物的处理，实现农业生产的绿色化和可持续发展。

上述技术的发展将为智能农业装备提供更加广阔的应用前景和发展空间，推动农业现代化和可持续发展。基于此，四川省应充分利用智能农业装备的发展机遇，推动农业现代化和可持续发展。首先，加大对智能农业装备研发的投入，支持科研机构和企业加强合作，共同推进技术创新和突破。通过研发具有自主知识产权的智能农业装备，提高农业生产的智能化水平和效率，降低劳动力成本，增加农产品产量和质量。其次，应建立健全智能农业装备推广应用机制，鼓励农民使用智能农业装备，提高农业生产效益。可以通过政策扶持、资金补贴等方式，推动智能农业装备的普及和应用。同时，还应加强对农民的培训和教育，提高他们的技术水平和应用能力。此外，还应加强智能农业装备与农业信息化、农业大数据等领域的深度融合，构建智慧农业生态圈。通过数据分析和挖掘，实现农业生产全过程的精准管理和决策，提高农业生产的智能化和精准化水平。最后，还应加强对智能农业装备的质量监管和安全保障，确保产品的可靠性和安全性。同时，还应建立健全智能农业装备的技术标准和规范，推动行业的规范化发展。

第二节　战略规划比较研究

一、世界主要农业强国智能农业装备战略规划研究

在世界范围内，发达国家的农业现代化程度较高，其农业科技水平更是处于世界领先地位。在发展智慧农业上，发达国家走在了前列。随着世界经济和科学技术的发展，发达国家的智能农业装备也在不断发展。

近年来，美国、德国、日本等国家均十分重视智能农机装备的发展，并将其列为农业创新的核心范畴，对智能农机装备全产业链进行了布局，形成了较为成熟的产业体系和商业化发展模式。

目前，发达国家和地区的智能农业装备各具特色，如美国的智能农机装备、日本的设施农业装备、以色列的智能灌溉装备等，为我国的智能农业装备发展提供了借鉴。

（一）美国

美国是目前世界上农机化发展最迅速的国家，水平也较为领先。早在20世纪40年代，美国就实现了粮食生产机械化。

20世纪80年代，美国农业部提出了精准农业的概念和构想，开始研发自动驾驶拖拉机。到20世纪90年代中期，约翰迪尔公司率先将卫星导航系统安装在农机上，正式开启了农机装备智能化的先河。历经30余年的发展，美国逐渐形成了以大田全程全面机械化智能化作业的发展模式。

在智能农业装备发展上，美国十分注重顶层战略部署与政策引导，以及以企业为主体的智能农机装备关键核心技术创新。

2018年，美国农业部发布了《农业机械化和自动化技术发展蓝图》，将提升农机智能化技术应用的范围和水平作为至2025年农业生产的核心目标和任务。2020年，《美国农业创新议程》明确持续加大对农业自动化创新技术的投资，尤其关注自主机器人、无人机等智能农机装备（谢华玲，2022）。

（二）法国

近年来，面对传统农业不断涌现的困境，法国以数字科技作为突破口，通过政策引导、资金支持、技术创新等形式，推动传统农业向智慧农业转型。

早在2015年法国农业部就制定"农业创新2025"计划，对数字农业发展做出整体规划。在资金支持上，法国"农业和农村发展"基金每年资助400万欧元用于与农业相关的技术研究。2021年，法国农业和食品部发布的"法国农业科技"计划提出，将在5年内投资2亿欧元支持农业创新类项目，助推更多农业和食品领域技术初创企业的创建和发展；在公布的"农业和数字化"路线图中，法国也将数字技术作为近5年国家农业和农村发展规划的优先领域。在科技支撑上，法国政府不断加强对科研机构和企业的支持力度。2017年，法国农业部投入1.5亿欧元成立了农业创新孵化器，汇集了570多位农业创新领域的专家作为科研支撑力量。2022年，法国政府在制定的"农业科技20强"（Agritech20）计划中提出，每年选拔20家发展能力较强的农科初创企业，进一步提升农业领域的科技支撑，促进了科技与农业的深度融合。

法国农业之所以取得较高的现代化发展水平，离不开对农业教育、科研推广和人才培养的持续推进。在教育体制构建方面，法国具有多层次的农业教育培训制度，一般在八年级后就设置了农业领域的中等职业高中课程，紧接着会有两年制的农业职业高中，大学期间也设置了多类型的农业专业和相关课程，大大提高了学生的农业科技知识储备。在科技推广上，近年来，为了不断跟进数字化发展节奏，法国利用线上信息平台、社交平台、线下农业博览会等多种形式对数字农业进行推广与传播。法国依托农业创新计划，将理论科技与实践场景相融合，通过在一些农场设立"农场实验室"，将农民、企业等联合起来进行实地培训，大大促进了研学结合。同时，法国政府进一步鼓励高校、科研机构和企业的互动与合作，为推进农业科技落地、农村数字化转型提供多元支撑。

（三）德国

德国从2018年开始强化对数字农业工作的重视，粮食和农业部将数字农业列为优先工作事项，发布《农业数字政策未来计划》明晰具体举措，为进一步发展数字农业提供了体系化政策框架。截至2022年，德国安排了6 000万欧元用于农业部门数字化建设，同时还对部门结构进行调整，强化了涉农数字化领域具体职能，任命数字化专员协调农业数字化领域所有活动，要求其他各部门都明确1位数字化官员配合开展工作。此外，德国还组织实施"智能农村计划"，支持选定地区分别在2年时间内获得100万欧元，自主用于制定农业数字化战略、引入网络平台和数字服务改善等。

德国依据农业资源现状提出了农业4.0，利用互联网、物联网、大数据等现代信息技术，实现了农业生产、加工、营销服务及产业拓展等全产业链更高层次的集约化、协同化，从根本上解决了德国农业资源的限制，最终实现了农业产业智能化、精准化、高标准化，农民职业化、富庶化，农村生态化、城镇化。在基础信息数据获取方面，拥有先进的遥感技术、地理信息系统和应用卫星系统，用于完成土地面积、自然环境等的数据采集、贮存、分析、加工，土地资源的管理、规划，作物测产，为制定农业有关的补贴政策、土地利用规划和精准农业提供可靠的技术保证与数据支撑。在农田生产管理方面，通过室内计算机自动控制系统控制大型农业机械，使其精准完成诸如播种、施肥、除草、采收等多项功能。

此外，政府还建立了完备的农业信息数据库和环境监测数据库，为农业生产的智能化和标准化提供理论支撑，用户通过电脑登录，获取各种农业生产相关信息和咨询服务，并建立各种辅助决策模型。

德国的农业4.0不仅减少了大量人工，而且通过数据的实时采集与分析及全产业链的实时监测与防控，实现了农业生产精准化，有效提高了农业生产率。

德国依托农业科研机构，促进产学研合作，推动农业传感器、农用机器人、遥感卫星等所使用的前沿技术、核心技术、关键技术实现集中攻关。

（四）英国

英国农业、农村信息化基础设施比较完善，推动农业、农村较早地开始了信息化技术的应用。英国政府认为，信息技术的普及对农村经济有很大的促进作用，因此，极为重视农村地区的信息化基础设施建设。20世纪90年代中后期以来，电子邮件、互联网、移动电话和数字电视在农村基本普及。进入21世纪以来，英国政府先后启动了"家庭电脑倡议"计划和"家庭培训倡议"计划，促进了农村家庭上网的快速普及。到2005年，英国电信已使全国99.6%的电信交换实现宽带接入。2011年英国宽带网已经可以接入全国99%的家庭，成为G8国家中宽带网络最密集的国家。

英国政府于2013年专门启动了"农业技术战略"，该战略高度重视利用大数据和信息技术提升农业生产效率。农业信息技术和可持续发展指标中心被视为英国农业信息化发展的基础。

精准农业在英国得到全面发展。集卫星定位、自动导航、遥感监测、传感识别、智能机械、电子制图等技术于一体的精准农业在英国得到全面发展，成为信息化高新技术与复杂农艺技术深度融合的典范。英国农业信息化从起步就一直非常注重和加强基础数据建设。从政府、学校到企业、农场等，都根据不同需求目标，围绕产前、产中、产后不同阶段，建设了大量基础性数据库并积累了丰富的数据资源，为政府决策、科学研究、生产经营等提供了有效基础支撑。国际英联邦农业局建立了庞大的农业数据库系统，包括农业环境、作物种植、动物科学、食品营养等各方面信息，每年更新数据超过35万条，迄今已为690万农业科研人员提供了数据查询和科研服务。英国政府还统一规划建设并运行了"全国土壤数据库""农业普查数据库""单一补贴支付数据库"等基础数据库系统。其单一补贴支付数据库包含了英国每个农场的基本信息，包括农场规模、牲畜数量、农机具情况、每一地块的具体信息（编号、面积、边界、拥有者、耕种者、用途等），等等，数据非常翔实，是政府发放农业补贴的重要依据。一些大学、农业研究机构、软件公司等也根据农民需要建立了许多专业性的数据库，成为国家数据资源的重要补充

（五）日本

日本政府高度重视农业物联网的发展。2004年，农业物联网被列入日本政府计划。当时日本总务省提供U-Japan计划，其核心是力求实现人与人、物与物、人与物之间相连，在未来形成一个人或物均可互联、无处不在的网络社会，其中就包括了农业物联网技术。

截至2014年，全日本已有一半以上农户选择使用农业物联网技术，这不仅大幅提高了农产品生产效率与流通效率，也有助于解决农业劳动人口高龄化和劳动力不足等问题。日本政府提出，到2020年，受益于生产效率和流通效率的提高，其农作物出口额有望增长至1万亿日元，同时农业物联网将达到580亿～600亿日元规模，农业云端计算技术的运用占

农业市场的75%。此外，日本政府还计划在10年内以农业物联网为信息主体源，普及农用机器人，预计2020年农用机器人的市场规模将达到50亿日元。

日本政府为"智能农业"发展的前景谋划出五大方向，应对目前农业领域存在的5个主要课题。

一是通过自动化、无人化技术应对从业人手不足的课题。通过农业技术的研发与引进，实现农业超省力与大规模生产。

二是依靠遥感及大数据分析技术，推进精细农业发展。基于遥感或过去数据，进行精细化栽培，将作物的产量与品质最大限度地发挥出来。

三是针对从业者老龄化问题，采用劳动辅助系统和自动化设备，将人从辛苦与危险的作业中解放出来。利用人工外骨骼辅助系统协助进行重物堆放等重体力劳动作业，采用除草机器人等实现作业的自动化。

四是利用农业专家系统，降低农业就业门槛。依靠农业机械的智能辅助装置，没有经验的操作者也可以进行高精度作业，技术诀窍的数字化，让刚刚入行的年轻人也能事业稳定。

五是利用"云系统"直接为消费者展示生产的详细信息，得到消费者的信赖，为消费者提供放心的可信农产品。

如在日本茨城县下妻市开展的全自动控制拖拉机、无人驾驶插秧机、产量及品质监控收割机、遥感施肥量控制用无人机相配合水稻产量增长、成本降低试点项目，可以看出日本智能农业装备发展的进度。

（六）以色列

面对人均耕地资源有限、区域性自然灌溉及光照不足突出、农业劳动力趋于老龄化等不利影响，以色列通过强化政策支持、科技支撑、产业配套、利益连接等举措，大力发展高效、集约的现代设施园艺，加快发展以玻璃温室、植物工厂、微滴灌等设施园艺技术为重点方向的现代设施农业，为本国农业生产摆脱不利的生产条件约束，实现可持续发展探索了新出路，也为本国现代农业提质增效、实现集约高效发展增添了新动力，成功走出了一条资源禀赋不占优势地区发展有竞争力的现代农业的现实路径。

在最著名的农业灌溉领域，以色列开发了一系列适应不同环境的灌溉解决方案，多种感应器配套等，为气候条件恶劣地区发展设施农业提供了有力支持。高效的灌溉体系是以色列设施园艺最显著的特征，微滴灌管道系统遍布全国主要农业生产地区，通过运用水肥一体化、循环用水等设施园艺技术措施，以色列设施农业不仅比普通设施种植平均可以节省30%～40%的水和化肥，同时微滴灌精准施肥也让农产品单产显著提升。

通过改变投入要素相对价格和提供行业公共服务两个方面，促进设施农业发展。在改变投入要素相对价格方面，政府政策着眼于降低设施农业的前期进入门槛，以及引导行业层面的技术升级换代。在提供行业公共服务方面，政府政策主要着力于加强市场开拓力度，强化设施农业技术的供需衔接、推广及标准制定等。

以色列在设施农业科研领域每年有大量人力物力投入。以色列政府每年农业科研经费支出占到农业产值的3%，农村发展部下属的农业研究组是该国最重要的政府研究机构，共有200名农业科学家、340名工程师和技术人员。

二、我国智能农业装备战略规划研究

党的十八大以来，以习近平同志为核心的党中央高度重视数字乡村、智慧农业发展。中共中央办公厅、国务院办公厅出台《数字乡村发展战略纲要》，国家有关部门先后出台《数字农业农村信息化发展规划（2019—2025年）》等一系列方针政策，将智慧农业摆在重要位置。2023年中央一号文件明确提出"加快农业农村大数据应用，推进智慧农业发展。"全国各地也纷纷出台相关政策，支持智能农业装备的发展。

（一）山东

山东省农业农村厅先后出台了《山东省推进农业大数据运用实施方案（2016—2020年）》《山东省农业物联网技术应用示范工程建设实施意见》《山东省农业厅"农业云"实施方案》等文件，明确了山东省智慧农业发展的指导思想、基本原则、建设目标、重点工程和保障措施等重要内容。

2018年，山东省出台《关于加快全省智慧农业发展的意见》（以下简称《意见》），《意见》提出，要把加快建设智慧农业作为统领现代高效农业发展的重要抓手，推动人工智能技术在农业生产、经营、管理、服务各环节和农村经济社会各领域深度应用，坚持信息技术、生物技术、工程技术有机结合，坚持研究开发、集成示范、推广应用相结合，着力突破智慧农业关键核心技术，着力培育新型智慧农业产业体系，促进农业生产管理更加精准高效，全面提升农业智能装备水平、农业生产经营能力和现代农业综合实力，确保全省在农业现代化进程中继续走在全国前列。

《意见》明确要求，坚持物技结合。坚持智能农业装备与农业技术无缝衔接，打造农业生产数据模型，加快智能装备研发，最大限度释放劳动力资源，提升土地资源利用率，增加土地收益。

《意见》提出，实施智慧农机建设工程。以互联网、物联网、云计算、大数据等信息化技术改造提升农业机械化，促进信息化与农机装备、生产作业、管理服务深度融合，实现装备智能化、作业精准化、管理数据化、服务在线化。实施智慧农机科技创新工程，引导推动在森防飞机、大中型拖拉机、联合收获机、深松机等装载北斗导航智能监控等信息设备，提高农机装备信息收集、智能决策和精准作业能力，实现以北斗系统为主的高精度自动作业和精准导航，加速遥感技术在墒情、苗情、长势、病虫害、轮作休耕、产量监测等方面的示范作用，深入推进主要农作物全程机械化，同步发展畜牧业、水产养殖业、林果业和农产品初加工业机械化。将在济南、青岛、潍坊三市开展物联网、大数据、智能装备、遥感监测、智能识别、人工智能等设施装备整体应用示范研究，开展技术创新、模式创新和产业创新。

山东省还将大力推进智慧农业复合型人才教育培训，弥补智慧农业发展人才短板。依托智慧农业智库资源，研究开发智慧农业精品教育课程，鼓励支持有关高校、职业院校开设智慧农业专业教育；积极利用新兴职业农民培训、农产品电子商务、农机手应用技能培训等现有培训资源，开展智慧农业应用技术培训，切实提高新型经营主体和农民群众智慧农业技能水平。

（二）浙江

2021年，浙江省人民政府印发了《浙江省实施科技强农机械强农行动大力提升农业生产效率行动计划（2021—2025年）》，加大农业科技自主创新。聚焦现代农业生物技术、绿色智慧高效农业、农产品质量与生命健康，实施现代农业生物重大基础研究专项。加快先进适用技术集成创新与推广应用。吸引国内外一流高校、科研院所、企业到浙设立新型研发机构，支持农业企业建设技术创新中心和创新联合体。组建了浙江省农机装备创新研发推广联盟，建立了产学研定期对接和会商机制。

分产业推广先进机械装备。推进耕作水平自动控制等全程装备应用，加大保鲜仓储、产后加工的集成配套，建设100个农机创新试验基地和600个全程机械化应用基地。发展智能温室、农业机器人、智能采摘收获等设施装备。

强化农机装备质量与标准体系化建设，加强国外先进技术引进，鼓励开展农业传感器、农业物联网设备、智能控制生产流水线、智能灌溉系统、农业机器人等技术研发和装备制造。

2023年，浙江省制造业高质量发展领导小组办公室关于印发《浙江省现代农机装备产业集群建设实施方案（2023—2025年）》，提出了将浙江省打造成为全国丘陵山区特色农机装备制造基地、全国智能农机装备创新高地；开展关键技术攻关，突破一批"卡脖子"技术，突破一批农业传感器、农业物联网设备、智能控制生产流水线、智能灌溉系统、农业机器人等领域关键技术和工程技术难题，打造智能高效的丘陵山地适用农机装备。

（三）江苏

2019年，江苏省政府印发了《关于加快推进农业机械化和农机装备产业转型升级的实施意见》，提出聚焦农机发展智能化、绿色化、高效化，鼓励支持农机制造企业对标国际先进水平开展关键技术攻关和高端装备赶超研发，组建一批高水平的省级技术创新中心和重点实验室等研发平台，形成一批高水平的农机装备制造产业创新战略联盟，力争创建国家级农机装备创新中心。加快物联网、大数据等信息技术在农机装备和农机作业上的应用，推广高端智能化农机装备。鼓励开展中外合作现代农机化示范性农场、智慧农场建设。

江苏省在"十三五"时期，成立了8个省级农业机械化科技创新中心，建设了江苏现代农机科技示范园及86个省级农业机械化科技示范基地，推动了农业机械化关键技术和装备的开发应用。实施各类农业机械化科技项目300多项，支持农业机械化新装备新技术研发、试验示范和集成应用，开发农业机械化新装备新技术200多项。引进试验示范了水稻机插侧深施肥机、自走式秧盘播种机、无人植保飞机、无人驾驶插秧机及收割机等特色智能农业机械新装备。全省农业机械智能化信息化技术研发和应用水平已处于国内前列，物联网、大数据、智能控制、卫星遥感技术在农业机械装备和农业机械化作业上得到探索和应用，大田精准作业、畜禽水产智能养殖等方面取得了很好成效。

《江苏省"十四五"农业机械化发展规划》中提出了要全面落实习近平总书记"大力推进农业机械化、智能化"的重要论述，强化引进创新、集成创新和自主创新的有效手段，推进原创和具有自主知识产权的农业机械技术和产品的研发，实现高端农业机械装备自主可控，形成现代农业机械化率先发展的新格局。重点发展大中型、智能化、高性能、复合式农机装备。

重点围绕农业生产全程全面机械化推进行动和农业机械装备智能化绿色化提升行动，加快物联网、大数据等信息技术在农业机械装备和农业机械作业中的应用，加快智能绿色农业机械装备示范推广，建设"无人化"农场及智能绿色农业机械示范基地，打造以智能绿色农业机械装备与技术为支撑、智能绿色农业机械示范基地为节点的全省智能绿色农业机械示范推广应用网络，建成一批"无人化"示范农场及智能绿色农业机械示范园圃、示范渔场、示范牧场。到"十四五"末，全省建成100个左右"无人化"示范农场、300个左右智能绿色农业机械示范基地，在示范基地中鼓励应用省内首台（套）农业机械装备，加强自主创新农业机械装备的推广应用。推进省现代农业装备科技示范中心基地建设，建立省级智能绿色农业机械信息化管理应用平台，提高智能绿色农业机械科技示范能力。

2023年，江苏省实施农机化"两大行动"，即农业生产全程全面机械化推进行动和农机装备智能化绿色化提升行动。抢占数字化新赛道，加大智能农机推广力度，推动智能农机"入网上云"，建设应用好农机大数据库。争取在智能农机普及、实际应用场景建设、数字化应用水平方面走在全国前列。

（四）黑龙江

2022年，黑龙江省人民政府发布《黑龙江省产业振兴行动计划（2022—2026年）》，提出发挥市场引领优势，推进农机装备高端智能化发展。探索"工厂+合作社+农场"的农机产品研发、生产、推广新模式，满足农机自动驾驶精准导航与精准控制需求，推动传统农机行业与人工智能、物联网、自控、新材料等领域的跨学科对接合作，提高农机产品的信息感知、智能决策和精准作业能力。以项目建设推动整机生产。积极发展农业生产全程高端智能机械化装备，推动马斯奇奥农业机械生产、万鑫机械、勃农兴达智能农业机械、潍柴雷沃高端智能农机等项目加快建设。依托哈尔滨、齐齐哈尔、佳木斯等市现有开发区，推动国家级高端智能农机装备产业园建设，形成特色明显、优势互补、牵动区域、竞合发展的产业格局。以整机生产带动产业链延伸。围绕产业链配套闭合和上下游关联企业，依托纽荷兰、潍柴雷沃等整机生产企业，聚焦大功率拖拉机、联合收获机等大型整机生产，支持引进关键零部件生产制造企业，提升产业集中度和专业化分工协作水平，推动高端智能农机产业链延伸。以信息技术提升智能化水平。开展大田作物精准耕作、天空地无人农场智能管理、畜禽智慧养殖、园艺作物智能化生产等数字农业示范基地建设，推进"互联网+农机作业"，推广建设应用农机作业监测、远程调度、维修诊断等信息化服务平台，实现数据信息互联共享，提高农机作业质量与效率。到2025年，全省打造形成五大重点产业链，高端智能农机装备产业营业收入力争达到100亿元以上，打造国际一流的高端智能农机装备制造基地、高端智能农机应用示范区，2026年农机装备产业与农业现代化适应能力进一步提升。

《黑龙江省2024年农机推广工作要点》中也提出在基本实现粮食生产全程机械化的基础上，推动主要农作物农机装备提档升级，强化农机装备配套关键技术转型升级，重点加大对气力式、单体独立仿行、电控排种（肥）、高性能精量、免耕播种机的推广应用；持续加大对动力换挡、无级变速大功率高性能拖拉机、多功能联合整地机械、低破碎玉米籽粒收获机和高性能谷物收获机、精准变量施药、药剂防漂移、大型智能植保机械等先进装备推广应用。

同时提出围绕短板弱项，强化高端智能农机装备示范与应用。

一是推动"一业一机"智能农机装备试验示范。围绕设施农业、畜牧养殖、水产养殖和农产品初加工等特色产业，结合本地特点，因地制宜开展"一业一机"智能农机装备试验示范，形成可复制可推广的农机化生产模式。集成示范推广产业发展急需的新技术新装备，重点支持鲜食玉米收获、精量播种、精准施药、高效施肥、水肥一体化、节水灌溉、绿色烘干、畜禽自动饲喂与粪污资源化利用、水产养殖水质调控和尾水处理等绿色高效机械装备与技术推广应用。

二是逐步扩大农机自动驾驶系统应用范围。落实国家精准农业应用自动驾驶系统补助项目，加快物联网、大数据、智能控制、卫星定位等信息技术在农机装备和农机作业上的应用步伐，实现农机作业标准化、农业生产现代化、农业管理智慧化。引进高端智能驾驶系统，积极引导有机户加装自动驾驶系统，探索农机智能化发展新模式。

三是推进农机装备提档升级。以全力推进智能农机提档升级为重点，引进大型智能农机装备、丘陵山区适用拖拉机、无级变速拖拉机等。征集农机智能化新技术、新机具、新模式，开展智能农业试验示范与推广应用。支持北斗智能监测终端及辅助驾驶系统集成应用。

四是助推智能高端农机试验示范先导区建设。组织开展智能农机生产企业开展研讨，探索制定智能拖拉机耕整地作业标准。组织成立智能化作业水平评价专家组，提出智能化作业水平各方面指标，建立智能化作业水平指标评价体系。大力发展高精度农机作业导航监测，加快深松、秸秆还田等农机远程运维终端推广应用，加快农机导航自动驾驶系统推广应用。

（五）辽宁

2019年，辽宁省人民政府发布《加快推进农业机械化和农机装备产业转型升级的实施意见》。鼓励和引导高校、科研院所和企业开展关键共性技术研究，研发新型农机智能装备。支持智能农机装备物联网平台、大数据中心、运维平台等建设。提出加快农机智能信息化发展，积极发展应用智能农业装备和推进农机作业管理信息化服务；加快推进数字化农机装备在设施农业、畜牧水产、田间管理等领域应用，重点推广应用农业物联网设备、大数据、移动互联网、无人驾驶装备、农业机器人等技术。

《辽宁省"十四五"农业机械化发展规划》提出要加快推进农机智能化、绿色化。积极推进农机作业监测数字化进程。围绕农田精细平整、精准播种、精准施肥、精准施药，创制农机智能化装备，提升精准作业技术水平。推进北斗自动导航、动力换挡等技术在农机装备上的集成应用，加快创新发展大型高端智能农机装备，推进畜禽水产养殖装备信息化、智能化，促进智慧农业示范应用。大力推广基于北斗、5G、物联网、大数据技术的自动驾驶、远程监控、智能控制等技术，在大型拖拉机、联合收割机、水稻插秧机等机具上的应用，引导高端智能农机装备加快发展。加快机械化生产物联网建设应用，支持有条件的地方建设智慧农场、牧场、渔场。

要开展农机智能信息化建设工程。积极发展应用智能农业装备，强化农机作业管理信息化服务，加快推进数字化农机装备在设施农业、畜牧、水产、田间管理等领域应用。积极发展"互联网+农机作业"，加快农机作业大数据应用，支持智能农机装备物联网平台、大数据中心、运维平台等建设，建设"农+"智能手机新农具系统，提高农机作业质量与效率，促进农机精准作业、精准服务、共享共用。

2023年，辽宁省智能农机装备创新发展联盟在沈阳农业大学成立，旨在以实施乡村振兴战略和保障粮食安全为引领，通过整合农机优势资源、提升农机创新能力、打造农机共享平台、推动农机产业发展，充分发挥辽宁智能装备制造产业优势，以农业机械化、智能化协同推进农产品初加工和精深加工，延伸产业链、提升价值链。联盟将在辽宁省农业农村厅的指导下，针对黑土地保护智能农装、设施智能农机、丘陵山区粮食收获装备等10个领域建立创新中心，集中力量开展农机装备"卡脖子"技术攻关。

（六）广东

2019年，广东省人民政府发布的《关于加快推进农业机械化和农机装备产业转型升级的实施意见》，提出加快推进智能农机示范应用。加强农机装备的信息化、智能化建设，充分发挥粤港澳大湾区信息技术产业的优势，引导企业开展农用无人机、农业机器人、农机作业监测等方面的研究，加快推动物联网、大数据、移动互联网、智能控制、卫星定位等信息技术在农机装备和农机作业上的应用。

《广东省农业机械化"十四五"发展规划（2021—2025年）》提出加快推动农机装备智能化发展。

一是加快智能农机装备关键技术装备研发。智能农机装备关键技术主要包括智能感知、自动导航、精准作业和智能管理4个方面。在智能感知方面，重点突破"星-机-地"（"星"——卫星、"机"——有人驾驶或无人驾驶的农机、"地"——地面观测仪器），获取农机作业环境、作业对象和作业机具的相关信息，包括土壤信息、作物长势信息和作物病虫草害信息的关键技术。开发集多种参数感知于一体的多用途小型传感器和多种传感器获取信息的融合技术。在自动导航方面，重点突破水田、坡地等复杂地形地况环境的路径规划和导航控制，导航与作业集成控制技术，多机协同的自动导航与控制技术。在精准作业方面，重点突破精准耕整、精准种植、精准管理和精准收获等关键技术。在智能管理方面，重点突破远程监控农机作业位置、作业进度和作业质量，远程监控农机作业状况，故障预警和维修指导，农机远程调度等关键技术。

二是推进智能农机装备技术的应用示范。根据因地制宜的原则，在农业生产不同领域的相关环节，大力推进智能农机装备的应用示范，如在种植业中，通过无人农场/智慧农场的建设，大力推进耕种管收和秸秆综合利用收贮运加工环节智能农机装备的应用示范，特别是智能种植和智能收获机械与装备；在养殖业中，通过智慧猪场、智慧鸡场和智慧渔场等的建设，大力推进疾病防控、环境调控、智能饲喂和粪污处理等智能农机装备的应用；在农产品加工中，大力推进品质监测分级、贮藏保鲜、产品初加工和副产物综合利用的智能农机装备。为大力推进智能农机装备的应用示范，应做好顶层设计，分产业分地区建设一批智能农机装备示范基地，将其纳入省级农业产业园建设规划中，同时，提高智能农机装备的购机补贴力度。

三是强化农机装备数字化管理。按照"数字广东"的要求，充分发挥粤港澳大湾区信息技术的优势，加强农机装备的信息化建设，构建综合管理平台，拓展应用功能，包括农机管理功能，如农机数量、质量和布局，安全监理，试验鉴定和购机补贴等；农机生产功能，如农机作业位置和质量实时监控，农机远程调度和维修指导等。推广应用手机App。农机信息化建设重心要下移，要为各种新型农业经营主体和农机社会化服务组织适时提供各种信息，特别是在重要农时，做到有作业需求时可以随时找到农机装备，有农机装备的服务组织可以随时找到用户。通过信息化建设，提高农机装备的利用率。

与发达国家相比，我国智能农机装备的基础理论和关键共性技术研究尚处于发展初期，农机农艺与信息化融合的联合研发机制尚未建立，以信息技术为基础的全程机械化技术模式和高度智能化的机器配置系统尚未形成。而且，接口、功能和界面均缺乏统一的标准规范和互换性，导致不同企业研发的农机信息化监管系统，只能对自己生产的作业终端上传的数据进行处理，企业间的农机和机具之间未能实现互联互通（赵春江等，2023）。

与国际农机巨头相比，我国智能农机装备产业集中度不够、产品核心竞争力不强，国际市场份额较小。我国农机装备制造企业虽然众多，但具备高端智能农机制造能力的企业"小、散、弱"（薛洲等，2021）。据统计，2022年我国农机制造行业总产值为5 018.6亿元，但除了中国一拖、潍柴雷沃和江苏沃得外，其余农机制造企业的营收均未超过百亿元，企业间低水平、同质化、无序竞争问题突出，先进的"柔性生产"制造方式尚未广泛应用于智能农业装备制造行业，更未形成高端智能农业装备品牌效应，龙头企业对产业链提升带动作用发挥不足

第三节　四川省智能农业装备发展SWOT分析

新一轮科技革命和产业变革广泛并深刻地影响着科技创新。随着乡村振兴战略、农业农村现代化的深入推进，四川省农业及农村经济社会发展将进入新的发展阶段，农业装备面临新需求、新机遇、新挑战（吴海华等，2020b）。保障粮食安全、食品安全、生态安全，要求发展智能农业装备，增强农业综合生产能力，实现"藏粮于地、藏粮于技"。推进四川省智能农业装备创新发展，既是深入贯彻落实习近平总书记来川视察重要指示精神的具体举措，也是打造更高水平"天府粮仓"建设的应有之义，是四川省当前及今后较长

时期农业农村信息化发展的主攻方向。

一、发展优势分析

智能农业装备是转变农业发展方式、提高农业生产力的重要基础，能够引领农业生产方式的变革，是四川省实现由农业大省向农业强省转变的重要支撑。

（一）宜机化条件得到较大改善，智能农业装备应用空间巨大

根据《2023年四川统计年鉴》，四川省耕地面积为520.99万hm^2。根据《四川省第三次全国国土调查主要数据公报》，耕地坡度在6°以下的占27.3%，6°~15°的占44.8%，15°以上的占27.9%，耕地72.1%以上可通过宜机化改造改善农机作业条件；从2021年起，四川省持续实施"五良"融合宜机化改造项目，极大地改善了农机作业条件。目前已建成的5 400万亩高标准农田基本实现农机排灌，在13个现代农业园区推广示范农业智慧灌溉系统，建设太阳能提灌站300余座。农业生产条件和农机作业环境的改善为智能农业装备的应用与推广提供了巨大空间。

（二）农机科研基础逐步稳固，科技研发能力有所增强

四川省农机研发坚持引进、消化、吸收、再创新与自主开发相结合的发展模式，逐步探索建立了农机装备产学研推用创新体系，成立了丘陵山区与高新特色农机战略联盟、四川省5G产业联盟智慧农业装备专业委员会、四川省农机装备产业发展联盟等。四川省农业科学院联合农业农村部南京农业机械化研究所打造"西南丘陵山区智能绿色农业装备联合创新中心"，达州依托"丘陵山区现代农机装备产业园"搭建创新载体平台，建立新时期农机研发攻关机制。由四川省农业机械科学研究院牵头，四川农业大学等科研单位、四川省先进智能农机装备有限公司等制造企业、四川省农机推广中心等推广单位、崇州市耘丰农机专业合作社等应用主体参与组建的"天府良机"创新联合体，加快构建"企业+科研机构+合作社+基地"集智攻关机制，推动农机创新链、产业链、资金链、人才链深度融合，为四川省智能农业装备发展提供了强大的创新源泉和科技支撑。

（三）农机装备稳步发展，农机产业集群化趋势初步形成

根据《2022年全国农业机械化统计年报》，截至2022年底，四川省农机原值350亿元，农机总动力从2004年2 000万kW增长到2022年突破4 900万kW，亩均耕地农机动力0.6 kW，居于全国第六位。主要农作物耕种收主要环节机械装备大幅增加，大中型拖拉机、谷物联合收割机快速增长，分别达到8万台、4万台；水稻插秧机和粮食烘干机呈井喷式发展，比"十三五"分别增长超过2.1倍、1.3倍；果菜茶等特色产业农机装备从无到

有，现代畜牧水产成套设备基本覆盖规模化养殖场。四川省农业装备企业数量500家左右，其中规模以上企业近200家，覆盖作物种植、管理、收获及畜牧养殖、农副产品加工等11个领域（廖敏等，2020）。目前在四川省已初步形成了各具特色的农机产业集群，如成都、德阳、达州等地依靠优越的地理优势和在扶持政策的支持下，纷纷成立农机装备创新载体平台，建设农机装备产业园区，打造全产业链集群，有助于加速推进四川省智能农业装备产业基础高级化和产业链现代化。

（四）农机社会化服务能力不断增强，服务模式多样化

全程机械化示范引领作用不断增强，四川省已成功创建全国主要农作物生产全程机械化示范县16个（居西南地区首位）。2022年，四川省农机户数量达235.31万户；农机社会化服务组织数量达16 487个（其中农机合作社1 626个）；农机维修网点7 596个；农机服务收入达178.22亿元。建成"全程机械化+综合农事"服务中心101个，为农户提供"一站式"田间服务，订单作业、生产托管、承包服务和跨区作业等社会化服务模式快速发展，服务领域从机械化耕种收逐步拓展到工厂化育秧、烘干等领域（刘环宇等，2023），涌现出一批发展势头好、机制多元化、服务多样化的先进典型，为智能农业技术及装备的推广应用提供坚实基础。

二、发展劣势分析

四川省农机装备取得了长足的发展，为粮食安全和农业现代化提供了重要支撑，但农机装备水平、科技水平、作业水平、服务能力存在发展不充分、总量不足、结构不优、区域不平衡的矛盾，农机作业基础条件薄弱，研发创新体制机制不健全，无"机"可用、有"机"难用、不会用"机"的问题突出，制约了四川省智能农业装备的发展。

（一）各区域、各作物生产环节的机械化水平发展极不平衡

从区域看，平原地区、丘陵地区农机化水平差距大，成都平原区粮食综合机械化水平最高，为79%，丘陵地区比平原地区低20个百分点，攀西地区最低，仅为36%（牟锦毅等，2023）。从作物看，主要粮油作物关键环节机械化短板突出，小麦耕种收环节机械化水平均较高，达86.55%，水稻种植机械化水平为55.17%，玉米的播种、收获机械化水平分别为17.40%和15.64%，马铃薯播种、收获机械化水平分别为3.55%和4.38%，大豆播种机械化水平不到10%；经济作物机械化仍处于起步阶段，川茶、川菜机械化水平不足30%，川果、川药、川竹机械化水平不到10%。当前四川省农业机械化发展薄弱环节严重阻碍了智能农业装备加快推进的步伐。

（二）耕地分散、坡度大，宜机化改造任务艰巨

四川省耕地分散（土地规模经营化水平低于40%），地块细碎凌乱、坡多台多埂多，1亩以下"鸡窝地、巴掌田"占60%以上，农业基础条件差、农机作业效率低、成本高、收益低，投资回报时间较长，严重影响农机推广应用。丘陵山区耕地面积占比大（占四川省的78%），地形地貌复杂、坡度陡，根据《四川省第三次全国国土调查主要数据公报》，坡度在6°～25°的耕地占60%（宜机化条件差），坡度在25°以上的耕地占9%（无法实现机械化），高标准农田真正达到宜机作业的仅占24%。"小地块施展难、小单元见效难、小机械使用难"等问题突出，农机下田"最后一公里"瓶颈突出，耕地宜机化改造任务艰巨。

（三）创新研发短板突出，农机科研投入不足

四川省农机装备研发机构少，高端人才紧缺，没有农机领域国家级科研平台和部省级全程机械化科研试验基地，大部分市州无农机领域的高校、科研院所，省级农机科研院所的实验室设施设备亟待更新、完善、升级。农机购置补贴是中央财政支持四川省农机的唯一渠道，地方财政投入较少，70%的县投入为0，社会资本引入困难。农机科研缺乏持续稳定投入，农机基础理论研究更是没有资金支持。

（四）农机工业基础薄弱，农机制造水平较低

四川省农机工业企业呈现出小、散、弱特点，农机工业产值占工业总产值不足1%，产品约60%以上是低值、低价、低端的小型农业机械，与山东、江苏、浙江等农业装备大省相比差距显著。农机制造行业长期处于微利状态，企业研发投入动力不足，农机基础研究薄弱，缺少原始创新，低水平重复研发现象普遍。农机装备产业链不完整，上下游配套不完善。根据《2022年中国农业机械工业年鉴》，四川省农机生产企业60%以上为小规模企业，龙头企业缺乏、"专精特新"企业少。高性能、高适宜、中小型复合农机装备空白，新能源农机产品制造能力严重不足，无人驾驶机械、农业机器人及智慧农业装备制造处于起步阶段，大部分农机产品依靠引进推广。

（五）农机服务主体区域发展不平衡，服务能力短板突出

一是不平衡。2022年，成都（281个）、南充（250个）、绵阳（145个）、德阳（144个）、达州（104个）五地农机合作社总数占四川省总量的57%，其余市（州）均不足100个（四川省农业农村厅农业机械化处等，2023）。二是主体少。四川省农机合作社平均每个乡镇0.33个（与农业农村部提出的"'十三五'全国要达到1个乡镇拥有1个农机合作社"的发展目标有较大差距），江苏省、安徽省、湖南省是四川省的3～5倍。三是规模

小。农机合作社资产在500万元以下的占92.9%；500万～1 000万元、1 000万元以上的分别占比5.4%、1.7%。江苏、安徽、湖南1 000万元以上的，占比分别为78%、66%、58%。四是带动弱。四川省农机合作社全年机械化作业面积约1 470万亩（全国约84 770万亩，仅占全国总数的1.7%），平均每个合作社服务面积约0.99万亩（仅为全国平均水平的1/3），占机械化作业面积的6.2%，社会化贡献力有待进一步增强。

三、发展机遇

农机装备作为农业发展的"决胜重器"，在建设农业强省等"国之大者""省之要事"中发挥着关键作用。国家"十四五"规划提出要"加强大中型、智能化、复合型农业机械研发应用"（李爱国等，2023）。

（一）中共中央和四川省委、省政府高度重视

国家将农机装备纳入了《中国制造2025》十大领域之一，提出农业机械装备将朝着以信息技术为核心的智能化与先进制造方向发展。积极引导高端智能农业装备投入农业生产，加快"机器换人"步伐，提升农业装备耕、种、管、收全程作业质量与作业效率，引领农业机械化管理、农机作业质量监测、农机作业服务供需对接向数字化转型（杨杰等，2022）。四川省省委省政府印发了《建设新时代更高水平"天府粮仓"行动方案》，强调要用"天府良机"耕耘更高水平"天府粮仓"。《四川省"十四五"现代农业装备推进方案（2021—2025年）》，针对智能农业装备发展明确提出"2025年，打造产值上亿元的智能农机装备产业化龙头企业2～3家；创建一批省级农机装备重点实验室等创新平台，建立智能农机创新团队；推动成渝相关高校合作，共建西南农业智能装备科技创新中心等创新平台；积极应用工厂化育苗、智能调控、储藏冷链等先进设施技术与装备，提高农业生产精细化、自动化、智能化水平；大力推广水肥一体化灌溉系统和高效节水灌溉技术，重点推进智慧灌溉落地现代农业园区，积极开展提灌设施标准化、智能化、信息化建设，将机电灌溉信息管理接入四川省数字'三农'大数据信息平台；大力发展智能环控、精准饲喂、粪污资源化利用等绿色健康养殖数字农业技术，大力发展智能采收干燥等特色作物数字农业技术"，并通过设立一系列的重大专项为实现智能农业装备发展目标提供可行路径。四川省智能农业装备发展可谓战略有指引、发展有目标、实施有路径、政策有保障，为推动四川省智能农业装备产业高质量发展创造了良好的政策环境。

（二）智能农业装备发展需求十分迫切

四川省应用场景代表性强，农作物种类繁多，种植制度多样，地形复杂多样，可分为成都平原区、丘陵地区、盆周山区、攀西地区和川西北高原区，是西南地区农业装备研

发、试验、推广应用的重要基地，为智能农业装备发展和作用发挥提供了广阔空间。农产品供求的结构性矛盾是当前我国农业发展的主要矛盾，需要通过农业产业结构的优化和调整来解决。四川省农业产业结构调整的不断深入，要求农机行业强弱项、补短板、促协调，不断增加农机产品种类，拓宽农机服务领域和区域，促进农机装备结构调整布局和农机科技水平的创新（王瑾等，2020）。农业产业结构调整，区域机械化生产模式得到大力推进和发展，对智能农机装备提出新需求。

（三）农机工业进入高质量发展轨道

我国农机装备产业科技创新能力持续提升，新技术、新产品、新服务、新模式、新业态不断涌现，信息化、智能化、数字化技术加快普及应用，产业链供应链自主可控能力不断增强，为充分满足各领域对智能农机的需求提供了不竭的源动力（叶红，2022）。全球农机装备加速向大型复式、节能高效、智能精准方向发展，向提供系统化、信息化、智能化综合解决方案方向发展（杨敏丽，2020）。四川省工业基础强、产业体系健全、现代高新技术企业集聚、军工产业雄厚，有较强的产品研发和生产制造能力，联合一二产业、军民融合共同研发制造智能农机装备具有得天独厚的优势。四川省内科研机构学科齐全、分布广泛，有科研机构2 800余个，从事基础研究、应用研究和试验发展活动的人员达17万人，科技存量大、创新空间大、发展前景优，为农机跨界融合发展提供创新动力源。四川省农业科技推广体系相对健全，有力保障了智能农业技术与装备的推广应用。技术有支持、工业有基础、科研有实力、推广有体系、服务有支撑，为四川省智能农业装备制造发展创造了可行条件，基础坚实。

（四）发达国家和地区智能农业装备发展经验可借鉴

四川省与德国、日本、韩国等国家的农业资源禀赋相似，在农业产业发展过程中面临类似的共性问题，德国、日本、韩国实现农业机械化的经验和做法对四川省构建智能农机装备产业体系具有重要的借鉴意义。德国工业制造高度发达，通过实施工业4.0战略，为该国农业机械化、标准化、信息化水平提供了雄厚的装备支持。日本政府通过70余年来持续推动地块宜机化条件改善，财政投资补助比例高达近80%，农机购置补贴比例已高达50%以上，目前，已基本实现农业生产全过程机械化。韩国Rain Robotics公司制造智能化施肥机器人可为玉米种植提供了定量和准确的施肥服务；CNH Industrial Korea公司推出了一款电动无人植保设备、NAVER Labs实验室也研究开发了基于人工智能和感知技术的无人植保无人机系统，均可在丘陵山区实现病虫害精准识别及靶向施药。另外，江苏、浙江和山东等国内农机装备强省的发展经验，对四川省建设智能农业强省也有着很高的参考价值。江苏省通过体制机制创新，加大政策引导和资金支持，出台专项优惠政策，每年投入

10亿元，引进外资农机企业，支持技术研发，加快推进数字化和智能化赋能农业机械化。浙江省通过实施科技强农、机械强农"双强"行动，建立先进适用农机具需求清单，正在加快补齐重点领域农机研制短板，分产业推广先进机械装备，四川省农作物耕种收综合机械化率已达到67%，位居全国丘陵省份之首。山东省以市场需求为导向，积极响应产业需求，举四川省之力布局农机装备全产业链，利用龙头企业牵引带动，引导企业强强联合，支持国有企业潍柴动力整合雷沃重工向农机跨界转型，现有农机制造企业2 000余家，占据国内十强农机装备企业的半壁江山。国外农业装备大国、国内农机强省的发展经验和路径可借鉴、可复制、可推广，为四川省智能农业装备产业发展提供参考借鉴。

四、面临挑战

（一）农民收入仍处于较低水平，农业生产成本增加

一方面，从人均可支配收入来看，2022年，四川省居民人均可支配收入30 679元，同比增长5.5%。其中，城镇居民人均可支配收入43 233元，同比增长4.32%；农村居民人均可支配收入18 672元，同比增长6.24%。根据《2023年四川统计年鉴》，农民人均可支配收入仅为四川省平均水平的60%左右。另一方面，从农业生产成本收益来看，据2020年《全国农产品成本收益资料汇编》数据，2020年四川省水稻（中籼稻）、小麦、玉米三种作物的平均亩产产值分别为1 436.88元、669.8元、931.78元，成本分别为1 306.55元、1 065.88元、1 240.72元，利润分别为130.33元、-396.08元、-308.94元。由于农资价格、土地租金、人工成本等生产要素持续上涨，在成本"底板"和价格"天花板"的双重挤压下，农业比较效益持续下降，极大地挫伤了农民生产的积极性。农民收入低导致农机购买力低，这是制约智能农业装备发展最直接、最主要的因素之一。

（二）高档农业装备国际竞争力不足，关键核心技术受制于人

国际主要跨国农机企业已全面进入国内并抢占了高端市场，国外企业的拖拉机、履带式水稻收获机、采棉机、高速插秧机等农业机械产品在我国市场中的占比分别为20%、30%、70%和95%。四川省主要农机装备技术经济性能指标和产品可靠性与发达国家同类产品存在较大差距，高效多功能、智能农机装备和信息化技术，以及大功率以上拖拉机及配套机具进口依赖度高，农机具关键零部件的质量与国际先进水平差距甚远。对外输出的农机产品大多技术含量低，附加值低，总量少，国际国内竞争力不强，难以分享国际市场蛋糕。农业机械行业发展主要采用技术引进、模仿创新的模式，虽然对四川省特有作物或特殊农艺的专用设备及适应农民购买力的量大面广的农业机械进行了大量自主研发，但高端农机装备关键核心技术和核心零部件依赖进口，加上大多数农机企业受盈利能力和研发队伍限制，研发能力薄弱，尚未形成具备高、精、专、特优势农业装备设计和制造能力。

实践证明，依靠进口设备解决不了四川省地貌多样、农艺繁杂条件下的农机短板问题，反而抬升了综合成本。关键核心技术和重大装备依赖进口严重威胁四川省粮食和产业安全。

（三）农机装备设计制造水平不高，智能化面临新挑战

随着农业生产方式转变和农业产业结构调整深入，农机工业高速发展持续积累的各种矛盾和问题日益显现，四川省农机装备设计制造面临着产业结构不优、基础研究薄弱、创新能力不足，设计验证方法和手段缺乏，先进生产工艺研究少、数字化生产只在极少数企业应用，产业工人素质不高、技能较低等诸多难题。四川省智能农业装备技术创新刚刚起步，在农业机械专用传感器、农机导航及自动作业、精准作业和农机运维管理智能化等方面亟须突破。在农机装备专用传感器方面，主要依靠进口，相关产品研究性能不稳定，对测试对象特性和测试机理缺乏深入研究，缺乏专用敏感材料。在农机导航及自动作业技术方面，轮角转向测定精度和稳定性不高，以机具为基准的机组定位技术有待突破。在精准作业技术方面，满足作物生产农艺要求的精准播种、灌溉、施肥、施药、收获和干燥等调控机理不清，农机作业过程实时分析决策、自主优化控制技术及装备缺乏；畜禽水产养殖精准环控、饲喂和防疫等机理、技术及设施研究不足。在农机运维管理研究方面，信息化程度不高，农机装备资源配置效率低，作业工况监控与故障诊断滞后或缺乏，难以满足农机高效调度、远程运维、故障预警、智能诊断和协同作业的迫切需求（罗锡文，2018）。

（四）面向智能农机管理与服务的大数据基础技术薄弱，利用率和价值低

智能农机装备通过采集作业信息形成大数据，为农机装备管理与服务提供支撑。近几年来，随着信息技术的快速发展，四川省农机科研院所和企业先后建立了多个农机大数据平台，并可提供相关服务，但总体上存在数据标准不统一、大数据分析模型缺乏和线上应用服务不完善等问题。其一，导致数据平台接口不统一、数据类型不一致，农机装备生产、作业、管理环节等信息平台不能够互联互通，形成"信息孤岛"，无法充分发挥数据的价值。其二，由于农机装备在应用中积累的作业信息、故障信息等较少，导致在农机故障诊断、作业决策、协同作业与远程调度等方面缺少成熟的数据分析方法与预测模型，部分数据仅停留在展示或统计分析层面。其三，当前各类农机大数据平台主要提供位置检测、轨迹跟踪和作业监控等线上服务，而农机资源调度、远程运维、跨区作业调度和农机协同作业等应对订单作业、运维管理、生产托管和综合农事等新业态的农机管理与服务较为缺乏，线上应用服务不完善。

（五）智能农机装备人才缺乏，培养体系不完善

随着工业化和信息化技术不断融合及发展，农机装备加快从传统农机向智能农机方向

发展，农机设计、研发、制造、推广、应用，对高层次、复合型创新型人才，高水平、高技能人才，基层实用人才的需求日益增长。当前，高层次研发人才主要通过高等院校、国家及省级科研院所培养，由于高校课程设置中，如智能化、智能制造、机器人等相关专业内容还存在短板与空缺，新技术与新理论的课程较欠缺，与之相关的实践实习及科技竞赛偏少，不利于高层次研发人才的培养。高技能人才主要指农机装备生产制造的高水平技术工人，通过职业教育培养。农机装备数字化网络化制造，信息化、智能化技术应用需要具有较高水平的蓝领工人。据调查，四川省乃至全国农机装备制造行业的一线工人，大多为进城农民工，初中毕业、未受过正规职业教育的人员占2/3以上；农机装备生产制造领域工人流动性大，技术培训跟不上，了解精通传统生产技术流程并掌握先进制造技术工艺的高技能人才极其缺乏。基层农机实用人才包括基层农机推广应用人员，以及农机手和维修工。根据《2021年四川省农业机械化统计年报》，2021年，四川省乡村农业机械从业人员278.08万人，拖拉机持证人员20.17万人（占全国的1.95%）、联合收割机持证人员1.52万人（占全国的1.32%）、同时持有拖拉机和联合收割机的人员1.03万人（占全国的1.64%）、农业机械维修人员4.83万人（占全国的5.36%）、持有职业资格证书人员1.32万人（占全国的4.96%），分别仅占四川省乡村农业机械从业人员的7.25%、0.55%、0.37%、1.74%、0.47%，由此可见，四川省基层实用人才十分缺乏。各类型人才的缺乏成为制约智能农机装备制造的突出短板。

第五章

四川省智能农业装备发展战略构想

第一节　发展理念

随着世界人口不断增加，中国人口从中华人民共和国成立之初的5.4亿人，达到目前的约14.47亿人。伴随着农村人口和劳动力的转移，城镇化率已超过64%。城市和农产品的消费量大幅度增加。当前，人们对于粮食和农产品的需求持续增加，并且更加追求粮食和农产品的多样化、质量、品质和安全。农业机械化高质量发展新内涵包括效益、效率、绿色和生态，通过最小的投入和环境资源代价，实现最好的产出和效益，推进高质量发展，从而实现可持续发展。有效益的农业和农业机械化需要人才保障，促进生产组织化，实现规模化、标准化、专业化，推进农机农艺适配和农机信息融合，加快农业全程全面机械化，为乡村产业发展、乡村振兴贡献力量，推动农业农村现代化的实现。

基于上述背景，四川省智能农业发展理念应包括坚持大农业观、推动全产业链发展、促进绿色环保可持续和坚持与时俱进、创新驱动4个方面。

一、坚持大农业观

农业的发展不应仅仅局限于传统的种植业，而应将畜牧、水产、果茶、农产品初加工和设施农业等各个领域都纳入统筹发展的范畴，强调农业的整体性和综合性，注重各产业之间的协调发展，以实现农业的全面升级和可持续发展。为实现这一目标，应积极推动农业产业结构的优化和升级，加强各产业之间的衔接和配合，形成优势互补、协同发展的良好格局。

2024年，中央一号文件提出，"树立大农业观、大食物观，多渠道拓展食物来源"。这是党中央立足农业农村发展新形势，顺应食物消费结构新变化，对贯彻落实稳产保供提出的新要求。习近平总书记在湖南考察时强调，"坚持大农业观、大食物观，积极发展特色农业和农产品加工业，提升农业产业化水平"。大农业观、大食物观是对粮食安全、食物安全内涵外延的不断深化和拓展，为推动农业现代化和提升食物供给韧性指明了方向。"大农业观"是一个全面、立体和多元化的农业发展观念，它超越了传统的以耕地为中心的农业模式，强调对整个国土资源的利用，包括耕地、林地、草地、水域等，以及设施农业、都市农业等新型农业形式。大农业观注重农业的多功能性和全产业链的发展，不仅局限于粮食生产，还包括畜牧、水产、林业等各个领域，以及与之相关的加工、流通、营销等环节。

树立全面、系统的大农业观，突破传统种植业的局限，将畜牧、水产、林果和农产品加工业等多个领域纳入农业发展的范畴，并致力于形成完整的产业链。这种综合性的发展模式旨在实现农业资源的高效整合与优化配置，促进各产业之间的协同共进，从而提升农业的整体效益和竞争力。

二、推动全产业链发展

农业生产全产业链是指覆盖农产品从生产到消费的各个环节，形成一个完整的、连贯的产业链条。这个概念涵盖了农产品的种植（养殖）、收获、加工、贮存、运输、销售直至最终消费的全过程。全产业链的目的是确保农产品从生产源头到最终消费者手中的每一个环节都能得到有效管理和控制，以提高效率、降低成本、保障食品安全、提升产品品质，并实现农业产业的可持续发展。这种模式通过对产品质量进行全程控制，实现食品安全可追溯，打造"安全、放心、健康"的食品产业链。

充分发挥农业多种功能，推动形成辐射式产业体系，提升整体功能效益。农业全产业链是当前我国乡村作为兼具自然、社会、经济体特征中，聚集农业生产、生活、生态、文化四大功能的综合体现，是"产加销"一体化经营、"农文旅"有机结合的农业产业化"一条龙"经营模式。围绕"农业+"，形成主导产业带动关联产业的辐射式产业体系，有利于充分发挥农业的食品保障、生态涵养、休闲体验、文化传承等功能，提升整体功能效益，从而推动农业及其相关联产业产值上升，为乡村全面振兴铸就坚实基础。

农业产业链的完整性和连贯性至关重要。从农业生产的前端（如种子、肥料）到后端（如加工、销售），都需要进行统筹考虑。通过智能化装备的应用，可以提升产业链各环节的效率和质量，降低生产成本，提高农产品的附加值和市场竞争力。同时，还应积极推动农业产业链的延伸和拓展，加强与相关产业的融合和发展，形成更加完整、高效的农业产业链。全产业链的构建不仅有助于提升农业生产的效率和农产品的质量，还能促进农民增收，推动农业现代化和乡村振兴。通过全产业链的整合，可以更好地满足市场需求，提高农业竞争力，实现农业可持续发展。根据市场需求和资源禀赋，合理调整各产业的布局和规模。在水资源丰富的地区重点发展水产养殖，在山区和丘陵地带发展林果业。通过优化产业结构，实现农业资源的合理配置，提高农业综合生产能力和抗风险能力。

三、促进绿色环保可持续

农业发展与环境保护应和谐共生，注重资源的节约和环境的保护。应积极推广使用节能环保的智能农业装备，减少农业生产对环境的负面影响，提高农业生产的生态效益。同时，还应加强农业生态环境的保护和治理，推动农业生产的绿色化、生态化发展，为实现农业可持续发展奠定坚实基础。

生态绿色可持续发展已成为农业领域发展的重要要求。在智能农业装备发展战略目标的制定中，将生态绿色可持续理念充分融入其中，具有至关重要的意义。减少农业面源污染是实现生态绿色可持续的关键一步。积极推广绿色、环保的智能农业装备能够有效降低农药、化肥的使用量，从而最大限度地减少对土壤和水体的污染。通过使用精准施肥、施药的智能设备，根据农作物的实际需求进行精确投放，避免传统施肥、施药方式中普遍存在的过量使用问题。引入了先进的智能施肥设备后，经过科学监测和精准调控，减轻了土壤的负担，降低了水体富营养化的风险，还为农产品的质量安全提供了有力保障。促进资源节约与循环利用是实现可持续发展的核心环节。充分利用智能农业装备来实现水资源和能源的高效利用，对于推动农业废弃物的资源化利用具有重要意义。大力推广智能灌溉系统，通过传感器实时监测土壤湿度和作物需水量，实现精准灌溉，从而显著提高水资源利用率。积极发展农业废弃物处理设备，将农业生产的废弃物转化为有价值的有机肥料或能源。安装了智能沼气池，将畜禽粪便等废弃物进行厌氧发酵，产生的沼气用于发电和供热，沼渣沼液则作为优质有机肥料还田，实现资源的循环利用，降低对外部能源和化学肥料的依赖。

绿色环保确实是智能农业装备发展的必然要求，这不仅是响应全球可持续发展战略的体现，也是实现农业现代化的重要路径。在智能农业装备的设计和制造过程中，必须将节能减排、资源循环利用和生态环境保护作为核心理念，贯穿于整个产品生命周期。具体来说，节能减排要求在智能农业装备的设计阶段就充分考虑能耗问题，采用先进的节能技术，优化装备的工作机制和能源利用效率，减少能源浪费。同时，在制造过程中，应积极采用清洁能源和环保材料，降低生产过程中的碳排放和环境污染。资源循环利用则是智能农业装备绿色发展的另一个重要方面。要注重装备的模块化设计和可维修性，使装备在报废或更新换代时，其零部件和材料能够更容易地被回收和再利用。此外，智能农业装备还应具备资源高效利用的功能，如精准施肥、智能灌溉等，以减少农业生产过程中的资源浪费。生态环境保护是智能农业装备绿色发展的终极目标。在设计和制造过程中，必须严格遵守环保法规和标准，确保装备在使用过程中不会对土壤、水源和空气等自然环境造成污染。同时，还应积极研发和推广具有生态修复功能的智能农业装备，如生态耕作机、智能植保机等，以帮助恢复和提升农田的生态环境。

四、坚持与时俱进、创新驱动

紧跟时代发展的步伐，不断吸收新技术、新理念，是推动智能农业装备更新换代的关键。应适应市场需求的变化，调整农业装备的研发和生产方向，以满足农民和市场的多样化需求。同时，应将创新作为智能农业装备发展的核心动力，注重技术研发和模式创新，推动农业装备的智能化、自动化水平不断提升，为农业生产提供更加高效、便捷、智能的装备支持。通过不断创新和进取，可以推动智能农业装备产业的蓬勃发展，为农业现代化和可持续发展作出积极贡献。

信息化智能化融合是未来农业装备发展的必然趋势。加快推进智能农业装备与互联网、大数据、人工智能等信息技术的深度融合，实现农业装备的智能化作业和信息化管理。通过在农业装备上安装传感器、摄像头等智能感知设备，实时采集土壤、气候、作物生长等信息，并通过无线网络传输到云平台进行分析处理，为农业生产提供精准的决策支持。推动信息技术，如物联网、大数据、移动互联网、智能控制和卫星定位等在农业机械和作业中的广泛应用，以提升农业机械化的智能化水平。制定高端农业机械的技术发展蓝图，以指导智能高效的农业机械装备的研发和快速进步。鼓励行业内的领先企业与主要用户建立紧密的合作关系，创建一个互相促进的研发、生产和应用机制，以实现农业机械向智能化、环保和服务业的转型。

在智能农业装备的发展进程中，秉承与时俱进、创新驱动的发展理念，致力于推动农业装备的智能化、现代化进程。密切关注全球农业科技的发展趋势，及时引进和消化吸收国际先进技术，确保智能农业装备的技术水平和设计理念始终与时代发展保持同步。通过不断学习和借鉴国际先进经验，努力提升智能农业装备的竞争力，为农业现代化提供有力支撑。只有不断创新，才能突破传统农业装备的局限，满足日益增长的农业生产需求和资源环境约束。加大自主研发力度，鼓励企业、科研机构和高校等创新主体开展联合攻关，致力于突破智能农业装备的关键技术瓶颈。注重创新成果的转化应用，将科研成果迅速转化为实际生产力，推动智能农业装备的产业升级和市场化进程。

第二节　总体发展思路

全面贯彻落实党的国家建设农业农村现代化的精神，坚持以习近平新时代中国特色社会主义思想为引领，立足新发展阶段、贯彻新发展理念、构建新发展格局、推动高质量发展，以贯彻落实《国务院关于加快推进农业机械化和农机装备产业转型升级的指导意见》（国发〔2018〕42号）为总任务，以助力实施乡村振兴战略为重点，建立农机化发展协调推进机制，深入推进农业机械化供给侧结构性改革，着力补短板、强弱项、促协调，全面提升农机装备水平、作业水平、科技水平、服务水平、安全水平，推动农业机械化向全程全面高质高效发展升级，有力支撑现代农业发展和乡村全面振兴。

一、明确发展目标

四川省智能农业装备的发展目标定位为：成为国内领先的智能农业装备研发、制造和应用示范区，形成一批具有自主知识产权和核心竞争力的智能农业装备企业，推动农业生产方式智能化转型，提升农业综合生产能力。通过设定明确的目标，激发行业内外的活力和创造力，促进技术革新和产品升级，从而推动整个行业的健康发展。

鼓励和支持本土企业增加研发投入，特别是在自动化、机器人技术、人工智能及大数据等领域先进技术的引入和应用将极大地提升智能农业装备的技术水平和性能，为农业生产提供更高效、更精准的服务。同时，通过增加研发投入，四川省将培育一批具有自主知识产权和核心竞争力的智能农业装备企业，形成具有国际影响力的产业集群。建立智能农业装备产业园区，吸引国内外优秀企业和科研机构入驻，形成创新集群。产业园区将成为智能农业装备技术研发、成果转化和人才培养的重要基地，为产业发展提供有力支撑。通过集聚效应，产业园区将促进企业之间的合作与交流，推动技术创新和产业升级。持续优化政策环境，提供税收优惠、资金扶持等激励措施，降低创新创业门槛。政策措施将为智能农业装备产业的发展提供有力保障，吸引更多的投资者和创业者投身其中。同时，四川省还将建立健全智能农业装备的推广和应用体系，提高市场占有率和认知度。通过市场引导和政策支持，智能农业装备将在四川省得到广泛应用，推动农业生产方式的智能化转型。建立健全智能农业装备的推广和应用体系，提高市场占有率和认知度。

二、优化产业布局

根据四川省的农业资源禀赋和产业基础，合理规划智能农业装备的产业布局。四川省作为我国重要的农业大省，拥有丰富的农业资源和良好的产业基础，这为智能农业装备的发展提供了广阔的空间和潜力。在产业布局方面，重点发展智能农机具、智能灌溉设备、智能温室大棚等装备，装备是现代农业生产中的关键要素，能够提高农业生产的效率和质量，促进农业现代化进程。通过形成产业集群效应，四川省将能够吸引更多的相关企业和机构入驻，共同推动智能农业装备产业的发展。同时，加强产业链上下游的协同与创新，提升产业整体竞争力。优化产业布局能够实现资源的合理分配和高效利用，引导产业向优势区域集聚，形成特色鲜明、竞争力强的产业集群。

根据不同地区的农业特点和需求，定制化发展智能农业装备制造业是实现农业现代化的重要途径。这一战略不仅能够确保智能农业装备更好地满足各地农业生产的实际需求，还能够促进区域间资源共享，避免重复建设和无序竞争，从而推动整个产业的健康发展。为了实现这一目标，搭建平台促进产学研用紧密合作是关键。通过建立合作平台，可以汇聚学术界、科研机构、企业及用户的力量，形成合力，共同推动智能农业装备技术的研发和应用。这种合作模式有助于提升全产业链的技术水平和创新能力，为智能农业装备制造业的发展提供强大的动力。支持跨区域合作，打造跨区域的智能农业装备创新应用网络也是推动产业发展的重要举措。跨区域合作可以促进不同地区之间的技术交流和资源共享，加快智能农业装备的创新步伐。同时，通过构建创新应用网络，可以将优秀的智能农业装备技术迅速推广到更广泛的地区，提高其在农业生产中的实际应用效果。此外，定制化发展智能农业装备制造业还需要注重市场需求和用户体验。深入了解农业生产中的实际问题和需求，有针对性地研发和生产智能农业装备，可以更好地满足农民的需求，提高产品的市场竞争力。同时，关注用户体验，不断优化产品设计和功能，可以提升智能农业装备的易用性和实用性，使其真正成为农民的好帮手。

三、强化技术创新

加大技术创新投入，建立产学研用相结合的创新体系，是推动智能农业装备产业发展的关键举措。在当前科技飞速发展的背景下，智能农业装备的技术更新速度不断加快，只有不断创新才能保持产业的竞争力和活力。鼓励企业、高校和科研机构开展联合攻关，是实现技术创新的重要途径。通过整合各方资源和优势，可以形成强大的研发合力，共同突破智能感知、精准作业、信息化管理等关键技术。这些关键技术的突破将极大地提升智能农业装备的性能和智能化水平，使其更好地适应复杂多变的农业生产环境。同时，加强知识产权保护是激发创新活力的必要措施。只有确保创新者的合法权益得到保障，才能激发更多的创新热情和投入。加强知识产权保护还可以避免技术被侵权和抄袭，保护企业的核心竞争力，促进产业健康发展。强化技术创新还需要建立健全的创新激励机制。政府可以通过提供资金支持、税收优惠等政策手段，鼓励企业加大研发投入，推动技术创新。同时，建立科技成果评价和转化机制，促进科技成果的快速转化和应用，实现科技创新与经济发展的良性循环。

设立专项基金支持智能农业装备领域的前沿技术和基础研究，是推动产业发展的重要举措。这一基金的设立将有助于集聚资源，为智能农业装备领域的技术创新提供有力保障。鼓励与国际先进水平对标，引进国外先进技术并进行本土化改造和创新，是提升我国智能农业装备产业竞争力的关键。通过学习借鉴国际先进技术，结合我国农业生产实际，进行本土化改造和创新，可以迅速提升我国智能农业装备的技术水平和性能。建立成果转化机制，将科研成果快速转化为实际生产力，是实现科技创新与经济发展紧密结合的重要环节。通过建立有效的成果转化机制，可以确保科研成果能够迅速应用于生产实践，推动智能农业装备技术的快速迭代和升级。培养专业技术人才和创新团队，构建一支能够满足智能农业装备发展需要的高素质人才队伍，是实现产业持续发展的基础。通过加强人才培养和引进，建立激励机制，吸引和留住高层次人才，可以为智能农业装备产业的发展提供坚实的人才支撑。

四、推动示范应用

在四川省内建立一批智能农业装备示范应用基地，是推广先进智能农业装备和技术的有效途径。这些示范应用基地将作为智能农业装备技术的展示窗口，为农民提供直观的了解和体验机会。通过示范引领，可以带动周边地区农民使用智能农业装备，提高农业生产效率和质量。在示范应用基地中，农民可以亲身体验到智能农业装备带来的便利和高效，从而增强对智能农业装备的认知度和接受度。同时，示范应用基地还可以举办培训活动，向农民传授智能农业装备的操作和维护知识，提高他们的使用技能。收集应用反馈是优化装备性能的重要环节。通过与农民的互动交流，可以及时了解智能农业装备在实际使用中的问题和不足，从而对装备进行改进和优化。这种反馈机制能够确保智能农业装备技术不断创新，更好地满足农业生产的需求。示范应用基地还能够促进技术的广泛应用和传播。通过组织参观、交流等活动，可以将智能农业装备技术的先进性和应用效果传播给更多的农民和农业从业者，激发他们对新技术的热情和兴趣。此外，示范应用基地还可以与农业科研机构、高校等合作，共同开展技术研发和试验，推动智能农业装备技术的不断创新和进步。

选择具有代表性的优势农业区域，建立智能农业装备示范基地，是推动智能农业装备应用的有效策略。这些示范基地将作为智能农业装备的展示平台，向农民展示最新的智能农业技术和产品。定期举办智能农业装备展览会和使用培训，是提升农民对智能设备认知和操作能力的关键举措。通过展览会，农民可以近距离接触和了解各种智能农业装备，直观地感受其高效、便捷的特点。同时，使用培训可以帮助农民掌握智能农业装备的操作方法和维护技巧，提高他们的使用技能和信心。建立反馈机制，及时收集使用中的问题和建议，是不断完善产品性能和服务质量的重要保障。通过与农民的互动交流，可以及时获取他们对智能农业装备的使用体验和需求，从而对产品进行改进和优化。这种反馈机制能够确保智能农业装备始终贴近农业生产实际，满足农民的需求。加强与农业合作社、家庭农场等新型经营主体的合作，是拓展智能农业装备应用范围和深度的有效途径。这些新型经营主体通常具有较强的创新意识和市场意识，他们更加愿意尝试和应用新技术。通过与他们的合作，可以推动智能农业装备在更广泛的领域和更深层次的应用，实现农业生产的智能化和现代化。

第三节　战略目标

"十四五"时期是我国全面建成小康社会、实现第一个百年奋斗目标之后，乘势而上开启全面建设社会主义现代化国家新征程、向第二个百年奋斗目标进军的第一个五年。我国进入新发展阶段，发展基础更加坚实，发展条件深刻变化，进一步发展面临新的机遇和挑战。我国已转向高质量发展阶段，制度优势显著，治理效能提升，经济长期向好，物质基础雄厚，人力资源丰富，市场空间广阔，发展韧性强劲，社会大局稳定，继续发展具有多方面优势和条件。同时，我国发展不平衡不充分问题仍然突出，重点领域关键环节改革任务仍然艰巨，创新能力不适应高质量发展要求，农业基础还不稳固，城乡区域发展和收入分配差距较大，生态环保任重道远，民生保障存在短板，社会治理还有弱项。

一、2025年近景目标

到2025年，全国农机总动力稳定在11亿kW左右，显示出农业机械化的坚实基础和持续投入。农机具配置结构趋于合理，农业机械将更好地满足各种农作物的耕种需要，提高耕种效率和质量。农机作业条件显著改善，覆盖农业产前产中产后的农机社会化服务体系基本建立。农机使用效率显著提升。全国农作物耕种收综合机械化率达到75%，粮棉油主产县（市、区）基本实现农业机械化，丘陵山区县（市、区）农作物耕种收综合机械化率达到55%。设施农业、畜牧养殖、水产养殖和农产品初加工机械化率总体达到50%以上，促进农业产业的多元化和增值。农业机械化产业群产业链更加稳固，农机服务总收入持续增长，为农业机械化提供了稳定的市场和收入来源。农业机械化进入全程全面和高质量发展时期，标志着农业机械化的全面升级和深化应用。

随着技术进步和政策支持的不断加大，预计农业机械化将进一步促进农业生产方式的转变。通过提高农业劳动生产率、降低生产成本和增强国际竞争力，农业机械化将为国家经济发展作出更大贡献。同时，新型农业机械的研发与推广将更加注重资源节约和环境友好型技术的应用，未来的农业机械将更加节能环保，这将有助于可持续农业的实现，推动农业绿色发展，实现农业的绿色发展目标。智能化、精准化农机的应用将极大地提升农业生产的精细化管理水平，先进技术能够精确控制种子播种、水分灌溉、肥料施用等环节，从而实现科学种植。这将有助于减少化肥农药的过量使用，保护土壤和水资源，提高农产品的质量安全水平。通过科学种植，减少化肥农药使用和提高农产品质量，智能化、精准化农机将为农业生产提供强大的技术支撑，将有助于推动农业向高质量、高效率的方向发展，满足人民群众对优质农产品的需求。

二、2035年远景目标

到2035年，农业机械化取得决定性进展，主要农作物生产将实现全过程机械化。畜牧养殖、水产养殖机械化水平大幅度跃升，提高了养殖业的生产效率和质量。设施种植、农产品初加工机械化促进农产品增值能力显著增强，推动农业产业的增值和升级。"机械化+信息化、智能化"全面应用于农业机械化管理、作业监测与服务，标志着农业机械化的智能化和信息化时代的到来。农业生产基本实现机械化全覆盖，机械化全程全面和高质量支撑农业农村现代化的格局基本形成。

随着科技创新的不断加速和信息技术的深度融合，农业机械化领域正在迎来一场前所未有的变革。高度智能化的农机装备将成为农业生产各个环节的重要支撑，这些装备不仅能够显著提升作业效率和精度，还将大幅降低人工成本并提高作业安全性。智能农机装备的应用将极大地提升农业生产的自动化水平。通过精确控制耕作深度、播种密度、施肥量等关键因素，智能农机能够实现更为精准的农事操作，从而提高作物产量和品质。同时，智能农机装备的高效性能将减少机械故障和降低维修成本，进一步降低农业生产的总体成本。农机装备的智能化还将使远程监控和精准农业成为现实。农民可以通过智能手机或电脑远程控制农机，实时监控作物生长状况和农机工作状态，实现农业生产的精细化管理。这不仅提高了农业生产的灵活性和便捷性，还为农民提供了更多增收的机会。信息技术的融合将推动农业机械化向更加智能、高效、绿色的方向发展。智能农机装备能够根据土壤、气候等环境因素自动调整作业参数，实现最佳作业效果。同时，智能农机还能够收集和分析农业生产数据，为政策制定和市场预测提供准确的数据支持。

基于国家战略目标的宏观框架，四川省在制定智能农业装备发展战略时深入分析并结合本省的实际情况，制定符合本地特色的发展战略目标，以更好地服务于国家的整体发展目标，为实现全面建设社会主义现代化国家贡献力量。

（一）树立发展大农业观

2024年，中央一号文件提出，"树立大农业观、大食物观，多渠道拓展食物来源"。习近平总书记在湖南考察时强调，"坚持大农业观、大食物观，积极发展特色农业和农产品加工业，提升农业产业化水平"。"大农业观"是一个全面、立体和多元化的农业发展观念，它超越了传统的以耕地为中心的农业模式，强调对整个国土资源的利用。

大农业观从深化农业供给侧改革发力，构建多元化食物供给体系。大农业观的重要着力点在于深化农业供给侧改革，以多元化的食物供给体系更好地满足居民食物消费升级需求。一方面，大农业观区别于依赖耕地资源生产食物的传统农业，要求统筹考虑整个国土资源，充分挖掘资源禀赋优势，要按照习近平总书记指出的，向耕地草原森林海洋、向植物动物微生物要热量、要蛋白，全方位多途径开发食物资源。另一方面，大农业观不再局限于单一、平面的农业生产过程，而是强调通过技术创新、管理升级、产业协同等手段，构建立体、循环的农业产业链，兼顾经济效益、社会效益和生态效益。

树立"大农业观"是对"三农"工作提出的全新要求，它强调以全局的视角来解决农业现代化面临的挑战。这种观念倡导摒弃以往分散、孤立的工作方式，转而采取系统化、整体化的策略，以实现农业、农村和农民问题的协调发展。这涉及粮食、经济作物和饲料的统筹规划，农林牧渔的整合发展，种植、养殖与加工的一体化运营，以及一二三产业的深度融合。此外，生产、生活与生态的循环发展也是"大农业观"的重要组成部分。只有通过统筹谋划、一体化设计和系统推动，才能有效解决矛盾和问题，避免它们对农业现代化进程的制约，确保乡村振兴和农业农村现代化的决策部署能够落地生根，发挥实效。大农业观的提出，是对农业现代化和国家粮食安全的积极响应，旨在通过创新和改革，推动农业产业的整体升级和可持续发展。

（二）构建农业生产全产业链、优化产业结构

农业生产全产业链是指覆盖农产品从生产到消费的各个环节，形成一个完整的、连贯的产业链条。这个概念涵盖了农产品的种植（养殖）、收获、加工、贮存、运输、销售直至最终消费的全过程。全产业链的目的是确保农产品从生产源头到最终消费者手中的每一个环节都能得到有效管理和控制，以提高效率、降低成本、保障食品安全、提升产品品质，并实现农业产业的可持续发展。这种模式通过对产品质量进行全程控制，实现食品安全可追溯，打造"安全、放心、健康"的食品产业链。

习近平总书记在广西考察时提出，要立足特色资源，坚持科技兴农，因地制宜发展乡村旅游、休闲农业等新产业新业态，贯通产加销，融合农文旅，推动乡村产业发展壮大，让农民更多分享产业增值收益。总书记的讲话，为理解农业全产业链发展、打造乡村产业"升级版"的重要内涵提供了重要依据。

充分发挥农业多种功能，推动形成辐射式产业体系，提升整体功能效益。农业全产业链是当前我国乡村作为兼具自然、社会、经济体特征中，聚集农业生产、生活、生态、文化四大功能的综合体现，是"产加销"一体化经营、"农文旅"有机结合的农业产业化"一条龙"经营模式。围绕"农业+"，形成主导产业带动关联产业的辐射式产业体系，有利于充分发挥农业的食品保障、生态涵养、休闲体验、文化传承等功能，提升整体功能效益，从而推动农业及其相关联产业产值上升，为乡村全面振兴铸就坚实基础。

有效衔接农业各环节各主体，形成协同发展的有机整体，转变农业发展方式。围绕区域农业主导产业，全产业链包含研发、生产、加工、贮运、销售、品牌、体验、消费、服

务等各个环节，涵盖龙头企业、农民合作社、家庭农场、农户及育种公司、农资供应、科研团队、技术培训、生产服务和担保贷款等多个主体。打造农业全产业链，将各个环节、各个主体紧密关联、有效衔接、耦合配套，形成既相互不可替代又相互不可分离的有机整体，有利于推动农业从资源型向内涵型，从产量型向质量型的发展方式转变。

农业农村部在《关于加快农业全产业链培育发展的指导意见》（以下简称《意见》）中明确提出，到2025年，要培育一批年产值超百亿的农业"链主"企业，打造一批全产业链价值超百亿的典型县，发展一批省域全产业链价值超千亿的重点链。《意见》中强调要坚持统筹谋划、协同推进、创新驱动和联农带农，构建完整完备的农业全产业链。这包括聚焦规模化主导产业，建设标准化、规模化、机械化、优质化的原料基地；发展精细化综合加工，实现减损增效；搭建体系化物流网络，提高农产品商品化处理能力；开展品牌化市场营销，塑强精品区域公共品牌；推进社会化全程服务，建立社会化、专业化、市场化服务体系；推广绿色化发展模式，实现全产业链全程绿色化发展；促进数字化转型升级，构建全过程管理数据和分析服务模型。

农业农村部还印发了《关于开展全国农业全产业链重点链和典型县建设工作的通知》，旨在依托乡村优势资源，贯通产加销、融合农文旅，打造农业全产业链，树立农业全产业链标杆，推动乡村产业高质量发展，让农民分享更多产业增值收益。

全产业链的构建不仅有助于提升农业生产的效率和农产品的质量，还能促进农民增收，推动农业现代化和乡村振兴。通过全产业链的整合，可以更好地满足市场需求，提高农业竞争力，实现农业可持续发展。根据市场需求和资源禀赋，合理调整各产业的布局和规模。在水资源丰富的地区重点发展水产养殖，在山区和丘陵地带发展林果业。通过优化产业结构，实现农业资源的合理配置，提高农业综合生产能力和抗风险能力。

（三）技术创新驱动，信息化智能化融合赋能智能农业装备高质量发展

信息化智能化融合是未来农业装备发展的必然趋势。加快推进智能农业装备与互联网、大数据、人工智能等信息技术的深度融合，实现农业装备的智能化作业和信息化管理。通过在农业装备上安装传感器、摄像头等智能感知设备，实时采集土壤、气候、作物生长等信息，并通过无线网络传输到云平台进行分析处理，为农业生产提供精准的决策支持。推动信息技术，如物联网、大数据、移动互联网、智能控制和卫星定位等，在农业机械和作业中的广泛应用，以提升农业机械化的智能化水平。制定高端农业机械的技术发展蓝图，以指导智能高效的农业机械装备的研发和快速进步。鼓励行业内的领先企业与主要用户建立紧密的合作关系，创建一个互相促进的研发、生产和应用机制，以实现农业机械向智能化、环保和服务业的转型。

建立数字农业的示范点，如精准耕作的大田作物、智能化的养殖和园艺作物生产等，

以展示智能农业机械与智慧农业、云农场建设等的集成发展。推广"互联网+农业机械作业"模式，加速信息化服务平台在农机作业监控、维护诊断和远程调度等方面的应用，确保数据信息的互联互通，从而提升农业机械作业的质量和效率。通过这些措施，可以构建一个高效、环保、服务导向的现代农业机械体系。

（四）促进就业创业，增加农民收入

智能农业装备产业的发展将为四川省创造大量的就业和创业机会，对于缓解就业压力、促进社会稳定具有重要意义。

在就业方面，智能农业装备的研发、生产、销售、售后服务等环节都需要大量的专业人才，包括机械工程师、电子工程师、软件工程师、营销人员、售后服务人员等。一家智能农业装备制造企业的生产基地可以提供数百个就业岗位，带动当地就业。同时，农业装备的推广应用也将促进农业生产方式的转变，创造出更多与农业现代化相关的就业岗位，如农业技术指导员、农业信息管理员等。

在创业方面，智能农业装备领域的发展为创业者提供了广阔的空间。创业者可以围绕智能农业装备的研发、生产、销售、租赁、维修等环节开展创业活动。创业者可以成立智能农业装备租赁公司，为农民提供设备租赁服务；也可以开展智能农业装备的维修和保养业务，为用户提供专业的技术支持。

政府应出台相关政策，鼓励和支持就业与创业。提供创业培训、创业贷款、税收优惠等政策支持，为创业者创造良好的创业环境。同时，加强职业教育和技能培训，提高劳动者的素质和技能水平，使其更好地适应智能农业装备产业发展的需求。

增加农民收入是四川省智能农业装备发展战略的核心经济目标之一。通过推广应用智能农业装备，提高农业生产效率，降低生产成本，增加农产品产量和质量，从而实现农民收入的持续增长。一方面，智能农业装备的应用能够实现精准播种、施肥、灌溉和病虫害防治等作业，提高农业资源的利用效率，减少浪费。另一方面，智能化的农产品加工设备能够提升农产品的附加值，使农民在销售环节获得更多收益。

（五）加强人才培养和引进，完善农业技术人才培养体系

人才是智能农业装备发展的关键因素。对于四川省而言，构建完备的农业技术人才培养体系至关重要，尤其要在农业工程、信息技术、农业经营管理等领域加大人才培养力度，从而为智能农业装备的蓬勃发展提供坚实且有力的人才支撑。一方面，强化高校相关专业建设势在必行。高校应积极优化课程设置，致力于培养既精通农业知识又熟稔工程技术的复合型人才。在高校有针对性地开设智能农业装备工程专业，这一专业不仅要涵盖农业机械原理、农业信息化技术、农业自动化控制等基础课程，还应融入农业生态、农

产品加工等关联课程，形成全面且系统的知识体系。同时，大幅增加实践教学环节，通过建立校内实训基地、与企业合作开展校外实习等方式，让学生能够亲身参与智能农业装备的设计、制造和调试，切实提高学生的实际操作能力。安排学生到智能农业装备制造企业实习，在真实的工作环境中熟悉生产流程和技术应用，从而更好地将理论知识与实践相结合。另一方面，广泛开展职业技能培训不可或缺。要针对广大农民和农业从业者，精心组织智能农业装备操作和维修技能培训。这些培训课程应紧密结合实际生产需求，以通俗易懂的方式传授智能装备的正确操作方法、常见故障排除技巧及日常维护要点。通过案例分析、现场演示和实际操作等多样化的教学形式，让参与者能够直观地理解和掌握相关技能，从而显著提高智能农业装备在实际生产中的应用水平。可以在农业主产区设立流动培训点，定期举办短期培训班，邀请经验丰富的技术人员进行授课和指导，让农民能够在农闲时节便捷地参加培训，及时更新知识和技能。同时，制定并推行优惠政策意义重大。要通过提供优厚的待遇和良好的发展环境，吸引高层次人才和创新团队扎根四川。为高层次人才提供住房补贴、科研启动资金、子女教育优惠等一系列切实的福利，解决他们的后顾之忧，让他们能够全身心地投入到智能农业装备的研发和创新工作中。此外，积极营造良好的创新创业环境，搭建交流合作平台，举办各类创新创业大赛和学术研讨会，激发人才的创新活力和创造力。还要加强与企业的深度合作，建立稳固的实习基地和产学研合作项目。学校和企业共同制定培养方案，让学生在学习过程中参与企业的实际项目，了解市场需求和行业动态，培养他们的实践能力和创新精神。企业也能够提前发现和培养符合自身需求的人才，实现学校、企业和学生的三方共赢，为企业源源不断地输送急需的专业人才。

（六）推动农业发展绿色转型，促进资源节约与循环利用

生态绿色可持续发展已成为农业领域发展的重要要求。在智能农业装备发展战略目标的制定中，将生态绿色可持续理念充分融入其中，具有至关重要的意义。

减少农业面源污染是实现生态绿色可持续的关键一步。积极推广绿色、环保的智能农业装备能够有效降低农药、化肥的使用量，从而最大限度地减少对土壤和水体的污染。通过使用精准施肥、施药的智能设备，根据农作物的实际需求进行精确投放，避免传统施肥、施药方式中普遍存在的过量使用问题。引入了先进的智能施肥设备后，经过科学监测和精准调控，减轻了土壤的负担，降低了水体富营养化的风险，还为农产品的质量安全提供了有力保障。

促进资源节约与循环利用是实现可持续发展的核心环节。充分利用智能农业装备来实现水资源和能源的高效利用，对于推动农业废弃物的资源化利用具有重要意义。大力推广智能灌溉系统，通过传感器实时监测土壤湿度和作物需水量，实现精准灌溉，从而显著提

高水资源利用率。积极发展农业废弃物处理设备，将农业生产的废弃物转化为有价值的有机肥料或能源。安装了智能沼气池，将畜禽粪便等废弃物进行厌氧发酵，产生的沼气用于发电和供热，沼渣沼液则作为优质有机肥料还田，实现资源的循环利用，降低对外部能源和化学肥料的依赖。

四川省在制定智能农业装备发展战略目标时，必须充分考虑上述各个方面。要结合自身丰富的自然资源优势和独特的农业发展需求，制定出具有科学性、前瞻性和可行性的目标。只有这样，才能在推动农业现代化的进程中，实现生态绿色可持续发展，留下一片美丽富饶的土地和一个健康和谐的生态环境，让农业在科技的引领下与自然和谐共生，为四川的农业发展描绘出一幅充满希望和生机的绿色画卷。

综上所述，四川省智能农业装备发展战略目标的制定，旨在通过树立全面的大农业观，推动农业向多元化、全产业链发展转型。这一战略着重于技术创新，以智能化、信息化赋能农业，提升生产效率，降低成本，同时确保生态绿色可持续发展。通过构建全产业链，优化产业结构，加强原创性科技攻关，以及智能化信息化的深度融合，四川省致力于提高农业竞争力和综合效益。此外，人才培养和引进是战略的关键，完善的农业技术人才培养体系将为智能农业装备发展提供人才支撑。最终，通过这些措施，四川省将促进农民增收，推动农业现代化和乡村振兴，实现农业产业的整体升级和可持续发展。

第四节　战略步骤

智能农机发展战略步骤是一个系统化、分阶段实施的过程，旨在推动农业机械化向智能化转型，提高农业生产效率和现代化水平。

一、市场调研与需求分析

在制定智能农机发展战略之前，确实必须首先进行深入的市场调研。这包括收集和分析当前农业机械化的普及程度、存在的瓶颈、农民对智能农机的认知和接受度。同时，需要考察国内外智能农机技术的最新进展，包括自动化、精准农业、物联网技术等在农业中的应用情况。调研还应涵盖市场需求预测、潜在用户群体的特征，以及智能农机带来的生产效率和经济效益。此外，政策环境、资金支持、技术研发能力、产业链协同也是调研的重点内容。这些信息将为智能农机发展战略的制定提供坚实的数据支撑和决策依据，确保战略规划的科学性、前瞻性和可实施性。

二、顶层设计与规划

根据市场调研结果，进行智能农机发展的顶层设计和制定长远规划，这是推动智能农机有序发展的重要基础。在顶层设计中，要充分考量国内外农业发展趋势、市场需求变化及技术创新动态。明确发展目标，不仅要追求智能农机数量的增长，更要注重其质量和性能的提升，以适应多样化的农业生产环境。划定重点领域，着重发展适合大规模农田作业的高效智能联合收割机、精准播种机，以及适应小块农田和复杂地形的小型智能化农机。聚焦关键技术，如先进的传感器技术，以实现对土壤状况、作物生长的实时精准监测；强大的智能控制系统，能够自动优化农机作业参数；高效的新能源动力技术，降低能耗和环境污染。清晰规划实施路径，包括分阶段的研发计划、技术推广策略、人才培养方案等。通过明确各阶段的具体任务和时间节点，确保规划的可操作性和可持续性，为智能农机的长远发展提供清晰的路线图，有力推动农业现代化进程。

三、人才引进与培养

人才培养与引进是智能农机发展战略的关键支柱。必须加强农业工程学科的建设，确保教育内容与时俱进，满足智能农机发展的需求。通过与行业标准对接，制定专业认证标准，可以引导高等教育机构设置和优化相关专业，如农业机械化及其自动化、农业信息化、农业工程等，为智能农机领域培养具备扎实理论基础和实践能力的人才。此外，教育和培训项目应该强调创新思维和应用技能的培养，以适应技术快速发展和行业需求的变化。同时，高校和职业院校应与企业建立紧密的合作关系，通过校企联合、产学研一体化的模式，为学生提供实践平台，加强学生的工程实践能力和创新能力。这种合作还可以促进教育内容与企业实际需求的紧密结合，提高教育的针对性和实效性。

除了培养人才，引进高端人才也是推动智能农机发展的重要途径。需要制定有吸引力的人才引进政策，吸引国内外在智能农机领域有深厚研究和丰富经验的专家学者、技术人才，以带动国内智能农机技术的创新和发展。通过国际交流与合作，引进先进的教育理念和技术经验，提升国内智能农机人才的国际视野和竞争力。通过加强学科建设、校企合作、专业认证及高端人才引进等措施，可以构建一个多层次、多元化的人才培养和引进体系，为智能农机的持续发展提供强有力的人才支持。

四、技术研发与创新

在智能农机发展的关键技术研发与创新方面，必须集中资源和力量，致力于突破一系列核心技术，以推动农业机械化向智能化的转型升级。这包括但不限于精准农业技术，它利用先进的传感器和软件系统实现作物生长的精确监控和管理；农业机器人，能够自动执行播种、除草、收割等农业作业；无人驾驶农机，通过集成导航系统和自动驾驶技术减少人工干预，提高作业效率和安全性；智能监控系统，通过实时数据采集为农业生产提供全面的监控和管理；数据分析技术，它通过分析大量农业生产数据，为农业决策提供科学依据。此外，研发工作还应涵盖智能化控制系统、机器学习算法、物联网集成，以及大数据处理能力，这些都是提升智能农机性能和适应性的关键。通过这些技术的研发和创新，可以显著提高农业生产的自动化、精准化水平，降低生产成本，提高作物产量和质量，最终实现农业的可持续发展。

五、智能农机装备的研制与生产

智能农机装备的研制与生产是实现农业现代化的重要环节。要依托已有的研发成果，不断深化技术创新，开发适应不同农业场景和作物需求的智能农机产品。在这一过程中，要关注提高装备的自动化和智能化水平，如集成先进的传感器、控制系统、物联网技术，以及机器学习算法，使农机装备能够实现自主导航、精准作业、智能诊断和远程监控等功能。在生产方面，要采用现代化的生产管理方法，如精益生产和智能制造，确保产品质量和生产效率。同时，注重模块化设计和柔性生产线的建设，以适应市场多样化的需求，快速响应市场变化。此外，生产过程中还应考虑环境友好和可持续发展的原则，减少能源消耗和环境污染。为了满足现代农业生产的需求，智能农机装备不仅要提高作业效率，还要提高作物产量和品质，降低生产成本，提升农民的收益。这就需要在研制过程中深入研究农业生产的实际需求，结合农业生物学、土壤学等多学科知识，开发出更加精准、高效的智能农机装备。最终，智能农机装备的研制与生产应与农业产业升级紧密结合，推动农业向数字化、智能化转型，为实现乡村振兴战略和农业可持续发展目标提供有力的技术支撑和装备保障。通过不断的技术革新和产品升级，能够为农业生产提供更加智能化、自动化的解决方案，促进农业生产方式的根本变革。

六、基础设施建设与服务体系建设

基础设施建设与服务体系建设是智能农机发展战略中不可或缺的一环，它们为智能农机的有效运用和推广提供了必要的支撑。首先，加强智能农机服务网络的建设意味着要在关键农业区域建立服务中心，这些中心不仅提供基本的技术支持和维修保养服务，确保智能农机的正常运行和及时更新，还要能够根据农户的具体需求提供定制化解决方案。服务体系的建设还包括对农户和农机操作人员的培训指导，通过系统化的培训课程，提高他们对智能农机操作的熟练度和维护能力，确保智能农机的高效使用。培训内容应涵盖智能农机的基本操作、故障排除、软件更新及现代农业生产技术等方面。其次，为了构建完善的智能农机服务体系，还需要发展远程诊断和在线服务，利用物联网和云计算技术实现对农机设备的实时监控和数据分析，提前预警潜在的故障和性能下降，减少停机时间，提高作业效率。同时，建立配件供应网络，确保维修保养所需的配件能够快速供应，减少农户的等待时间。最后，服务体系的建设还应包括政策咨询和市场信息服务，帮助农户了解智能农机相关的政策支持、补贴信息及市场动态，增强农户采用智能农机的意愿和信心。通过这些综合措施，可以建立起一个全面、高效的智能农机服务体系，为智能农机的广泛应用和农业现代化提供坚实的服务保障。

七、示范推广与应用

示范推广与应用是智能农机发展战略中至关重要的一环，它直接关系到智能农机能否被广泛接受并应用于实际生产中。通过建立示范区，可以集中展示智能农机的高效性能和便捷操作，使农民和农业企业直观地感受到智能农机带来的变革。这些示范区应选择具有代表性的农业区域，涵盖不同的作物种植、养殖模式和农业生产条件，以确保示范效果的广泛适用性。开展示范项目时，应注重实践性和互动性，鼓励农民参与到智能农机的操作体验中来，通过实际操作了解智能农机的使用方法和维护要点。同时，组织专业团队提供现场指导和咨询服务，解答农民的疑问，帮助他们掌握智能农机的关键技术。此外，推广智能农机装备和技术还需要借助多种渠道和方式。举办智能农机展览和现场演示会，利用媒体和网络平台进行宣传报道，开展智能农机知识讲座和培训班，以及通过政策宣讲会等形式，提高智能农机的社会认知度和影响力。为了扩大推广效果，还可以探索与农业合作社、农业龙头企业等新型农业经营主体的合作模式，将智能农机与现代农业生产方式相结合，形成可复制、可推广的生产模式。通过这些新型经营主体的示范带动，可以更快地将智能农机推广到更广泛的农业生产中。示范推广与应用的过程中，要注重收集用户反馈和使用数据，及时总结经验，不断优化智能农机的性能和应用模式。通过持续的努力，智能农机将逐渐成为现代农业生产的重要支撑，推动农业生产方式向智能化、精准化、高效化方向发展。

八、政策支持与激励

政策支持与激励是推动智能农机发展的关键因素。政府应出台一系列扶持政策，为智能农机的创新与应用提供坚实的政策保障和激励机制。这包括但不限于财政补贴政策，以降低智能农机的研发和生产成本，鼓励企业投入更多资源进行技术攻关；税收优惠政策，减轻企业税收负担，提高智能农机的市场竞争力；融资支持措施，为智能农机相关项目提供低息贷款或贷款贴息，降低企业的融资难度和成本。此外，政策还应包括对购买和使用智能农机的农户给予补贴，激发他们的使用热情，加速智能农机的普及。通过这些综合措施，可以有效地促进智能农机的技术创新，加快智能农机的产业化进程，提升农业现代化水平。

九、监测评估与持续改进

监测评估与持续改进是确保智能农机发展战略取得实效的重要环节。为此，必须建立一套科学、系统的监测评估机制，对智能农机发展的各项指标进行定期、全面的跟踪和评价。这包括对智能农机技术进步、生产效率、市场接受度、用户满意度及经济效益等方面的监测。通过收集和分析数据，评估智能农机在实际应用中的表现，及时发现问题和不足，为决策提供依据。评估结果应公开透明，接受社会监督，确保评估工作的客观性和公正性。根据评估结果，需要对智能农机发展战略进行动态调整和优化。这可能涉及技术研发方向的调整、产品功能的改进、市场策略的优化、服务体系的完善等。持续改进是一个循环往复、螺旋上升的过程，需要不断地总结经验、吸取教训，以适应不断变化的农业发展需求和技术进步。此外，监测评估与持续改进还需要建立反馈机制，鼓励农户、企业、科研机构等各方参与到智能农机的发展中来，提出宝贵的意见和建议。通过集思广益，汇聚各方智慧，共同推动智能农机的创新和发展。最后，监测评估与持续改进应与人才培养、技术研发、示范推广等环节紧密结合，形成闭环管理，确保智能农机发展战略的连贯性和协调性。通过持续努力，智能农机将在推动农业现代化、提高农业生产效率、促进农民增收等方面发挥越来越重要的作用。

第五节　发展重点

一、智能农业装备研发与制造

（一）完善农机装备创新体系

自主研发能力是智能农业装备发展的核心竞争力。瞄准农业机械化需求，加快推进农机装备创新，研发适合国情、农民需要、先进适用的各类农机，加强顶层设计与动态评估，建立健全部门协调联动、覆盖关联产业的协同创新机制，增强科研院所原始创新能力，完善以企业为主体、市场为导向的农机装备创新体系，研究部署新一代智能农业装备科研项目，支持产学研推用深度融合，推进农机装备创新中心、产业技术创新联盟建设，协同开展基础前沿、关键共性技术研究，促进种养加、粮经饲全程全面机械化创新发展。加大在智能农业装备技术研发方面的投入，整合高校、科研机构和企业的研发资源，组建产学研创新联盟，共同攻克关键核心技术，提高自主创新水平。政府设立专项科研基金，鼓励科研人员开展前沿技术研究，如智能感知技术、精准作业技术、农业机器人技术等。加强知识产权保护，激励企业加大研发投入，形成自主创新的良好氛围。

（二）推进农机装备全产业链协同发展

推动新一代智能化农业装备的研发项目，鼓励产学研用各环节的深度整合，加快农业机械装备创新中心和产业技术创新联盟的建设。通过这些平台，共同致力于基础研究和关键技术的突破，推动种植、养殖到加工等各个环节的机械化和创新发展。激励企业对高端农业机械装备进行工程化验证，加强与新型农业经营主体的合作，探索"企业+合作社+基地"的新型农机研发、生产和推广模式，以不断提升创新能力。此外，培育一批技术先进、成长性强的农业机械高新技术企业，推动农业机械装备领域的高新技术产业发展，为农业现代化贡献力量。推动智能农业装备制造业的蓬勃发展，使其成为地区经济增长的重要引擎。

（三）优化智能农机装备产业结构布局

鼓励大型企业由单机制造为主向成套装备集成为主转变，支持中小企业向"专、精、特、新"方向发展，构建大中小企业协同发展的产业格局。根据四川省农业生产布局和区域地势特点等，紧密结合农业产业发展需求，以优势农机装备企业为龙头带动区域特色产业集群建设，推动农机装备均衡协调发展。支持企业加强农机装备研发生产，优化资源配置，积极培育具有国际竞争力的农机装备生产企业集团。推动先进农机技术及产品"走出去"，鼓励优势企业参与对外援助和国际合作项目，提升国际化经营能力，服务"一带一路"建设。加强与国内外先进科研机构和企业的合作交流，引进吸收先进技术和经验，结合本省实际情况进行创新和改进。鼓励企业建立研发中心，提高自主研发能力和产品创新能力。

二、智能农业装备推广应用

（一）加强绿色高效新机具新技术示范推广

围绕农业结构调整，加快果菜茶、牧草、现代种业、畜牧水产、设施农业和农产品初加工等产业的农机装备和技术发展，推进农业生产全面机械化。加强薄弱环节农业机械化技术创新研究和农机装备的研发、推广与应用，攻克制约农业机械化全程全面高质高效发展的技术难题。稳定实施农机购置补贴政策，对购买国内外农机产品一视同仁，最大程度地发挥政策效益，大力支持保护性耕作、秸秆还田离田、精量播种、精准施药、高效施肥、水肥一体化、节水灌溉、残膜回收利用、饲草料高效收获加工、病死畜禽无害化处理及畜禽粪污资源化利用等绿色高效机械装备和技术的示范推广。加大农机新产品补贴试点力度，支持大功率、高性能和特色、复式农机新装备示范推广。鼓励金融机构针对权属清晰的大型农机装备开展抵押贷款，鼓励有条件的地方探索对购买大型农机装备贷款进行贴息。积极推进农机报废更新，加快淘汰老旧农机装备，促进新机具新技术推广应用。积极发展农用航空，规范和促进植保无人机推广应用。

（二）提高智能农业装备技术推广力度

强化农业机械化技术推广机构的能力建设，加大新技术试验验证力度。推行政府购买服务，鼓励农机科研推广人员与农机生产企业、新型农业经营主体开展技术合作，支持农机生产企业、科研教学单位、农机服务组织等广泛参与技术推广。运用现代信息技术，创新"田间日"等体验式、参与式推广新方式，切实提升农业机械化技术推广效果。提高农机公益性试验鉴定能力，加快新型农机产品检测鉴定，充分发挥农机试验鉴定的评价推广作用。

（三）推动智慧农业示范应用

促进物联网、大数据、移动互联网、智能控制、卫星定位等信息技术在农机装备和农机作业上的应用。编制高端农机装备技术路线图，引导智能高效农机装备加快发展。支持优势企业对接重点用户，形成研发生产与推广应用相互促进机制，实现智能化、绿色化、服务化转型。建设大田作物精准耕作、智慧养殖、园艺作物智能化生产等数字农业示范基地，推进智能农机与智慧农业、云农场建设等融合发展。推进"互联网+农机作业"，加快推广应用农机作业监测、维修诊断、远程调度等信息化服务平台，实现数据信息互联共享，提高农机作业质量与效率。

三、智能农业装备社会化服务体系建设

（一）推动智能农业装备社会化服务体系建设

为了推动农业现代化和提升农业生产效率，发展智能农业装备社会化服务体系成为关键。这一体系的建设旨在通过培育和壮大使用智能农业装备的农机大户、专业户、合作社和作业公司等新型服务组织，来支持多种形式的适度规模经营。鼓励家庭农场、农业企业等新型农业经营主体积极参与农机作业服务，利用先进的智能农业装备提升农业生产的智能化和自动化水平。智能农业装备社会化服务体系的建设需要金融支持政策的落实。政策将引导金融机构增加对智能农机企业和服务组织的信贷投放，开发适应智能农业装备特点的信贷产品，并提供定制化的融资方案。在合规和审慎的基础上，开展面向家庭农场、农机合作社和农业企业的农机融资租赁业务及信贷担保服务，降低他们的融资门槛和成本。

鼓励发展农机保险，为智能农业装备提供风险保障，减少农业生产中的不确定性。对于有条件的农机大省，可以选择重点智能农机品种，支持开展农机保险业务，加强业务指导，确保保险服务的有效性。

智能农业装备融资租赁服务将按规定享受增值税优惠政策，减轻智能农机租赁企业的税负。同时，允许租赁智能农机设备的实际使用人按规定享受农机购置补贴，进一步降低他们的使用成本。农业机械耕作服务也将按规定适用增值税免征政策，鼓励更多的服务组织和个人投入到智能农业装备的使用和推广中。通过这些措施，智能农业装备社会化服务体系将得到有效的建设和完善，不仅能够提升农业生产的效率和质量，还能够促进智能农业装备的广泛应用，推动农业向现代化、智能化、绿色化方向发展，实现农业产业的全面升级和可持续发展。

（二）推进智能农业装备社会化服务体制创新

为促进农业现代化及小农户与现代农业的有效衔接，智能农业装备社会化服务体制的创新成为推动农业发展的新引擎。这一体制创新鼓励农机服务主体采取跨区作业、订单作业、农业生产托管等多种形式，提供高效便捷的智能农机作业服务，实现小规模农户与现代农业技术的有机结合。

在推动农业绿色发展方面，政府将按规定通过购买服务的方式，积极支持环保型智能农机服务，以促进可持续农业实践。同时，鼓励农机服务主体与家庭农场、种植大户、普通农户及农业企业合作，组建农业生产联合体，通过共享机具资源，实现互利共赢，提升整体农业生产效率。

智能农业装备社会化服务体制还支持农机服务主体及农村集体经济组织规划建设必要的基础设施，如集中育秧设施，农机具存放处，农产品产地贮藏、烘干、分等分级设施，以及区域农机维修中心，这些设施的建设将为农机服务提供坚实的物质基础。

体制创新还包括推动农机服务业态创新，建设"全程机械化+综合农事"服务中心，为周边农户提供从种植到收获的全程机械化作业，以及农资统购、技术培训、信息咨询、农产品销售对接等"一站式"综合服务，增强农业服务的综合性和便捷性。为降低农机服务主体的运营成本，继续落实免收跨区作业的联合收割机、运输联合收割机和插秧机车辆的通行费等优惠政策，确保农机服务主体能够高效、低成本地为农业生产提供服务。通过这些措施，智能农业装备社会化服务体制将更加完善，能够更好地适应现代农业发展的需要，推动农业向智能化、精准化、高效化方向发展，为农业现代化注入新的活力。

四、智能农业装备人才培养体系建设

（一）健全新型智能农业装备人才培养体系

为适应现代农业发展的需求，特别是智能农业装备领域的快速发展，必须加强农业工程学科的建设，并制定具有中国特色的农业工程类专业认证标准。这些标准将指导高校积极设立相关专业，致力于培养具备创新能力、实践技能和多学科知识背景的智能农业机械化人才。教育部门和高校应扩大农业工程类专业的招生规模，特别是在硕士和博士研究层面，以培养更高层次的智能农业装备专业人才。同时，通过加大"卓越农林人才教育培养计划"和"卓越工程师教育培养计划"对智能农机人才的支持力度，鼓励高校开展面向农业机械化和智能农机装备产业转型升级的新工科研究与实践。构建产学合作协同育人项目实施体系，推动高等教育与产业界的紧密合作，是培养智能农业装备人才的关键。支持优势农机企业与学校共建共享工程创新基地、实践基地、实训基地，为学生提供实际操作和创新实践的机会，加强学生的实践能力和工程技能。

现代农业装备职业教育集团应充分发挥作用，通过整合各方资源，提供更加专业化和系统化的职业教育及培训服务，满足智能农业装备行业对各类人才的需求。国际交流与合作对于提升智能农业装备人才的全球视野和创新能力至关重要。鼓励农机人才参与国际交流，支持专业人才出国留学、参与国际联合培养项目，同时积极引进国际农机装备领域的高端人才，促进国内外人才和技术的交流互鉴。

健全的新型智能农业装备人才培养体系将为农业现代化提供强有力的人才支持，推动智能农业装备技术创新和产业发展，为实现农业现代化和乡村振兴战略目标作出贡献。

（二）注重智能农业装备实用型人才培养

在推动智能农业装备行业发展的进程中，实用型人才的培养显得尤为关键。实施新型职业农民培育工程，旨在加大对农机大户、农机合作社带头人的支持力度，特别是针对智能农业装备领域。通过政策扶持和专业培训，提升这些带头人的管理能力和专业技能，使他们成为智能农业装备应用的引领者和推广者。

为了培养更多精通智能农业装备的生产和使用的"土专家"，需要大力弘扬工匠精神，鼓励精益求精的态度和对技术细节的深入钻研。这些基层实用人才在推动技术进步和机械化生产中扮演着不可或缺的角色，他们的实践经验和技能对于解决实际问题、提升作业效率至关重要。

通过购买服务、项目支持等方式，鼓励和支持农机生产企业、农机合作社培养具备农机操作、维修等实用技能的人才。这不仅能够提升智能农业装备的使用效率和降低故障率，还能增强智能农业装备的社会化服务能力。同时，加强基层农机推广人员岗位技能的培养和知识更新至关重要。通过定期培训和技能提升，确保他们能够掌握最新的智能农业装备技术和应用方法，更好地服务于农业生产。

第六章

四川省农业装备智能化提升路径研究

以服务乡村振兴战略实施和农业农村现代化对机械化生产的需要为目标，以深化和推动农业机械化供给侧结构性改革为主线，加大智能农机装备研发、关键核心技术攻关力度；推进产学研推用相结合，强化数字农业、智能农机等国家技术创新中心或工程中心建设，探索建立无人农场、无人牧场、无人渔场等试点；大力推动机械化与种养制度模式、智能信息技术、农业经营方式、农田建设标准相融合相适应，构建基于农机农艺融合、机械化信息化融合的农业机械化生产技术体系框架，加快推进农业机械化向全程全面高质高效升级、向高质量发展迈进，为保障粮食等重要农产品有效供给、巩固和促进脱贫地区产业持续发展、基本实现农业农村现代化、全面推进乡村振兴提供强大支撑。

农业机械化和农机装备是转变农业发展方式、提高农村生产力的重要基础。当前四川地区仍然存在农业机械化和农机装备产业发展不平衡不充分的问题，特别是农机科技创新能力不强、部分农机装备有效供给不足、农机农艺结合不够紧密、农机作业基础设施建设滞后等问题亟待解决。基于以上问题，四川地区应该构建丘陵山区高效机械化生产体系。支持涉农企业、科研院所、高校建立农机农艺融合科研基地、试验场（站），开展丘陵山区农业机械化技术路线、机艺融合模式研究，优先支持涉及农机农艺融合的地方标准立项。大力推广适宜丘陵山区耕地、作物和适度规模生产的中小型、轻简化农业机械。加强农机农艺融合、机械化信息化融合，探索适合四川地区的农机服务模式与农业适度规模经营相适应、机械化生产与农田建设相适应的发展路径，以科技创新、机制创新、政策创新为动力，补短板、强弱项、促协调，推动农机装备产业向高质量发展转型，推动农业机械化向全程全面高质高效升级，为实现农业农村现代化提供有力支撑。

第一节　农机化发展系统框架

具体而言，如图6-1所示，可以农业机械化发展及农业装备转型升级为目标，从以下几个方面入手。

第一，加快推动农机装备产业高质量发展。从追求动力向追求质量、效率转型。不断完善农机装备创新体系，针对四川丘陵山区，研发轻便高效的作业机具；不断推进农机装备全产业链协同发展，从前期的市场调研和研发到后期的生产、推广应用及维修，全程跟踪、指导，及时发现并解决技术问题，推进各个环节协调发展；优化农机装备产业结构布局，促进农机装备产业链的整合和优化，加强上下游企业间协作，提高整个产业的价值链水平，推动农机装备产品的升级和更新换代，引导企业加大对高端产品的研发和生产，满

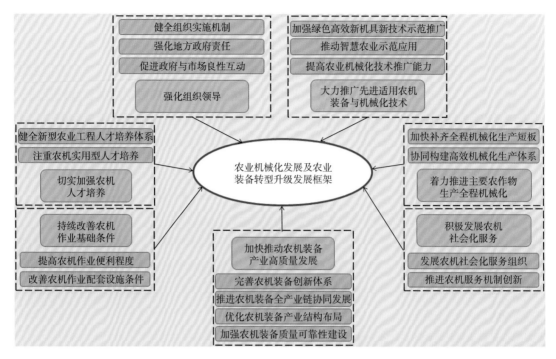

图6-1　农业机械化发展理论框架

足市场多样化的需求；加强农机装备质量可靠性建设，加强质量检测和监控，建立完善的质量管理体系，对每一个环节进行严格把控，确保产品符合标准；加强产品设计和研发能力，不断改进产品结构和性能，提高产品的可靠性和使用寿命；加强售后服务体系，建立完善的售后服务网络，及时解决用户的质量问题，提高用户满意度。

第二，持续改善农机作业基础条件，建立农机作业管理制度，加强对农机作业的监督和管理，确保农机作业安全、高效进行，提高农机作业便利程度，采用精细化管理技术，通过卫星定位、远程监控等手段实现农机作业的精准定位和调度，提高作业效率，避免重复作业，降低成本；改善农机作业配套设施条件，加强对农机作业配套设施的管理和维护，确保设施设备的正常运行，提供可靠的支持和服务，推广先进的智能农机作业配套设施，包括自动驾驶、远程监控和数据分析等技术，提高农机作业的智能化水平。

第三，积极发展农机社会化服务，通过建设农机社会化服务体系，实现农机资源的共享利用、生产经营的信息化管理、农业技术的智能化应用，发展农机社会化服务组织，积极发展农机社会化服务，可以有效提高农业生产效率，降低生产成本，推动农业科技进步，促进农民增收致富；推进农机服务机制创新，引入先进的农机设备和技术，建立农机合作社和联合作业平台，推动农机服务与农业生产深度融合，为农民提供高效、便捷的农机服务。

第四，切实加强农机人才培养，加大对农机人才的培养投入，建立完善的教育体系，包括开设农机专业课程，设置相关专业实习实训基地，培养学生掌握农机操作和维修技能。注重农机实用型人才培养，培养学生对各类农业机械设备的操作技能、维护保养知识及农业生产实践技能。学生需要通过理论学习和实践操作相结合的教学模式，掌握农业机械的使用方法和维护保养技能，加强学生的实践操作能力培养，通过实际的农业生产实践和模拟操作训练，让学生能够熟练地操作各类农机设备，并解决实际生产中的问题；健全新型农业工程人才培养体系，针对现代农业工程的发展需求，培养体系应当结合最新的科技发展趋势，更新课程设置和教学内容，使学生能够获得最新的知识和技能，培养体系应当注重学生的实践能力培养，为学生提供丰富的实践教学和实习实训机会，加强学生的动手能力和创新能力。

第五，着力推进主要农作物生产全程机械化，推动农业机械化与现代农业产业链的融合发展，实现农业机械化与种子、化肥、农药、农产品加工等产业的互动与协同，提高农业生产的整体效益，协同构建高效机械化生产体系，促进农机装备产业链上下游企业之间的紧密协作是构建高效生产体系的关键一步，通过攻克基础材料、关键零部件等技术难题，推进新型高效节能农用发动机、大功率用转向驱动桥和农机装备专用传感器等零部件的研发，加快关键技术产业化，从而提升整个产业的技术水平和制造能力；加快补齐全程机械化生产体系，依托科研院所、高校和农机制造企业，联合省级农机装备创新联盟，加强农业机械化技术创新研究和农机装备的研发、推广及应用，加强农机装备的研发和创新是提升农业机械化水平的关键。鼓励企业研发适应省情、农民需要的各类农机，包括适合小农生产和丘陵山区作业的小型农机及专用农机。

第六，大力推广先进适用农机装备与农业机械化技术，通过多种渠道和方式，加强对农业机械化的宣传，提高农民对机械化生产重要性的认识，引导农民树立现代化农业生产观念，认识到采用先进农机装备和技术是提高生产效率、增加收入的有效途径，提高农业机械化技术推广能力，构建覆盖全省的农业机械化技术推广网络，确保每个地区都有相应的服务机构，能够及时响应农民的需求，推广机构不仅要提供技术咨询，还应提供机械选购、运营维护、售后服务等一站式服务，降低农民的使用门槛；推动智慧农业示范应用，构建以物联网技术为核心的农业信息采集系统，包括环境监测设备、视频监控和遥感设备，实现对农田环境的实时监控和数据采集，部署稳定高速的数据传输网络，确保农场内信息实时上传至数据中心，并保障远程控制命令的及时响应，设计并开发一套多功能的智慧农业管理平台，集成数据分析、决策支持、远程监控等功能，为农业生产提供智能解决方案；加强绿色高效新机具新技术示范推广，开发智能化的农业机械和设备，提高农业生产的精准化和自动化水平，研发节水、节肥、节能的农业新技术，减少农业生产的环境污染，在不同地区选择适合的农场或区域作为绿色高效农业技术的示范基地，通过示范基地建设，直观展示新技术的效果，让农民看到绿色高效农业技术的实际效益。

第七，强化组织领导，促进政府与市场良性互动，政府在制定政策时应基于充分的市场调研和数据分析，确保政策的前瞻性和适应性，提供高效便捷的政务服务，简化行政审批流程，降低企业运营成本，搭建政府与市场之间的信息交流平台，实现信息共享和透明，及时公布政策变动、行业数据等重要信息，帮助市场主体作出合理决策；强化地方政府责任，地方政府应制定明确的农业机械化发展目标，包括推广农机具的数量、提升作业质量，举办农机操作和维护培训，提高农民的操作技能和安全意识；健全组织实施机制，在地方政府内成立专门的农业机械化领导小组，由政府相关部门领导组成，负责统筹和监督农业机械化的实施工作，在领导小组下设立专门的办事机构，明确各成员单位的职责和任务，确保工作的协调性和有效性。

一、农机农艺融合的农业机械化生产技术体系

农机农艺融合，相互适应，相互促进，是建设现代农业的内在要求和必然选择。当前，农机化发展已经到了加快发展的关键时期，农机农艺有机融合，不仅关系到关键环节机械化的突破，关系到先进适用农业技术的推广普及应用，而且也影响农机化的发展速度和质量。实现农机农艺的融合，对促进农业稳定增产和农民持续增收。如图6-2所示，一方面，通过良田、良种、良法和良制与农业机械化相互匹配，从而实现农机农艺的融合。在良田的构建中，科技的力量不可或缺。现代农业技术，如土壤检测技术、卫星遥感监测、智能化农业设备等，可以有效提升土地的管理水平。例如，通过卫星遥感技术监测农田状态，及时发现并解决耕地保护中的问题，同时利用大数据分析优化耕种模式。此外，

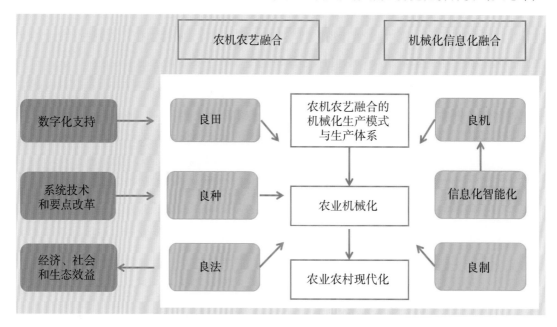

图6-2 基于农机农艺融合、机械化信息化融合的农业机械化生产技术体系框架

采用保护性耕作、精准施肥等先进农艺措施，不仅可以提高土地产出效率，还能减少对土壤和环境的负面影响。良种的研发通常涉及植物育种、遗传工程、生物技术等多个领域的紧密合作。传统的植物育种方法依赖于选择具有所需特性的植物进行杂交，而现代分子生物学技术则可以通过基因编辑直接改变作物的特定遗传属性。良种的应用需要配合相应的管理和栽培技术，以确保其优势得到充分发挥。这包括适宜的播种时间、种植密度、灌溉和施肥策略等。总的来说，良种是现代农业科学进步的产物，它们对于提高农业生产效率、保护生态环境具有重要的意义。良法，在农业领域，指的是那些能够促进农业发展、保护农民权益、维护农业资源和环境的法律与法规。这些法律法规不仅体现了国家对农业和农村发展的关注与重视，也是实现农业现代化、提高农业竞争力的重要保障。良制在农业中指的是优化的农业管理制度和政策，包括有效的土地管理、农业支持保护、农业资源环境保护及种子管理等方面的制度安排。良制的推行对于农业的发展起到了关键作用，不仅提升了农业生产的效率和产量，还促进了农业资源的可持续利用，为农业现代化铺平了道路。目前仍然需继续深化农业制度改革，结合科技创新，推动农业向更加智能、绿色、高效的方向发展。

二、机械化信息化融合的农业机械化生产技术体系

在农业机械化的基础上，通过加持智能化的技术，从而实现农业机械化智能化的融合。在智能农业机具方面，自动驾驶拖拉机、无人机、智能喷药机等，能够自动完成耕作、播种、施肥、喷药等作业，减少人力需求并提高工作效率，研发用于采摘、除草、包装等作业的农业机器人，减轻农民劳动强度并提高作业效率；在精准农业方面，利用卫星定位系统（GPS）和地理信息系统（GIS）精确管理农田，根据土壤条件和作物需求精准施肥、灌溉和播种，减少资源浪费；在智能监测系统方面，通过安装在农田中的传感器和摄像头，实时监测作物生长状况、土壤湿度、气象条件等，及时调整管理策略，收集农业生产、市场、气候变化等数据，通过分析预测模型，为农民提供科学种植和管理建议；在智能温室建设方面，通过自动控制系统调节温室内的温度、湿度、光照等环境因素，创造最适合作物生长的条件；在智能畜牧养殖方面，应用自动化喂食、健康监测、环境控制等技术，提高养殖效率和动物福利；在水肥一体化技术方面，利用智能控制系统，根据作物需求和土壤条件，精确控制灌溉和施肥，提高水肥利用效率；在病虫害智能识别与防治方面，通过图像识别和大数据分析，智能识别病虫害种类和程度，推荐合适的防治措施。

三、农机服务模式与农业适度规模经营相适应

农机服务模式在现代农业发展中扮演着重要角色，它旨在通过优化农业机械的利用和

管理，提高农业生产效率和降低成本。通过多种农机服务模式的创新与实践，可以有效提升农业生产的机械化水平，促进农业现代化和产业升级。这些服务模式不仅提高了农机使用效率，降低了生产成本，还促进了农业资源的合理配置和高效利用。未来，需要继续探索和完善这些模式，以适应农业适度规模经营的需求。培育发展各类农机服务新主体、新模式、新业态，推进农机服务向农业生产全过程、全产业和农村生态、农民生活服务领域延伸。一是培育新主体。要培育壮大农机大户、农机合作社、农机作业公司等多种农机服务主体，引导农机服务主体之间通过机具共享、服务联盟等方式组建相对稳定的农机服务联合体。鼓励企业、社会资本等与农机服务主体合作建设资源集聚、风险共担、利益共享的农机服务综合体。二是探索新模式。探索发展"全程机械化+综合农事"服务模式，为农户提供全程机械作业、农资统购、培训咨询、贮藏加工、产销对接、金融对接等产前产中产后"一站式"服务。鼓励企业、社会资本与农机服务主体通过"企社共建"等形式共同开展农机作业、专业维修、农机租赁服务。支持农机服务主体通过"联耕联种联营""全托管""土地流转"等多种形式的农机社会化服务，促进小农户与现代农业发展有机衔接。三是发展新业态。大力推行"互联网+"农机服务业态，完善"农机直通车"等农机服务调度管理信息平台。鼓励开发综合性农业生产服务平台、农机类App等，实现在线购机、培训、作业接派单、维修等服务，促进作业农机有序流动和提供快捷便利服务。积极探索特色农业机械化社会化服务模式，培育特色农业机械化新型生产与经营服务主体。

四、机械化生产与农田建设相适应

在农田建设方面，通过土地平整和地块整合，创造适合机械作业的大块耕地，减少田埂和零星地块，降低机械作业难度。完善道路、排水和灌溉系统，确保农机可以顺畅进入田间，同时保证作物生长所需的水分和养分供应。在农业生产的机械化方面，根据地区实际和农艺要求选择适合的农业机械，如大小、功率和功能，确保机械在本地条件下高效作业。为农民和操作手提供农机操作和维护的培训，提高其对现代农业机械技术的掌握程度。通过采取以上措施，可实现农业生产的机械化与农田建设的协调发展。适宜机械化作为农田基本建设的重要目标，对现有资金渠道整合，稳定和拓展各级财政投入，积极引导社会资本参与高标准农田"宜机化"建设，为全程机械化作业、规模化生产创造条件，保障"农机能下田"。积极推进西南高原山地丘陵、南方山地丘陵与西北黄土丘陵等需求迫切的地区，因地制宜开展农田"宜机化"改造。制定完善果园、菜园、茶园和设施种养基地建设及改造的"宜机化"标准，推进标准化生产、机械化作业。大力推广应用挖掘、平地、清淤、排灌等农田建设机械和工程技术，为高标准农田建设和农田"宜机化"改造提供支撑。

机械化信息化融合是一项系统工程，需要农业农村部门、农业信息机构、互联网服务公司、农业农机推广机构等多方密切协作才能落地见效。要加强智能农机工作的顶层设计和组织领导，指导互联网服务公司加大系统的开发、终端设备安装、技术服务等工作，协调农业信息机构做好智能农机系统与现有农业信息系统的接入、运维等工作，明确农业农机推广机构抓好终端设备的安装、组织培训、推广应用等工作。

第二节　农机化发展路径设计

农业机械化是转变农业发展方式、提高农业生产力的重要基础，是实施乡村振兴战略的重要支撑。农机智能化是农业机械化发展的新趋势，随着科技的迅猛发展，农业装备的智能化已经成为推动农业现代化的重要引擎。习近平总书记指出：要"大力推进农业机械化、智能化，给农业现代化插上科技的翅膀。"农业现代化关键是农业科技现代化，要加强农业与科技融合，加强农业科技创新，强化农业科技与装备支撑。党的十八大以来，我国农业生产方式实现了从主要依靠人力、畜力到主要依靠机械动力的历史性转变，智能化农业机械崭露头角。在不少地方，千百年来"面朝黄土背朝天，风吹日晒满身汗"的农民，如今"拿着手机搞田管，机器轰鸣人清闲"。智能化农机赋能现代农业，降低了人力成本和时间成本，提高了农业效率，也提升了农产品质量安全水平，回答了"谁来种地""如何种地"的时代之问，打开了现代农业和乡村振兴的新空间。

四川省作为丘陵山区农业大省，其农机化发展路径的设计不仅关系到全省农业的整体水平提升，更对全国丘陵地区农业装备智能化的发展具有重要的示范意义。本节旨在深入探讨四川省农机化发展的现状、问题、发展潜力，并在此基础上设计出科学合理的发展路径。

一、农机化发展现状分析

四川省全省各级农业农村部门以"立足现代农业，服务乡村振兴"为基本要求，以推动农机供给侧结构性改革为主线，以提质增效转方式、稳粮增收可持续为目标，以改革创新为动力，真抓实干，开拓创新，推动农机装备水平、作业水平、服务水平、科技水平和安全水平不断提升，各项目标任务全面完成，全省农业生产从主要依靠人畜力转向主要依靠机械动力，进入了机械化为主导的新阶段。

四川省农机装备水平实现新增长。截至2022年，全省农机总动力达4 923.33万kW；大中型拖拉机、谷物联合收割机保有量分别达到7.82万台、4.07万台；水稻插秧机和谷物烘干机从无到有，快速增加。农机作业水平不断提高。农机作业由耕种收环节为主向产前、产中、产后全过程拓展，由种植业向养殖业、农产品初加工等领域延伸。截至2022年，全省主要农作物耕种收综合机械化率达到67%，农业生产方式转变为以机械为主导。薄弱环节机械化发展迅速，水稻、油菜、玉米综合机械化率分别达到83.89%、66.64%、47.46%，果蔬茶等特色作物栽/播收、畜牧水产养殖、农产品加工等机械化进一步发展，农产品初加工机械化水平达到32.95%。但与发达地区相比，仍存在一定的差距。当前使用的农机设备种类多样，包括拖拉机、收割机、插秧机等，但先进智能农机的普及率较低。

二、存在的问题

（一）农田宜机化程度低

丘陵山区地形条件不佳、农田细碎分散、难以实现规模经营，限制了农业机械推广使用，导致丘陵山区总体农作物机械化生产水平较低，机播和机收环节的问题最为严重，与全国平均水平相差甚远，并且区域适宜机具供给和农机服务组织严重不足。

（二）品种与种植模式不宜机

种植采用的玉米、小麦品种不统一、种类繁多，导致作物的株高、含水率、适收期等要素不同，加大了机械化作业的难度；种植模式不统一，在小农户中广泛存在着间套作生产模式，难以实现机械化；生产环节技术不规范、不统一，导致作业机具适用性较弱，作业效果不佳。

（三）丘陵山区经济发展不足

农业发展薄弱，第三产业发展尤其落后。区域内贫困人口多，文化教育水平偏低，劳动者素质较差，对农业增产增收新技术的接受能力较弱。农户经济能力不足导致无法投入资金购置农机具作业。

（四）农户种植小麦、玉米的意愿不足

主要出于两方面原因：①由于降水不均，西南山地夏玉米普遍多旱少收，大部分地区气候不适合种植小麦，而适合种植水稻；②目前小麦、玉米的市场价格偏低，农户可盈利空间较小，近年来小麦、玉米种植面积呈下降趋势，有关产业的发展受阻，亟须改善。

三、发展潜力与机遇

国家和地方政府不断加大对农机化发展的政策支持和资金投入，为智能农机装备的发展提供了有利条件。"十三五"时期，中央和省级财政投入农机化发展资金15.8亿元，其

中省级财政投入比"十二五"增长481.2%。贯彻落实《中华人民共和国农业机械化促进法》，实施中央农机购置补贴资金10.1亿元，补贴机具61.2万余台（套），受益农户总数达55.8万户。深入实施《中国制造2025》，制定了《中国制造2025四川行动计划》，将农机装备纳入制造业重点发展十大领域之一。深入贯彻《国务院关于加快推进农业机械化和农机装备产业转型升级的指导意见》，出台四川省实施意见，提出了发展措施，释放了社会对农机化发展的政策预期。四川省委、省政府将现代农业装备列入现代农业"10+3"产业体系、现代工业"5+1"产业体系并加快推进，研究制定了《四川省现代农业装备转型升级推进方案》《四川省利用农机购置补贴资金开展试点综合奖补》《四川现代农业园区"五良"融合发展农业装备指南及考核标准》《四川省"全程机械化+综合农事"服务中心发展指引（试行）》《四川省农机报废更新补贴实施方案（试行）》《关于加快畜牧业机械化发展的实施意见》《关于加快推进设施种植机械化发展的实施意见》。

农机科技创新实现了新进步，为农业机械化和农机装备产业转型升级提供了技术支撑。高效联合收割机、农副产品加工机械等农业装备研发制造取得快速突破，质量性能明显提升。精量播种、秸秆还田、畜禽粪污资源化利用等绿色环保型技术得到应用推广，秸秆综合利用率、农膜回收率分别达89.5%、80.2%，畜禽粪污综合利用率达到70%。建立了四川省农机装备产业发展联盟等产学研推用创新体系，培育了一批骨干企业，全省农业装备企业数量500家左右，其中规模以上企业近200家，覆盖作物种植、管理、收获及畜牧养殖、农副产品加工等11个领域。

农业生产的规模化、集约化趋势，为智能农机装备的推广应用提供了广阔的市场空间。"十三五"时期，全省农机户230万户，农机合作社1 350个，分别比"十二五"末增长3.6%、11%。农机服务社会化不断扩大，农机合作社年作业服务面积达1 376万亩，较"十二五"末增长34%。大力推进农业装备公益性试验鉴定服务，完成农机试验鉴定共计700余项。深入实施主要农作物生产全程机械化推进行动，积极组织开展全程机械化示范县创建，成功创建全国主要农作物生产全程机械化示范县（市、区）11个，创建数量位居西南丘陵山区省份首位。

四、农机化发展路径设计原则

（一）机械化信息化融合原则

农业机械化技术要服务于整个农业生产过程，并最大程度地发挥功能和效用，就必须将其置于整个农业生产系统中。同时，农业机械化技术本身是由各个环节技术组成，所以就涉及机械化与信息化问题。实现农业机械化与信息化的融合发展，能够大大提高劳动生产效率和市场经济力，因此，采用先进智能技术对进一步提升农业生产水平、加快促进现代化农业的发展，具有极其重要的意义，所以机械化信息化融合是四川省智能农业装备发展路径设计的一个重要原则。

（二）效益性原则

四川省全程机械化作业体系的构建，最终要实现一定的经济效益，即产出要尽可能大于投入，才能使农民乐于接受。这不仅是局限于眼前利益，更重要的是从全面、长远、系统的观点去考虑，节约劳动成本，带来更多的经济效益。也就是用最小的投入，获得最大的经济效果。合理的配备装备，充分发挥机械装备的性能和提高利用率，以期达到用户的综合作业成本经济合理。

（三）节能环保原则

推广节能环保的农机设备，减少对环境的影响。环境一旦破坏就会对农业生产产生巨大的破坏效应，例如，水土流失、土地沙漠化、土地板结。在考虑保护土壤的同时，应注重机械的燃油使用效率，尽量使燃油消耗最少，减少资源消耗及对环境的破坏。我国正处于农业机械化快速发展阶段，燃油消耗增长量持续上升，这对资源相对不足的我国来说，是一个严峻考验。从保护环境、节约燃油角度来看，应尽量选取多功能作业机具，从而降低油耗，也可避免因拖拉机进地次数多带来的土壤压实而造成作业过程中油耗增加的后果。

（四）农机农艺融合原则

加强农机化与农艺技术的协同发展，实现综合效益最大化。现代农业生产主要包含两项基本内容：一是农机，二是农艺。农机是为实现农业生产而特意制造的工具，农艺则通常理解为对作物进行选种及培育等。要实现四川省农业现代化发展，必须将农机与农艺结合。平原地区的农业机械化水平高于丘陵山区，发展也相对较快，主要原因之一是平原地区农机化发展强调农机与农艺相结合，并在生物学和农艺方面进行了深入研究，积极研发新的农产品品种和农艺标准，为全面实现农业机械化创造条件。丘陵山区平坝、丘陵山区交叉，地块小，农业基础设施配套不完善，导致其农艺的多变性与农机制造的单一性之间产生了巨大的矛盾。为推进丘陵山区农机化发展，应强调简化种植模式，推进间套作改平作模式，并大力推广适宜机械化种植、收获的作物品种。所以，农机农艺融合前提下的宜机化原则是四川省智能农业装备发展路径设计的一个重要原则。

五、农机化发展路径具体设计

（一）加快推进"两个融合"

现代高端农机装备是自动化、电子化和信息化的统一体，其智能化水平体现在农业生产过程智能感知、数字化分析与智慧决策结果在农机装备上的融合程度。要给农机装上智慧大脑，必须加快农机农艺融合、机械化信息化融合。

信息化赋能农机服务管理主要集中体现在以下3个方面。

一是农业机械实现物联网管理，农机上安装有卫星定位设备，可以实时记录农机的行驶轨迹并上传至平台系统。通过时间和设备号的选择，可以查询不同时间农机的使用情况，从而帮助农机使用主体了解每台农机作业的情况，优化行驶路线，合理规划农机作业、减少农机来回调配的时间。通过信息化手段赋能实现对农机的远程现代化管理，提升作业水平，提高作业效率。通过联网设备监控，也为政府与产业的资金补贴发放提供依据，加强了对补贴发放的有效管理，使每台车辆变成联网的数据采集终端。

二是农业生产数据服务，通过远程农业信息化管理应用平台，实现自上而下农机信息化服务。以车辆终端作为互联网应用的入口，以农业信息推送为单元，提供农业相关的信息化服务。通过后台监管服务，提升农业管理效率。综合应用大数据、云计算、卫星遥感及人工智能等先进的农业信息化技术，开发建设大数据服务应用管理平台，充分调动丘陵山区政府、企业、合作社、农户之间的大联动协作智能。

三是精准农业，通过精准农业、农场管理、农业信息推送功能，积累农业原数据，实现单一农机作业管理到整体农业资源整合服务。在精准农业应用领域，通过物联网及卫星定位技术实现对土壤水分、养分、酸碱度等参数进行定位测量，生成相应的农田信息空间分布图，为后期农田的管理决策分析打下基础。深度进行农业大数据挖掘服务，实现精准农业数据化管理。从农业经营主体角度出发，通过大数据服务应用管理平台，管理者能够直观方便地了解不同农场的农田分布和作物长势情况，根据气象条件合理安排人机作业，并通过农事记录和轨迹管理模块实时了解人员和农机的工作状态，通过播种期和打药期适宜性评价及气象灾害预测，抓准适宜期进行播种和打药，避免可能发生的气象灾害，实现精准农业。

（二）农机装备升级

推广高效节能的现代化农机设备，提升农业生产机械化水平。农业机械的主要作用之一是提高生产效率，降低劳动强度，解放生产力，因此，四川省的农业机械选型必须要注重效率。目前我国农村劳动力老龄化问题不断加剧，很多地区已经面临无人可用的困境，因此，高效的农业机械是保障农业生产和粮食安全的重要支撑。

农机装备的配备在追求利益最大化的同时，也应考虑到对环境的影响。应注重机械的燃油使用效率，尽量使燃油消耗最少，减少资源消耗及对环境的破坏。从保护环境、节约燃油角度来看，应尽量选取复式作业机具及多功能作业机具，从而降低油耗，也可避免因拖拉机进地次数多带来的土壤压实而造成作业过程中油耗增加的后果，同时采用结构先进的机具技术，能耗低，损失小。

农业机械设备的智能化服务可以使相关的农业生产环节更加完善，从而减少工作人员手动操作时间，大大提升工作效率。智能化农业机械设备内安装多种传感器，不仅仅是对作业的过程进行监控，还可以快速绕开不利于工作的环境条件，把机械设备一直控制在最好的工作状态中，从而大大提升工作的操作安全性和技术的可靠性。如丘陵山区拖拉机应当具有自动底盘调平能力，从而提高对坡地的适应性，提高作业效果。在植保方面，植保无人机由于高效的作业速度和极大的地形适应性，非常适合在丘陵山区应用。未来轻简智能的农机装备是丘陵山区研发推广的重点。

（三）人才培养与技术推广

眼下智能化农机技术人才短缺，制约着智能农机的推广应用。必须在高素质农民培育中，强化对农民应用智能化设施的培训工作，提高其开展农业智能化生产经营的能力。当前，农机手普遍希望加强自动导航、无人驾驶、精准作业、智能监测、物联网、"互联网+农机作业平台"等机械化信息化融合装备与配套农艺技术培训。要加强农机管理人员和专业技术人员培训，并且尽可能安排在农机化示范基地建设进行"实战型"培训，然后逐步扩大培训范围，加快农机操作人员及导航技术服务人员的培养。由于智能农机操作对农艺水平要求高，根据农机农艺结合的要求，应在对农机手的培训中增加农艺内容，使机手既懂农机又懂农艺；同理，对农艺人员的培训也要增加农机内容。各地应规划建设智能化机艺融合培训示范基地，加快机艺融合科技成果转化、技术试验推广、服务机制创新，示范引领智能化农机农艺融合发展。为了推动农机智能化发展，要引导支持涉农高校积极设置相关专业，培养创新型、应用型、复合型农业机械化人才，支持优势农机企业与大中专农机学校共建共享工程创新基地、实践实训基地，提高种养大户、农场主开展农业智能化生产经营的能力，促进他们加速向标准化、智能化的转变，享受从田头、塘边、栏舍到"指尖"变革带来的便利。

（四）政策支持与激励措施

推进农机智能化是一项系统工程，需要政府、行业协会、企业等方方面面共同努力，搭建农机智能化生态圈，应加强相关顶层设计，从高层次推进农机智能化。建议设立由国家发展和改革委员会、工信部、农业农村部、国家林业和草原局、科技部、金融司等参加的智能化农机发展联席会议制度，并吸收行业协会参与，重点协调推进高端智能农机装备制造产业和设备应用，加快机械化、信息化融合进程。抓住"十四五"规划启动时机，加快研究制定国家和省级层面的"十四五"智能农机发展规划和相关专项计划，以科学规划引领农业机械化智能化发展。要统一规划建设智能农机管理信息系统平台，在大田作物、水产养殖、畜禽养殖、特色菌果茶菜和道地中药材等领域，分类建设机械化智能化应用示范基地，尤其在粮食生产全程机械化示范县中率先建设一批智能/无人农机"示范农场"。构建政策体系，加强财政、金融、人才支持。国家层面设立高端和智能农机装备研发专项基金，持续推进基础设施"宜机化"配套，发展与适度规模经营相适应的农机服务。国家和地方层面应成立智能农机专家智库，加强相关装备与技术研究、标准和规范制订、技术培训和指导、决策咨询等工作，形成上下联动、相互支持、协调推进的技术指导机制。

与传统农机相比，智能农机由于研发需要结合多种智能技术，其系统成本比较高，即使在获得农机补贴的情况下，实际每套系统成本依然需要3万～5万元，而整套设备更是高达十几万元。这对于普通农户来说难以承担，因此，其购买意愿会降低，智能农机推广难度较大。因此，应加大农机购置补贴政策支持力度，鼓励农民购买和使用智能农机，扩大新产品补贴试点，支持科技创新成果转化。同时，要改变现行农机补贴对智能化农机产品并不友好的"一刀切"模式。现行农机补贴政策规定，购置统一机型可享受一定比例补贴，但设置了财政资金补贴的上限。建议提高购置智能化高端农机的补贴标准，以提高农户购置和使用智能农机的积极性。同时，还要建立健全智能农机服务体系，为农户智能化农机设备维护提供方便。

第三节 农机化发展路径实现

农业的高质量发展是现代农业的本质，是用现代物质条件装备农业，现代科学技术改造农业，现代产业体系提升农业，现代经营形式推进农业，现代发展理念引领农业，现代职业农民发展农业，同时体现高水平土地产出率、资源利用率、劳动生产率和市场竞争力的农业发展过程。一方面，高质量发展需要技术和改革两大创新驱动；另一方面，高质量发展需重视三大方面的协调，一是产业体系、生产体系、经营体系的协调，二是产业结构与就业结构的协调，三是政府调控与市场运作的协调。此外，必须以绿色发展理念牵引农业高质量发展，首先，把握底线思维、发展思维和转化思维的辩证统一关系；其次，重视生态产业化、产业生态化相结合的转化路径选择；最后，强化减量化、低排放和再利用相结合的转化制度安排。

四川是全国13个粮食主产省之一，西部唯一的粮食主产省，也是粮食消费大省，仍需擦亮农业金字招牌。坚持高质量发展理念，始终守住粮食安全底线，提升重要农副产品供给保障水平；加快发展高质高效现代特色农业，提升产业链供应链现代化水平；加快补齐"10+3"产业体系支撑性短板，构建现代农业园区梯级发展体系；深入实施"美丽四川·宜居乡村"建设行动，建设宜居宜业乡村；坚决打好农业农村污染防治攻坚战，推进农村生态文明建设；推动农民全面发展，健全现代农业经营体系；扎实做好乡村治理这篇大文章，建设文明和谐乡村；持续用力巩固拓展脱贫攻坚成果，推进脱贫地区乡村振兴；全面深化农业农村改革，健全城乡融合发展体制机制；健全规划落实机制，保障规划顺利实施。

一、发展差距探索

从表6-1、表6-2、表6-3、图6-3和图6-4可知，2022年四川省粮食的种植面积为 $6\ 463.5\ \text{khm}^2$，在全国排名第六，但是其产量为3 510.5万t，在全国排名第九。可见其种植面积与产量并不协调，究其原因，主要还是以丘陵山区为主的特殊地理环境造成的。具体来看，豆类和薯类的种植面积和产量在全国的排名均靠前，是四川省的优势农作物；而水稻和玉米的种植面积占粮食总种植面积的57.7%，产量占粮食作物总产量的71.5%，是四川省的重要农作物；小麦的种植面积和产量占比均较少，不是重点发展的农作物。从各个产业来看，种植业、肉猪产业、果茶产业是四川省的优势产业，但是水产产业是其发展的弱势产业。

表6-1　2022年四川省农业基本情况

指标名称	分指标	数据	占比/%	全国排名
农作物	播种面积	10 227.4 khm²	—	4
粮食	产量	3 510.5万t	—	9
	种植面积	6 463.5 khm²	—	6
（1）水稻	产量	1 462.3万t	41.7	7
	种植面积	1 874.0 khm²	29.0	7
（2）小麦	产量	249.7万t	7.1	10
	种植面积	588.8 khm²	9.1	10

（续表）

指标名称	分指标	数据	占比/%	全国排名
（3）玉米	产量	1 046.2万t	29.8	9
	种植面积	1 855 khm²	28.7	9
（4）豆类	产量	145.4万t	4.1	3
	种植面积	696.2 khm²	10.8	3
（5）薯类	产量	550.4万t	15.7	1
	种植面积	1 289.1 khm²	19.9	1
（6）其他	产量	56.5万t	1.6	—
	种植面积	160.4 khm²	0.9	—
油菜	产量	354.1万t	—	1
	种植面积	1 386.6 khm²	—	2
茶叶	产量	39.3万t	—	4
	茶园面积	410.6 khm²	—	3
水果	产量	1 380.5万t	—	8
	果园面积	857.2 khm²	—	5
蔬菜	产量	5 198.7万t	—	5
	种植面积	1 542.3 khm²	—	4
水产品	总产量	172.1万t	—	12
畜禽总数（折算为羊单位）		17 049.7万个	—	—
肉猪	年底头数（存栏量）	4 158.6万头	—	2
	出栏头数	6 548.4万头	—	1
第一产业增加值占GDP比值	全国	7.3%	—	—
	四川	10.5%	—	21（升序）
农村居民人均可支配收入	全国	20 132.8元	—	—
	四川	18 672.4元	-1 460.4元	19
城乡居民收入差距	全国	2.45∶1	—	—
	四川	2.32∶1	—	
主导产业	水稻、玉米、油菜、马铃薯、茶叶、水果、蔬菜、生猪			

数据来源：国家统计局《中国统计年鉴2023》《中国农村统计年鉴2023》。

注：为与国家统计局数据保持一致，全书未对以khm²为单位的数据作换算。

表6-2 2022年四川省农作物播种面积

单位：khm²

地区	粮食	油料	果园	茶园	蔬菜	烟叶	其他
四川	6 463.5	1 688.6	857.2	410.6	1 542.3	75.8	30.1

数据来源：国家统计局《中国统计年鉴2023》。

表6-3 2022年四川省粮食作物播种面积

单位：khm²

地区	粮食	稻谷	小麦	玉米	豆类	薯类	其他
四川	6 463.5	1 874.0	588.8	1 855.0	696.2	1 289.1	160.4

数据来源：国家统计局《中国统计年鉴2023》。

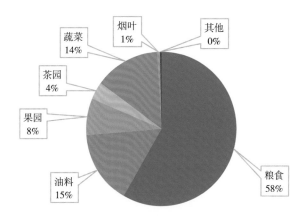

图6-3 2022年四川省农作物播种面积构成

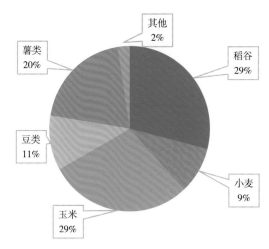

图6-4 2022年四川省粮食作物播种面积构成

从农业机械的保有量（表6-4、图6-5）来看，自2012年以来，拖拉机的保有量持续减少，其中大中型拖拉机呈现先增长后减少的趋势，小型拖拉机呈现减少再增加的趋势。

表6-4　2012—2022年四川省拖拉机保有量变化情况

年份	拖拉机		大中型拖拉机		小型拖拉机	
	数量/万台	增幅/%	数量/万台	增幅/%	数量/万台	增幅/%
2012	24.05	—	11.50	—	12.55	—
2013	24.08	0.12	12.18	5.91	11.91	−5.10
2014	23.97	−0.46	12.61	3.53	11.36	−4.62
2015	23.68	−1.21	13.22	4.84	10.45	−8.01
2016	23.53	−0.63	13.48	1.97	10.06	−3.73
2017	23.10	−1.83	13.41	−0.52	9.69	−3.68
2018	22.78	−1.39	7.44	−44.52	15.34	58.31
2019	22.44	−1.49	7.44	0.00	15.00	−2.22
2020	22.43	−0.04	7.60	2.15	14.82	−1.20
2021	22.09	−1.52	7.67	0.92	14.42	−2.70
2022	21.39	−3.17	7.82	1.83	13.58	−5.83

数据来源：农业农村部农业机械化管理司《全国农业机械化统计年报》（2012—2022年）。

说明：2018年拖拉机功率分段修订，原小型拖拉机14.7 kW（20马力）以下改为小型拖拉机为22.1 kW（30马力）以下。2018年拖拉机马力分段修订，原大中型拖拉机是指14.7 kW（20马力）及以上，现在大中型拖拉机是指22.1 kW（30马力）及以上。

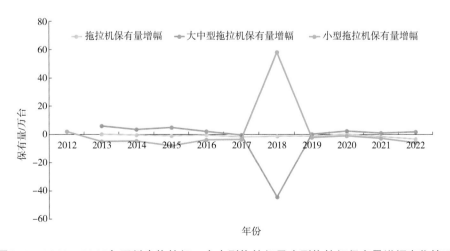

图6-5　2012—2022年四川省拖拉机、大中型拖拉机及小型拖拉机保有量增幅变化情况

如表6-5和图6-6可知，水稻插秧机、稻麦联合收割机、玉米联合收获机、马铃薯收获机和油菜籽收获机的保有量均呈现增加的趋势，其中水稻插秧机和稻麦联合收割机的基数相对较大，而其他3种类型的机械保有量基数相对较小。一方面受农作物种植面积的影响；另一方面与农作物的机械化水平发展紧密相关。

表6-5　2012—2022年四川省水稻插秧机、稻麦联合收割机、玉米联合收获机、马铃薯收获机和油菜籽收获机保有量

年份	水稻插秧机		稻麦联合收割机		玉米联合收获机		马铃薯收获机		油菜籽收获机	
	保有量/万台	增幅/%	保有量/万台	增幅/%	保有量/万台	增幅/%	保有量/万台	增幅/%	保有量/万台	增幅/%
2012	0.53	—	1.85	—	0.00	—	0.00	—	0.09	—
2013	0.68	28.30	2.25	21.62	0.00	0.00	0.00	0.00	0.15	66.67
2014	0.75	10.29	2.60	15.56	0.01	100.00	0.00	0.00	0.18	20.00
2015	0.81	8.00	2.93	12.69	0.01	0.00	0.01	100.00	0.19	5.56
2016	0.89	9.88	3.46	18.09	0.01	0.00	0.01	0.00	0.18	−5.26
2017	0.93	4.49	3.58	3.47	0.02	100.00	0.01	0.00	0.20	11.11
2018	0.93	0.00	3.69	3.07	0.04	100.00	0.01	0.00	0.20	0.00
2019	0.93	0.00	3.72	0.81	0.02	−50.00	0.01	0.00	0.20	0.00
2020	0.97	4.30	3.80	2.15	0.02	0.00	0.02	100.00	0.21	5.00
2021	1.01	4.12	3.89	2.37	0.03	50.00	0.03	50.00	0.22	4.76
2022	1.08	6.93	4.07	4.63	0.05	66.67	0.04	33.33	0.24	9.09

数据来源：农业农村部农业机械化管理司《全国农业机械化统计年报》（2012—2022年）。

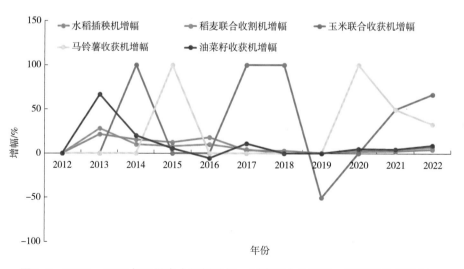

图6-6　2012—2022年四川省水稻插秧机、稻麦联合收割机、玉米联合收获机、马铃薯收获机和油菜籽收获机保有量增量变化情况

从各产业机械化发展水平（表6-6）来看，四川地区各个产业的机械化水平均较低，仅有种植业和农产品初加工产业的机械化水平超过了30%，分别为34.04%和32.95%，其余产业的机械化水平均在30%以下，所以该地区各个产业的机械化发展均存在较大的发展空间。从各农作物耕种收综合机械化发展水平（表6-7）来看，仅有小麦、水稻和油菜的耕种收综合机械化水平超过了50%，分别达到了86.55%、83.89%和66.64%，其余农作物的机械化水平均在50%以下，其中马铃薯、花生和棉花的耕种收综合机械化水平甚至不足15%。从环节上看，大多数农作物在机播和机收环节均有进一步发展的空间。

表6-6　2022年四川省各产业机械化水平

单位：%

全国排名	产业	机械化水平
27	种植业	34.04
25	畜牧养殖	27.21
16	水产养殖	28.67
23	农产品初加工	32.95
23	果茶	20.43
28	设施农业	28.89

表6-7　2022年四川省各农作物耕种收综合机械化水平

单位：%

全国排名	作物种类	机耕水平	机播水平	机收水平	耕种收综合机械化水平
27	农作物	73.37	25.85	35.30	48.54
19	小麦	98.29	64.46	92.99	86.55
16	水稻	98.81	55.17	92.72	83.89
22	玉米	93.87	17.40	15.64	47.46
22	马铃薯	30.40	3.55	4.38	14.54
22	大豆	54.93	9.81	11.57	28.39
12	油菜	94.99	44.60	50.87	66.64
26	花生	35.71	1.00	0.71	14.80
15	棉花	23.33	0.00	0.00	9.33

综上所述，可知目前四川农业的发展与擦亮四川农业大省金字招牌的要求不相符合；与2035年基本实现农业农村现代化的远景目标要求不相符合；与建设农业强国、农业强省的要求不相符合。此外，农机农艺农田信息配套亟待加强，一些产业品种、农艺制度、种

养方式及产后加工等机械化生产不协调等问题较为明显；农机农艺融合的机械化生产技术体系与生产模式探索亟待深化，如大豆-玉米带状复合种植模式，应进一步探索适宜机械化高效生产的技术模式与种植规范；农业机械研发制造水平与农机产品有效供给能力亟待加强，特别是适宜丘陵山区具有较强通过性、爬坡能力、安全性的农机产品，以及特色经济作物生产机械问题突出，存在突出短板弱项；农业机械化管理服务水平亟待提升，管理服务信息化水平及监管能力还不能满足现实生产需要；农机社会化服务、组织化程度及人才素质亟待提高，现有组织规模和人员素质难以适应现代农业生产技术和智能农机装备的应用；农机作业质量和利用效率需要进一步提升。

除此之外，推动种植业、畜牧养殖、水产养殖、设施农业、农产品初加工和果菜茶等产业的农机装备和技术创新发展。组织遴选重大科技创新项目，积极争取科技、财政等部门立项支持，加快研发适合省情、农民需要、先进适用的农机，注重发展适应小农生产、丘陵山区作业及适应特色作物生产、特产养殖需要的高效专用农机。稳定实施农机购置补贴政策，严格落实农业农村部、财政部相关规定，对购买国内外农机一视同仁，充分发挥政策实施的导向作用，重点支持保护性耕作、精量播种、精准施药、高效施肥、水肥一体化、节水灌溉、秸秆还田离田、残膜回收利用、饲草料高效收获加工、病死畜禽无害化处理、畜禽粪污资源化利用、水产养殖节能高效增氧机和投饲机等绿色高效机械装备，以及智能农机和信息化装备等推广应用。加大对丘陵山区和特色产业适用农机装备购置补贴支持力度，大力提升贫困地区农机化技术和装备应用水平。积极推进农机报废更新，加快淘汰高能耗、高污染、安全性能差的老旧农业机械，促进农机装备更新换代。

二、发展要求与趋势分析

目前，四川需要走农机农艺融合和机械化信息化融合两融合，农机服务模式与农业适度规模经营相适应及机械化生产与农田建设相适应两适应，科技创新、机制创新和政策创新三动力的途径，通过补短板、强弱项和促协调，推动农机装备产业向高质量发展转型及农业机械化向全程全面高质高效升级。

四川需要加快推动农业机械化智能化、绿色化发展。一方面需要加快推动智能农机装备技术创新，推动加快农机导航、农机作业管理和远程数据通信管理等技术系统集成，加强农机装备作业传感器、智能网联终端等关键技术攻关，推进农机作业监测数字化进程。围绕农田精细平整、精准播种、精准施肥、精准施药等技术，创制智能化机具装备，提升精准作业技术水平。推进北斗自动导航、ISOBUS（农机总线）高压共轨、动力换挡、无级变速、新能源动力、机电液一体化等技术在农机装备上的集成应用。加快创新发展大型高端智能农机装备，推进畜禽水产养殖装备信息化、智能化，促进智能农业示范应用。另一方面，需要示范运用智能化技术，引导高端智能农机装备投入农业生产，加快全程作业提升农机装备"耕、种、管、收"质量与作业效率。大力推广基于北斗、5G的自动驾驶、远程监控、智能控制等技术在大型拖拉机、联合收割机、水稻插秧机等机具上的应用，引导高端智能农机装备加快发展。加快播种、施肥施药、收获等环节智能装备的广泛应用，推动设施园艺、畜禽水产养殖农产品初加工的机械化、自动化、智能化装备应用。

为加快推进四川地区农业高质量发展速度，需要探索不同区域、不同作物、不同产业农机农艺融合的机械化生产模式；设立专项，加大农业生产实际需求的短板弱项集成攻关，特别是强化适宜丘陵山区具有较强通过性爬坡能力、安全性，以及特色经济作物生产的农机装备关键技术与产品的研发制造能力；完善农机科研生产应用相结合的机制体制，开展农机研发制造推广应用一体化试点；增强农机管理信息化能力，提高农机管理水平和效率，构建四川省农机大数据数字大脑系统平台；形成市场化、规模化的农机社会化服务组织和商业模式；智能化、数字化技术贯穿于农业机械化生产全过程和农机装备产品生产制造全过程。

三、数字化智能化赋能

数字农业的发展是农业现代化的核心，农业发展的主要方向是依托人工智能加快推进农业数字化、智能化转型。人工智能、5G、物联网、大数据等信息技术的快速发展，推进了经济社会各个领域的数字化转型，全球数字化的脚步已势不可挡，新形态数字经济将会是助推全球经济发展的重要趋势导向。在数字化转型的时代浪潮中，用数字经济赋能现代农业，是下一阶段的发展重点，也是全面推进乡村振兴，加快农业农村现代化发展的关键。

农业数字化转型是农业绿色可持续发展的必然要求，利用传感实时在线数据和历史记录数据构建动植物生长模型，实行精准化种养，可最大限度挖掘动植物生长潜力，减少投入，降低成本，实现农业生产优质、高产、高效；农业数字化转型是保障农产品质量安全的必然要求，利用区块链、大数据、云平台等提供精准生产、加工、流通各环节的数据信息，可实现从生产到消费全过程的有效监管和可追溯，保障农产品质量安全；农业数字化转型是促进农产品产销精准对接的必然要求，推动农产品生产流通各环节的数字化，可提高产需双方信息获取效率和处理效率，减少信息不透明、不对称等影响，降低交易过程中的不确定性，实现更为精准的产需对接；农业数字化转型是解决"谁来种地、怎么种地"的必然选择，利用大数据、人工智能，将经验、知识和技术数据化，可实现智能化、产业化、高效化生产，降低农业从业门槛，有效解决劳动力缺乏、行业风险高、生产效益低等问题。

数字农业是将信息作为农业生产要素，用现代信息技术对农业对象、环境和全过程进行可视化表达、数字化设计、信息化管理的现代农业。数字农业推动农业现代化的途径主要体现在3个方面。一是促进传统农业向现代农业转型。我国的传统农业是以小农经济为主，数字农业依托新型信息技术，可以全方位深入"耕、种、管、收"各个环节，便于农业信息交换和信息共享，从而能够改变以往的农业生产经营方式，加速向现代农业的转变。二是有助于产业结构优化升级。通过信息技术科学管理农业生产、贮藏运输、流通交易等各个环节，为农业产业链提供一体化决策。三是提高农业生产效率。数字技术融入农业生产的各个环节中，可以实现农业精准化生产，降低农业生产风险和成本，也可以使农业生产过程更加节能和环保。

总体来看，数字农业使信息技术与农业各个环节实现有效融合，对改造传统农业、转变农业生产方式具有重要意义，其可以推动农业生产高度专业化和规模化，构建完善的农业生产体系，并实现农业教育、科研和推广"三位一体"，有益于提升农业生产效率，实现农业现代化。

四、"宜机化"改造助力

实现农业机械化高质量发展，除了数字化、智能化技术的加持，还需要针对农田、品种和种植制度的"宜机化"进行改造，以农机作业高质高效便利化、农业基础设施"宜机化"为目标，加快构筑良田、良种、良机、良法高度融合、相互适应的农机化高质量发展格局，才能更好地实现数字化智能化农业。对于农田而言，需要推动农田地块小并大、短并长、弯变直和互联互通。丘陵山区是我国粮食和特色农产品的重要生产基地，也是贫困人口的集中地，分布在19个省区市的1 400余个县市区，其耕地面积、农作物播种面积均占全国的1/3。但由于自然条件的限制，许多地方田间缺乏机耕道路，田块细碎，高低不平，"牛进得去、铁牛进不去"，农机"下田难""作业难"。各有关省份农业农村部门认真贯彻落实党中央、国务院决策部署，创新工作思路，加大支持投入，强化试点示范，积极推进农田宜机化改造工作。当前，农田宜机化改造已成为推进丘陵山区农业机械化发展的重要路径，并在社会上形成了广泛共识。农业农村部将继续加大丘陵山区农田宜机化改造的推进力度，组织开展专项调研，指导有关省份摸清需求，完善标准规范，加强宣传培训，加大试点示范，持续改善农机作业基础条件，加快补齐丘陵山区农业机械化基础条件薄弱的短板。

目前，四川省的水稻、玉米和大豆等主要农作物均存在品种宜机化程度低的问题。水稻机械化生产的瓶颈主要是种植和收获环节，随着水稻机械化育插秧技术的推广应用，稻区的水稻品种不同程度地表现出有不适应机械化生产的情况，主要表现在：一是个别品种仅适宜单株栽植，很难实现机械化种植；二是有些品种抗倒伏性差，机械化收获效率低、损失大。玉米单粒精量播种、籽粒直收是玉米生产全程机械化的发展方向。但目前玉米品种大小、形状不一，导致玉米机械单粒精量播种出现漏播和重播率较高的现象，田间保苗率不足85%，种植密度偏低，群体整齐度差，影响精量播种质量的进一步提高。另外，玉米品种普遍生育期偏长，收获时籽粒水分含量一般在30%左右，熟期偏晚，后期脱水慢、站秆晾晒期间存在倒伏倒折现象，导致损失率和籽粒破碎率偏高，影响了籽粒直收作业效果和籽粒直收技术的大面积推广应用。大豆生产中大面积推广的品种存在易倒伏、易裂荚、结荚低等现象，易造成机械化收获损失率高、籽粒破碎严重及泥花脸多等问题。以上3种作物均需要选育宜机化的品种进行种植。

此外，种植制度不统一的情况也会影响宜机化的实现，尤其是设施农业对于种植制度的要求较高，所以修订适宜不同地区的标准化温室设施结构与建造的标准，明确满足农机作业条件的空间结构、出入口、内部通道等方面尺度，提出符合设备安装需要和安全生产要求的结构强度规范。加快老旧种植设施的宜机化改造，依照农机通行和室内作业条件，改造出入口、骨架、耳房、缓冲间、室内通道等，优化种植空间布局，创新宜机化种植模式，满足设备安装运转、机械通行作业需求。积极推广节能型设施建造材料和低能耗电动设施装备，减少能源消耗和污染排放是非常必要的。

五、商业发展模式引领

中国正在积极发展新型农机社会化服务商业模式，以机械化为抓手促进产业发展的新模式，引领农机社会化服务多样化发展。四川地区也要抓住机遇，趁此机会发展适合地区发展的商业模式（图6-7至图6-9）。

农机社会化服务商业模式1：新型农业经营主体+土地集中管理与种植+田间生产全程机械化+产后处理与加工→提升产品附加值→品牌打造→线上（电商）或线下销售网络→机械化信息化融合促进产业发展。

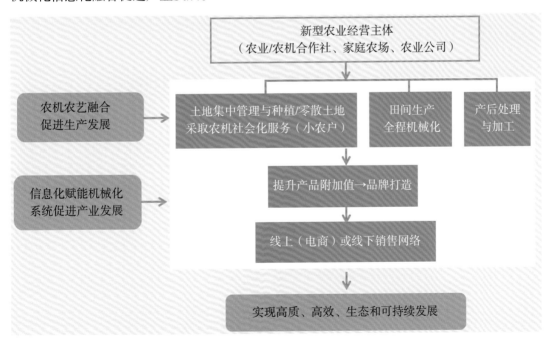

图6-7　农机社会化服务商业模式1

农机社会化服务商业模式2：供销合作社统一供种/供药/供肥/收购/销售+小农户+农机合作社全程机械化服务。

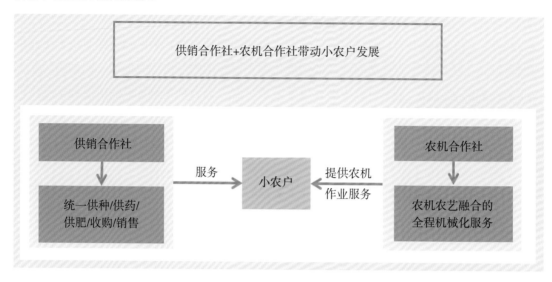

图6-8 农机社会化服务商业模式2

农机社会化服务商业模式3：新型农业经营主体+田间全程机械化+产后处理与加工+品牌销售+农机农资销售+培训基地+信息服务→"全程机械化+综合农事"服务中心→机械化信息化融合促进产业发展。

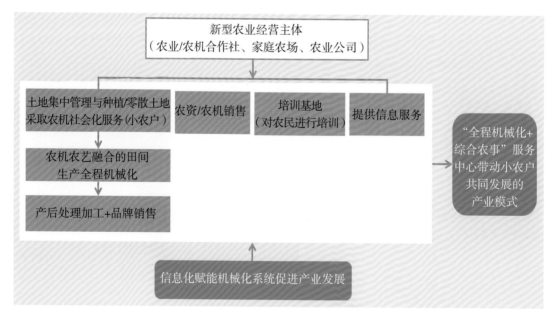

图6-9 农机社会化服务商业模式3

第四节 典型案例分析

一、基本情况

（一）合作社概况

三台县宏运农机专业合作社（以下简称"合作社"）位于绵阳市三台县金石镇，2016年5月在宏梅家庭农场的基础上升级成立，现为县级示范专业合作社。合作社以农机社会化服务为一体的方式进行生产、经营，组织机械化播种、植保、收获、农产品初加工及信息、技术、维修咨询服务。合作社以最优的栽培品种，先进的管理理念为发展宗旨，以带动一片、辐射一方为发展方向，共为周边600户以上农户提供作业服务。

合作社共有8名社员，其中3人为合作社管理人员，5人为机手。管理人员平均年龄为50岁之内，机手的平均年龄为35岁，全社社员多数为初中学历，其中一位机手学历最高，为大专。合作社理事长每季度接受一次农机安全培训，机手在上岗前接受一次全面的技能培训。合作社对外提供作业服务业务，理事长主要负责联系业务，主要与行政村的书记或小队队长联系，书记和队长只需要告知理事长需作业的土地面积，理事长统一调配农机进行服务作业，收费价格统一规定，机手不可私自定价，如遇投诉，理事长会根据实际情况给予机手相应处罚。2020年共计进行农机社会化服务土地8 000亩。

（二）合作社组织情况

合作社中的机械多数为机手带机入社，机手倾向于加入合作社是因为国家每年会给予合作社一些作业补贴（如2020年给予水稻收获作业每亩补贴30元，旋耕每亩补贴30元），凡是按照合作社要求进行作业的机械均会享受国家补贴。农机加入合作社后，会被编号并录入宏运农机精准作业平台，平台中主要记录每台机械每天的作业面积，合作社会根据农机的作业面积，每亩收取5元管理费。

合作社以经济效益、社会效益、生态效益为目标，考虑外部社会环境和政策导向，以理事长作为组织分系统的核心，管理下属人员并决策事务。管理分系统以协调控制为基础，由管理人员在农忙期间对各农机和机手进行统一调配；以决策支持为核心，将作业平台产生的作业数据和地方政府的相关政策作为参考，由理事长进行决策；以实施保障为方法，定期对机手进行技能培训和安全教育，定期对农机进行保养维护，保障人机正常工作；装备分系统以农业机械为核心，综合考虑当前的农机工程技术和农艺问题，选择机器配置。

图6-10为宏运农机专业合作社农机作业平台界面。

图6-10　宏运农机专业合作社农机作业平台界面

（三）宜机化整治情况

2019年合作社共流转土地520亩；2020年合作社扩大规模，共计流转土地1 000亩。其中水田400亩，流转费用为400元/亩；旱田600亩，流转费用为200元/亩。土地流转后，合作社自筹资金将旱田全部进行宜机化改造，平均每亩投入600元，整治后的最大地块42亩，最小地块1.2亩（图6-11）。土地改造后效果达到了预期目标，与改造之前相比，机械作业效率提升了3倍左右，节约人工60%～70%，宜机化改造将小块田地改造为大块连片田地，减少了机器在田间作业时的掉头时间，从而减少了整体作业时间，保证了农时，避免了粮食减产。土地整治过程中平整了沟壑与小地块之间的畦埂，增加了土地总面积，平均增加土地面积约1.5%。1 000亩的流转土地中，山地共600亩，其中421.3亩为小麦-玉米轮作+玉米/大豆套作，197.4亩为小麦-玉米轮作；共流转水田400亩，种植模式为水稻-油菜轮作。

图6-11　宜机化改造作业

图6-12、表6-8为宏运农机专业合作社玉米种植分布及种植面积情况。

图6-12 宏运农机专业合作社玉米种植分布

表6-8 宏运农机专业合作社玉米种植面积

编号	面积/亩	种植模式
1	6.9	玉米-大豆套作
2	14.3	玉米-大豆套作
3	4.6	玉米-大豆套作
4	6.1	玉米-大豆套作
5	14.3	玉米-大豆套作
6	1.2	玉米-大豆套作
7	2.2	玉米-大豆套作
8	7.8	玉米-大豆套作
9	9.6	玉米-大豆套作
10	9.4	玉米-大豆套作
11	16.3	玉米-大豆套作
12	14.7	玉米-大豆套作
13	13.0	玉米-大豆套作
14	10.3	玉米-大豆套作

（续表）

编号	面积/亩	种植模式
15	8.3	玉米-大豆套作
16	8.5	玉米-大豆套作
17	11.6	玉米-大豆套作
18	11.8	玉米-大豆套作
19	14.7	玉米-大豆套作
20	9.3	玉米-大豆套作
21	7.9	玉米-大豆套作
22	12.5	玉米-大豆套作
23	10.6	玉米-大豆套作
24	11.1	玉米-大豆套作
25	8.9	玉米-大豆套作
26	7.4	玉米-大豆套作
27	9.2	玉米-大豆套作
28	14.6	玉米-大豆套作
29	14.5	玉米-大豆套作
30	11.3	玉米-大豆套作
31	16.0	玉米-大豆套作
32	11.1	玉米-大豆套作
33	42.0	小麦-玉米轮作
34	28.5	小麦-玉米轮作
35	16.7	小麦-玉米轮作
36	11.4	小麦-玉米轮作
37	14.1	小麦-玉米轮作
38	14.2	小麦-玉米轮作
39	13.9	小麦-玉米轮作
40	12.3	小麦-玉米轮作
41	10.5	玉米-大豆套作
42	14.5	玉米-大豆套作
43	17.3	玉米-大豆套作

（续表）

编号	面积/亩	种植模式	
44	7.9	玉米-大豆套作	
45	7.0	玉米-大豆套作	
46	7.4	玉米-大豆套作	
47	9.8	玉米-大豆套作	
48	8.5	玉米-大豆套作	
49	8.4	玉米-大豆套作	
50	6.9	小麦-玉米轮作	
51	9.8	小麦-玉米轮作	
52	19.1	小麦-玉米轮作	
53	8.5	小麦-玉米轮作	
总计	618.7	净作	197.4
		套作	421.3

（四）农机装备情况

为推动农业机械化的发展，国家出台了购机补贴政策，每台机械按照原价补贴30%。2019年四川省为了发展油菜产业，出台了为期3年油菜机械补贴政策，在国家补贴的基础上再增加补贴19%，油菜作业机械共计补贴49%。由于联合收获机可通过更换割台收获油菜，联合收获机和喷药机械在四川省的油菜农机补贴范围内，而拖拉机属于动力机械，不享受四川省补贴，仅享受国家30%补贴额度。

1. 拖拉机

合作社目前共有拖拉机16台，其中10台为江苏沃得WD704K，4台为东方红MF704，2台为路通生产，型号分别为LT-704和LT-804。16台机器中2台为合作社资产，14台为机手带机入社。合作社拖拉机动力多为51.5 kW（70马力），仅一台58.8 kW（80马力）拖拉机，拖拉机共配套旋耕机和播种机各16台。旋耕作业效率为每小时4亩，玉米播种效率为每小时4亩，小麦播种效率为每小时5亩。机械的选择首先要看价格，国内外同功率拖拉机与进口拖拉机相比，进口机械噪声相对较小，转弯半径小，性能稳定不易损坏，但价格要高50%以上，三台县作为经济欠发达地区，农户一般难以接受；合作社拥有的三种品牌国产拖拉机以路通拖拉机价格最高，补贴后为6.5万元左右，东方红拖拉机为5万元左右，沃得拖拉机为4.5万元左右。

国内拖拉机行业竞争激烈，各大企业均打价格战，尤其沃得通过降低车身重量和车胎尺寸以降低整体价格，质量降低后，在坡地作业时拖拉机前轮容易上翘，存在安全隐患，因此，需要在拖拉机前部增加配重；轮胎尺寸减小导致拖拉机底盘降低，在水田工作通过性稍差，但沃得凭借价格低廉、优质的服务态度和维修及时等因素，仍然在本地区属于最受欢迎的农机品牌；拖拉机功率的选择首先要根据土地需求，不同功率拖拉机配套作业机具不同，机具的幅宽要根据作业地块的面积及机耕道路的宽度进行合理选择。

2. 打药机械

合作社拥有雪绒花3WP-800自走式喷药与撒播一体机1台，作业效率为每小时10亩，补贴后机械价格为7万元；大疆植保无人机4架，作业效率为每小时20～30亩，其中2架为合作社所有，药箱容量为20 L，无人机补贴后价格为4万元。

3. 收获机械

合作社拥有收获机17台，16台为江苏沃得公司生产，其中锐龙DREDE Ⅱ-Ⅰ型号14台，DR40E182型号2台，1台为洋马公司生产（4LZ-3.0A）。17台收割机中，2台为合作社资产，15台为机手带机入股。玉米收获效率为每小时4亩，小麦收获效率为每小时7～8亩。与国内收获机相比，国外收获机油耗低，同功率机械可降低油耗10%～20%，质量可靠、故障率低，但价格昂贵，同一型号收获机要比国产的贵1倍左右。沃得收获机补贴后价格为9万元左右。

4. 干燥设施

合作社建有100 t风干房2间，每间配有4台风机，每台风机功率为1.5 kW。玉米干燥时间为140～150 h，小麦干燥时间为50～70 h。

目前合作社对外服务土地面积约8 000亩，合作社自有土地1 000亩，现有设备数量除收获机械趋于饱和外，其他机械均符合现有作业土地规模。

合作社机具统计情况见表6-9。

表6-9　合作社现有机具统计

机具种类	品牌	型号	数量	备注
拖拉机	沃得	WD704K	10	
	东方红	MF704	4	
	路通	LT-704	1	
		LT-804	1	
旋耕机	沃得	1GKN-200	16	配套拖拉机使用
播种机	河东雄风	2BFM-4A	16	配套拖拉机使用
自走式打药撒肥一体机	雪绒花	3WP-800	1	

（续表）

机具种类	品牌	型号	数量	备注
植保无人机	大疆	T20	4	载荷20 L
收获机	沃得	DREDE Ⅱ-Ⅰ	14	可更换割台
		DR40E182	2	
	洋马	4LZ-3.0A	1	

二、主要种植模式

当地山地种植模式主要包括小麦-玉米轮作和小麦-玉米、大豆间套作模式（表6-10），每年10月中旬播种小麦，在次年2—3月进行中耕施肥打药，5月初收获小麦后直接进行玉米免耕播种，在7—8月进行中耕除草，并于10月初收获玉米。经过4年的发展，合作社因地制宜，结合当地环境探索出多种适合当地的种植模式，目前本地区主要有以下2种种植模式。

表6-10 宏运农机专业合作社小麦、玉米种植情况

序号	种植作物	种植制度	种植面积/亩
1	小麦、玉米	小麦-玉米轮作一年两熟制	197
2	小麦、玉米、大豆	小麦-玉米、大豆间套作一年三熟制	421

（一）耕整地

耕整地采用沃得WD704K拖拉机配套旋耕机进行（图6-13），旋耕机每小时作业4亩，每亩油耗6~7 L，耕整地对外服务每亩收费100元，在有耕地补贴项目的情况下，带机入社的机手向合作社每亩缴纳管理费5元；使用合作社机器的机手每机耕1亩地提成10元。

图6-13 耕整地机械

（二）种子处理

小麦播种前先对种子进行包衣处理（图6-14），防止虫鸟啄食，合作社购买农药，农药商家上门提供拌种服务，拌药成本为每亩15元。

图6-14　种子包衣

（三）播种环节

小麦种子可分为1代种子和2代种子。1代种子指由科研机构刚培育出的种子，农户从种子店直接购买；2代种子指的是1代种子种植后生产出的小麦当作种子。1代种子的价格较高，平均每5元/kg；2代种子的平均价格为2.4元/kg。小麦每亩的播种量在15 kg左右，合作社每年的种子需求量在1 000 kg左右。为节约种子成本，合作社每年购买1代种子100 kg，其余使用2代种子播种，经过种子对比实验，2代种子比1代种子每亩减产3%～4%，通过计算采用此种植方式每亩地小麦种植成本可节省10～20元。

合作社2019年主要种植的小麦品种为川麦104，其特点为抗病虫害、抗旱倒伏的能力较强，每亩产量350 kg左右，但川麦104抗倒春寒能力较弱。绵麦902的特点是抗寒能力强，分蘖能力强，可有效应对倒春寒天气，平均每亩产量为400 kg（表6-11）。小麦品种对于机械化作业影响小，因此，选择小麦品种时一般不把宜机化作为参考依据。

表6-11　小麦品种及参数

品种	株高/cm	千粒重/g	穗粒数/粒	亩穗数/万穗
川麦104	84.0	47.5	40.3	14
绵麦902	82.3	49.2	38.1	16

小麦播种机械主要有背负式电动撒播机械、自走式撒播机械和拖拉机撒播机械。背负式电动撒播机械为人工作业机械，采用电动机控制拨盘转速，转速可调节，但撒播面积较小，工作效率低，适用于小型地块；自走式撒播机械采用液压控制拨盘转速，转速可自主调节；拖拉机撒播机械采用传动轴控制拨盘转速，动力大、撒播面积广，但拨盘转速由机械行走速度控制，不可自主调节。目前合作社采用雪绒花自走式机械，配套小麦撒播机进行撒播播种（图6-15）。撒播机平均每小时作业5亩，每亩平均油耗3~4 L，对外服务每亩收费80元，机械为合作社所有，机手每亩提成5元。

图6-15 小麦播种

合作社2019年种植的玉米品种共有3种，主要在县农业农村局推荐指导下购买，分别为成单90、绵单270和正红532，具体参数见表6-12。玉米每亩播种量由品种的千粒重和每亩种植株数决定，经计算，玉米每亩平均播种量为1.5~2 kg。

玉米的行距种植方式是改善群体结构，提高光能利用率的重要调节途径，玉米行距配置方式因品种、地力水平而异。不同的玉米品种叶子与茎秆之间的夹角即平展度不同，平展度好的玉米叶光照足，但需要的行距宽；玉米叶平展度小的品种可适当减小行距。合作社玉米种植行距分别为60 cm、65 cm和70 cm，株距约为27 cm，亩产约为450 kg。

机械化收获中，玉米含水量是相当重要的指标，含水量在20%~25%时为机械化收获最佳含水率。四川由于空气湿润，一般实际收获含水率为28%~30%。成单90玉米在成熟后果穗自然朝下，有利于果穗内积水排出，干燥速度快，而其他两种玉米成熟后果穗仍然朝上，不利于雨后果穗内的积水排出，影响机械化收获进程。

表6-12 玉米品种及参数

品种	株高/cm	穗高/cm	千粒重/g	穗行数	行粒数	亩株数
成单90	267	104	324	16	35	3 000 ~ 3 300
绵单270	270	109	291.5	16.2	32.5	3 000 ~ 3 600
正红532	240	93	315.6	16	33.9	3 000 ~ 3 200

由于大豆净作产量较低，玉米-大豆间套作缺乏相应作业机械，目前本地区大豆作物种植较少，政府为号召农户种植大豆，推荐合作社采用玉米-大豆间套作的种植模式，并且自2019年起，以每亩150元的价格给予补贴，自补贴政策颁布起，合作社玉米种植大部分采用玉米-大豆间套作的种植模式（图6-16）。对合作社本身而言，如果无政府补贴，不会采用玉米-大豆间套作的种植模式。

图6-16 玉米-大豆间套作

为使间套作模式适用于机械作业，2019年4月三台县农业农村局组织多个合作社召开会议，专门研究玉米-大豆间套作的种植方法，种植大户首先考虑机械化作业，现有的玉米免耕播种机单程可播4行（图6-17），每4行之间留有1 m的间隙以便于后期的收获作业，1 m的空隙可以采用小型手扶拖拉机后挂大豆播种机进行播种作业。根据农艺要求，大豆的行距一般选择25 ~ 30 cm，因此，每个1 m空隙可种植3行大豆。间套作模式中玉米净作模式的行距为60 ~ 70 cm，株距为27 cm，每4行之间的距离为70 cm，每亩平均种植3 000株左右，亩产约为500 kg。玉米-大豆间套作模式的行距仍为60 ~ 70 cm，但每4行玉米之间距离为1 m，虽然玉米间套作模式的种植行数减少，但由于每4行玉米之间距离增大，产生了边行效应，提高了玉米通风和采光的能力，间套作模式中的玉米平均株距由净作模式中的27 cm减小至24 cm，每亩种植玉米总株仍为3 000株左右，亩产仍可达450 kg左右。

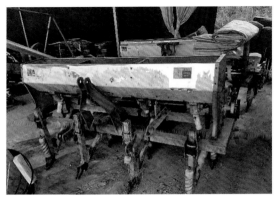

图6-17 玉米免耕播种机

间套作模式中每亩大豆产量40～50 kg，玉米空隙中种植大豆可有效防止杂草的生长，但由于间套作模式中的大豆种植只能采用手扶拖拉机播种，而手扶拖拉机需要人工扶持作业，效率低，耗费时间。小散户的地块较小，不能满足中间1 m的空隙需求，此种间套作模式较适用于种植大户，因此，采用间套作模式的种植户较少，全镇仅有4家合作社采用此模式，种植规模共计约900亩，均享受政府补贴。

2019年6月，三台县种子推广站在宏运农机专业合作社对13种玉米品种进行种植试验，主要参数如表6-13、表6-14所示。

表6-13 玉米收获检测指标

编号	品种	含水率/%	产量/ （kg/亩）	落穗损失/ （kg/亩）	落籽粒损失/ （kg/亩）	损失率/%
1	成单90	22.1	275.06	42.62	3.19	16.66
2	仲玉3号	20.8	209.12	70.26	3.26	35.16
3	成单722	20.2	292.04	25.97	4.02	10.27
4	XY305	20.9	263.07	63.10	1.97	24.74
5	成单393	24.6	203.13	29.30	1.06	14.95
6	阿单15	20.5	121.05	61.44	0.68	51.32
7	东单1331	22.1	233.27	27.31	0.94	12.11
8	成单3601	25.5	270.90	38.13	0.63	14.31
9	众星玉1号	26.6	359.31	53.78	0.79	15.19
10	成单739	23.4	299.37	47.12	0.52	15.91
11	SAU208	27.1	369.46	73.26	2.15	20.41
12	绵单270	25.3	314.02	110.39	0.51	35.31
13	正红925	23.8	339.33	99.73	1.02	29.69

表6-14　玉米含杂率和机械破碎率

编号	品种	含杂率/%	机械破碎率/%
1	成单90	3.54	1.19
2	仲玉3号	1.20	0.31
3	成单722	1.43	0.86
4	XY305	1.02	0.97
5	成单393	4.80	1.81
6	阿单15	6.62	0.29
7	东单1331	1.49	1.31
8	成单3601	2.36	1.03
9	众星玉1号	3.73	3.79
10	成单739	3.89	0.89
11	SAU208	2.59	0.22
12	绵单270	4.05	1.01
13	正红925	1.79	0.45

通过玉米收获数据可知，不同品种的产量各不相同，但产量普遍较低。主要原因是2019年受到天气影响，玉米种植初期，天气干旱，导致出苗率不高；玉米授粉期阴雨天较多，玉米授粉影响严重，并相继引发了病虫害和杂草疯长，导致各类玉米减产严重，相较于往年，2019年玉米平均产量减少了50%左右。

（四）田间管理

田间管理主要包括病虫防治、除草和施肥。病虫防治和除草均采用打药的方式，合作社共有1台雪绒花3WP-800自走式打药机和4架大疆无人机。自走式打药机平均每小时作业10亩，平均每亩油耗1.5 L，对外服务每亩收费15元，该机械需要机手和小工2人操作完成，机手每天工资为300元左右，小工每天工资80～120元。大疆无人机药箱20 L，每小时平均作业25亩，平均每亩地电耗1元，对外服务收费10元，机手提成2元。对外服务费10元是由农民自行承担农药费用，若由合作社提供农药，每亩地需要额外收费30元，每茬作物需要打药2次。与自走式打药机相比，无人机工作效率高，所需人工少，但操作无人机需要技术人员，合作社目前无人可以操作，需要聘请专业人员操作（图6-18）。

图6-18 植保作业

目前施肥方式主要采用人工撒肥，小麦整个生长周期需要施肥2次，第一次施肥为基肥，每亩地施用肥料40 kg，第二次施用叶面肥，随农药一起施用。为保证玉米产量，玉米的整个生长周期一般需要施肥4次，平均每亩基肥量60 kg，基肥施用采用免耕播种机施用，后续3次追肥均为人工撒肥，共计追肥量60 kg（图6-19）。

图6-19 玉米施肥

（五）收获

沃得锐龙DREDE Ⅱ-Ⅰ联合收获机可通过互换割台实现玉米、小麦收获（图6-20）。配置玉米割台，每小时收获玉米4亩，平均每亩油耗2～3 L；对外服务收费120元，机手每亩提成10元。配置小麦割台，每小时收获小麦7～8亩，平均每亩油耗1 L；对外服务收费80元，机手每亩提成10元。

图6-20　小麦、玉米收获

（六）产后处理

合作社共有两间地笼式风干房，每间容量100 t，每间风干房配套4台风机，每台风机功率为1.5 kW，玉米风干时间为140～150 h，小麦风干时间为60～70 h（图6-21）。与自然晾晒相比，粮食水分可控，籽粒饱满，不会因为暴晒使粮食色泽变差；与加热干燥相比，风干成本低。但风干时间较长且不宜长时间存放，易出现返潮的现象，目前仅能满足合作社自己的需求，无法提供对外服务。

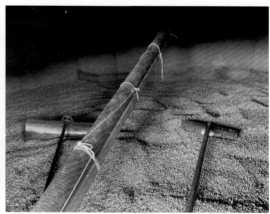

图6-21　风干作业

三、模式总结和评价

（一）模式总结

通过对四川省绵阳市三台县宏运农机专业合作社连续3年的调研，总结该地区的典型技术模式如下。

1. 小散户小麦-玉米人工生产模式

人工撒基肥→微耕机旋耕→小麦种子包衣→小麦人工播种→背负式喷雾器植保→人工

追肥→小麦人工收获→打谷机脱粒→小麦自然晾晒→玉米种子包衣→玉米人工播种→背负式喷雾器植保→人工施肥→玉米人工收获→玉米自然晾晒（图6-22）。

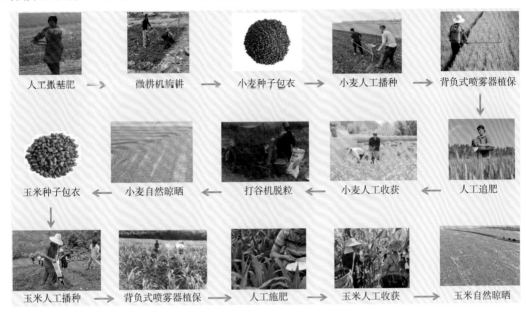

图6-22　小散户小麦-玉米人工生产模式

2. 小麦-玉米田间全程环节机械化+产后处理

小麦种子包衣→旋耕机耕整地→机械施基肥→小麦机械播种→小麦播种覆盖→无人机植保→人工追肥→小麦机械收获→小麦风干→玉米种子包衣→玉米机械化播种→自走式喷雾器植保→人工施肥→玉米机械收获→玉米风干→玉米酿酒（图6-23）。

图6-23　小麦-玉米田间全程环节机械化生产模式

3.小麦-玉米轮作套作大豆生产模式

小麦种子包衣→旋耕机耕整地→机械施基肥→小麦机械播种→小麦播种覆盖→无人机植保→人工追肥→小麦机械收获→小麦风干→玉米种子包衣→大豆播种→玉米机械化播种→自走式喷雾器植保→人工施肥→玉米机械收获→玉米风干（图6-24）。

小麦种子包衣 → 旋耕机耕整地 → 机械施基肥 → 小麦机械播种 → 小麦播种覆盖

玉米种子包衣 ← 小麦风干 ← 小麦机械收获 ← 人工追肥 ← 无人机植保

大豆播种 → 玉米机械化播种 → 自走式喷雾器植保 → 人工施肥 → 玉米机械收获 → 玉米风干

图6-24　小麦-玉米轮作套作大豆生产模式

（二）模式评价

运用前文构建的评价指标体系，对3种模式进行评价，评价的原始数据和评价结果如表6-15所示。

表6-15　三台县典型小麦、玉米机械化生产模式评价

工程模式	数据类型	农田宜机化率/%	土地经营规模	作业效率/（亩/h）	燃油效率/（L/亩）	单位播面农机动力/（kW/亩）	动力机械信息化智能化程度/%	作业机具信息化智能化程度/%	劳动生产率/（kg/人）	投入产出率/%	评价结果
散户小麦-玉米部分环节机械化生产模式	原始数据	30	30	0.45	0.51	1.66	0	0	750	155	
	标准化数据	0.3	0.3	0.11	0.12	1.00	0	0	0.03	0.77	0.33

（续表）

工程模式	数据类型	农田宜机化率/%	土地经营规模	作业效率/（亩/h）	燃油效率/（L/亩）	单位播面农机动力/（kW/亩）	动力机械信息化智能化程度/%	作业机具信息化智能化程度/%	劳动生产率/（kg/人）	投入产出率/%	评价结果
大中型合作社小麦-玉米全程机械化生产模式	原始数据	60	80	6.5	3.82	0.45	80	15	23 625	176	
	标准化数据	0.6	0.80	0.83	0.76	0.75	0.8	0.15	0.9	0.89	0.77
中型合作社小麦-玉米/大豆生产模式	原始数据	60	75	4.15	4.67	0.59	60	20	9 800	142	
	标准化数据	0.6	0.75	1.57	1.1	0.98	0.6	0.2	0.37	0.71	0.63

四、模式及装备配备优化

（一）模式优化

1. 耕整地环节

大功率拖拉机+旋耕机，使用大中型拖拉机牵引旋耕机旋耕后的土层碎土充分，地面松软平整，一次旋耕作业可达到铧式犁与耙多次作业的碎土效果，提高了拖拉机的使用效率和使用经济性，不误农时；旋耕机切碎杂草、混合土肥能力强，在有较深杂草的土地工作时，旋耕机的刀片能将杂草切碎，并使之与土肥混合；旋耕机较好地解决了拖拉机在潮湿地作业时易打滑、功率不易充分发挥的问题。

2. 种子处理环节

种子采用包衣处理，可防止种子被害虫破坏，提高种子出芽率。

3. 播种环节

小麦播种优化为中型拖拉机+条播播种机。将现有的撒播优化为条播播种技术可抗旱保墒，播深一致，能实现苗齐、苗全、苗壮；播种行距、株距规范，植株分布均匀合理，生长一致，能有效合理地利用土壤中的养分与空间，通风透光性好，可为高产创造有利条件；省种、省工。条播播种减少了现有的种子覆盖工序，降低了播种油耗，从而降低了播种成本。条播播种行带整齐，株距均匀，便于田间管理，为中耕追肥及收获奠定了良好的基础。

玉米播种优化为中型拖拉机+免耕播种机。免耕播种作业时可一次性完成开沟、施肥、播种、覆土、镇压等多道工序，降低了机具下地次数，从而降低了作业及燃油费用。免耕播种可减少土地侵蚀，提高土地有机质含量。

4. 田间管理

采用无人机植保+追施叶面肥。采用无人机植保+追施叶面肥作业效率高，不耽误农时，无人机作业可减少机械进地次数，追施叶面肥可快速补充作物不同生长阶段所需的养分，增强叶片光合作用，促进光合产物的形成，促进作物毛细根及根系的生长，提高作物抗寒抗旱能力。

5. 收获环节

喂入式联合收割机进行玉米籽粒对行收获。喂入式联合收获机自身具备动力、行走和操纵控制等系统。该类机型具有结构紧凑、配置合理、操作灵活和作业效率高等特点，能一次完成摘穗、集穗、脱粒、秸秆还田等作业。对行收获可减少玉米收获损失率和含杂率，提高玉米收获质量。

6. 产后处理环节

优化方向：采用烘干机烘干+酿酒。随着粮食规模化种植的推进、粮食晒场越来越少，加之三台县玉米收获期一般处于阴雨季节，无法通过晾晒方式干燥，可能导致霉变、发芽，造成的玉米质量和数量损失巨大。粮食烘干一方面解决了晾晒产地和粮食霉变的问题；另一方面提升了粮食的品质，增加了农民的收入。烘干后的粮食可以贮藏起来，进行酿酒等加工，进一步增加粮食的附加值。由于烘干设备投资成本较高，政府可支持大型合作社成立一个代烘干中心，为周边农民提供烘干服务。

小麦种子包衣→人工撒肥→机械旋耕→小麦人工播种→背负式喷雾器植保、追肥→小麦联合收获→小麦自然晾晒→玉米种子包衣→玉米免耕播种→背负式喷雾器植保、追肥→联合收割机籽粒对行收获→玉米自然晾晒（图6-25）。

图6-25　优化后散户小麦–玉米田间关键环节机械化生产模式

小麦种子包衣→机械旋耕→机械施基肥→小麦机械条播→无人机植保+追肥→小麦机械联合收获→小麦机械干燥→玉米种子包衣→玉米机械播种→无人机植保+追肥→玉米籽粒对行收获→玉米机械干燥→玉米酿酒（图6-26）。

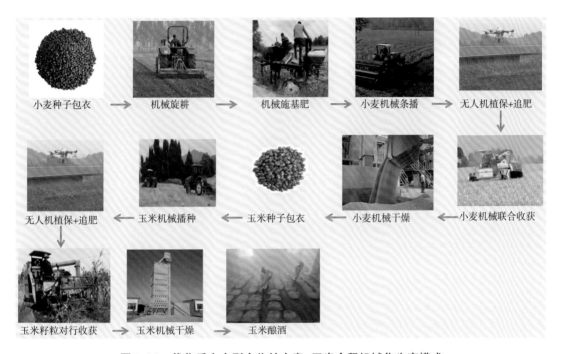

图6-26 优化后大中型合作社小麦-玉米全程机械化生产模式

（二）装备配备优化

设某地区某一作业环节适宜作业时间为T（单位：d），待配备合作社土地经营规模为S（单位：亩），该环节的作业机具作业效率为P（单位：亩/h），待配备合作社需要配备该类作业机具为N（单位：台/套）。由于该合作社所有的土地需要在T天内完成该环节的作业，因此有：

$NPT=S$；即$N=S/PT$

四川省三台县农机化生产适宜作业时间如表6-16所示。

表6-16 四川省三台县农机化生产适宜作业时间T 单位：d

旋耕	小麦撒播	撒底肥	植保	小麦收获	旋耕	玉米播种	撒底肥	玉米田间植保	玉米籽粒直收+秸秆还田
6	6	6	2	3	6	6	3	2	8

宏运农机专业合作社经营面积为1 000亩，使用以上公式计算出该合作社的装备需求（按照每天工作一班8 h计），如表6-17所示。

表6-17 三台县宏运农机专业合作社装备需求量

机具类别	作业内容	机具类型	作业效率/（亩/h）	机具数量/台/套
播种机械	小麦撒播	自走式撒播机	5	4
	玉米播种	4行玉米播种机	4.5	4
动力机械	耕整地	51.5 kW（70马力）拖拉机	小麦：4 玉米：4.5	4
耕整机械	耕整地	旋耕机	4.5	4
田间管理机械	施肥	自走式撒肥机	10	3
	植保	20 L无人机	20	3
收获机械	小麦、玉米收获	联合收获机	小麦：12.5 玉米：4	4

在耕整地环节，理论上只需要4台拖拉机配套旋耕机即可，目前合作社拥有的拖拉机中可以分出其余的用于对外服务作业，而植保作业期限比较长，因此，3台机械即可满足作业要求，其余机器均可用于对外服务。合作社目前尚且需要增补的机械是自走式撒播机，现仅有一台撒肥播种一体机，作业难以满足需求，在限定期限内仅能完成作业需求的1/3左右，如果将每日作业时间从8 h延长至12 h并将作业期限从6 d延长至9 d，才能够满足作业需求，因此，建议合作社增补相关机具。

（三）成本及效益分析

宏运农机专业合作社是典型的土地流转型经济组织，土地流转费用随地块质量变化，坡地流转价格为200元/亩，水田流转价格为400元/亩。合作社目前共流转了600亩坡地、400亩水田，坡地主要种植小麦、玉米、大豆，水田主要种植油菜和水稻，结合本课题的研究内容，此处主要分析小麦、玉米、大豆的种植效益。

小麦、玉米、大豆的种植费用主要包括土地流转、宜机化改造、耕、种、管、收、产后处理等环节费用。土地流转费、宜机化改造费和耕地费为3种作物的公摊费用，宜机化改造平均每亩600元，土地承包合同为10年，因此，每年宜机化改造费用为60元/亩，耕整地费用100元/亩，公摊费共计21.6万元；小麦种植600亩，总费用为20.8万元；玉米种植面积为470亩，总费用为15.8万元；四川省对大豆种植每亩补贴150元的物资，主要包括种子、农药、化肥，因此，大豆种植费用主要计算种植和收获环节费用，大豆共种植130亩，总费用为1.1万元。合作社每年坡地种植支出费用为61.5万元。

作业中油耗环节主要包括耕地、播种、打药、收获和运输环节，柴油价格按照平均6元/L，结合上述中每环节产生的油耗量，每年的油耗费用共计8.1万元，占耕、种、管、收和运输作业总支出费用的17.6%（表6-18）。

表6-18　作业油耗情况

作业环节	平均油耗/（L/亩）
机耕	6
玉米播种	2
小麦播种+覆盖	4
植保	1.5
玉米收获	3
小麦收获	2
大豆收获	3

据了解小麦每亩平均产量为400 kg，玉米平均每亩产量为450 kg，大豆平均每亩产量为45 kg。小麦出售均价为2.4元/kg，玉米出售均价为2.2元/kg，大豆出售均价为6元/kg，计算得合作社每年出售粮食价格为96.3万元，合作社每年的净利润为37万元，平均每亩净收益为616.7元。

间套作中大豆效益分析（表6-19）：大豆种子平均每亩成本30元，播种需要人工播种平均成本每亩25元，植保成本每亩150元，收获费用平均每亩80元，运输成本每亩5元，机械折旧费每亩10元，则大豆平均每亩成本为300元，大豆每亩收益270元，在无政府补贴的前提下，间套作大豆每亩亏损30元。因此，未来应推广适宜机械化作业的轮作模式，逐步淘汰间套作生产模式。

表6-19　合作社间套作模式种植成本与收入

支出费用/（元/亩）																收益/（元/亩）			总利润/元
土地流转	宜机化改造	耕整地	小麦种子	玉米种子	大豆种子	小麦播种	玉米播种	大豆播种	小麦收获	玉米收获	大豆收获	打药	施肥	粮食运输	玉米干燥	小麦干燥	机械折旧	小麦收益	玉米收益	大豆收益	370 000
200	60	100	40	30	30	80	40	25	80	120	80	80	70	15	1.5	1	20	1 200	800	270	

第七章

四川省智能农业装备发展重大工程

第一节 攻关智能农业装备薄弱环节

面向四川省农业生产需求，针对四川省农机装备发展现状，启动实施农机化薄弱环节关键技术装备研发攻关项目，加强研究四川省农业机械化空白领域和"卡脖子"关键技术，加快攻克一批优势特色产业农机化薄弱环节的新装备。农业装备薄弱环节的操作主要包括以下几个方面。

地形适应性：丘陵山地的地形复杂，坡度、沟壑、石块等障碍物较多，智能农业装备在操作时需要具备良好的地形适应能力。这可以通过优化装备的机械结构、改进底盘设计、提高悬挂系统的柔韧性等方式实现。

精准导航与控制：丘陵山地的导航与控制技术相较于平原地区更具挑战性。由于地形起伏，卫星定位技术可能受到影响。因此，需要研究并应用更加精准的导航技术，如基于激光雷达、视觉识别等传感器融合的导航方法。

智能作业策略：丘陵山地的农业作业需要考虑地形、土壤、作物生长情况等多种因素，制定合理的作业策略。这可以通过智能决策支持系统来实现，该系统能够根据环境信息自动规划作业路径、调整作业参数，以达到最佳的作业效果。

安全防护与可靠性：丘陵山地的环境复杂，智能农业装备在操作过程中可能会遇到各种突发情况，如坡道滑坡、石块撞击等。因此，需要加强装备的安全防护设计，提高装备的可靠性和稳定性。

智能化管理与维护：丘陵山地智能农业装备的使用和管理需要更加智能化。通过物联网技术，可以实现装备的远程监控、故障诊断、预警预报等功能，提高装备的使用效率和维护水平。

综上所述，针对四川省丘陵山地智能农业装备的薄弱环节，需要从地形适应性、精准导航与控制、智能作业策略、安全防护与可靠性及智能化管理与维护等方面进行操作和优化。这将有助于提升四川省智能农业装备的性能和使用效果，推动四川省农业的现代化发展。

一、农机动力装备

针对四川丘陵山区地块小、道路狭窄、掉头转向难、坡地多、道路通过性差等问题，突破多源动力高效传递、大坡度高通过性行走驱动、高灵便性转向、机身姿态自适应调控、作业远程智能操控、农机自动驾驶等核心技术，研发适应丘陵山区复杂作业条件的转向灵活、高通过性、机身自动调平低成本专用底盘，建立丘陵山地通用动力机械智能化与模块化作业共性技术体系，创新研制绿色环保无排放、无噪声污染、节能、作业成本低、操作便捷、结构简单、故障低、震动小的新能源动力装备，便于智能化、无人化、远程控制等技术的组合应用，提升丘陵山地通用动力机械作业效率与安全性，为四川省丘陵山地动力机械的通用化和智能化发展奠定基础。

目前大多农机动力装备出厂时都没有配备智能化的功能，基本上都是后加装，如卫星定位系统、自动驾驶系统等，需要加强农机动力装备的基本功能创新，出台相应智能化功能的标准，让大部分动力装备配备或可配备标准智能化功能模块，并在动力装备出厂前就配备完整，避免出现后装备智能模块的兼容性问题（如装配位置、线路布置等），以提高动力装备的性能。

二、大田作业装备

大田作业装备在四川农业生产中扮演着重要角色，但由于省内丘陵山地分布广，地形复杂、地块小、坡度大等因素，这些装备在设计、制造和使用过程中面临一些短板和挑战，即所谓的"卡脖子"问题。

针对四川山区地形地貌复杂、土块多、暗石多、黏性强等特点，通过机电液一体化自动控制及智能化技术，研制耕种管收多类型适应能力强的大田精准作业智能装备，可以实现作业质量的监测预警，作业部件的自动调控，提升作业装备对丘陵山区的适应性。

一是智能耕整机械装备。需要对土壤的实际情况作出判断，如土壤坚实度、坡度等，融合农艺要求，实时调整耕整地设备的各项作业参数，以达到高质、高效、低耗耕整地的目的。二是智能种植机械装备。需要针对种植作物的现场实际情况进行判断，如墒情、种植深度等，以便调整种植装备最佳作业参数，提高作业质量并能实现漏播堵塞报警，可提示机手及时清理播种器。三是智能田间管理机械装备。需要针对不同的作物长势、典型病虫草害、墒情等，实现肥水药的精准施用。四是智能收获机械装备。针对水果、高端茶叶等作物缺乏实用性收获装备，需要研制轻简、高通过性、转向灵活、机身自调平等功能的水果与高端茶叶采收装备，可实现作物精准识别、低损采收。

针对丘陵山地大田作业装备的短板和挑战，需要从机械设计、动力性能、智能化水平、维护保养等多个方面进行综合改进和优化。同时，需要加强技术研发和创新、完善服务支持体系等方面的工作，为丘陵山地大田作业装备的发展提供有力支持。

三、果园作业装备

四川省果园基本分布在低山丘陵地区，特点是地块小、地势起伏不平、果园密闭。受地形、种植模式等因素的影响，目前丘陵山区果园管理大多以人工作业为主。普遍来看，丘陵果园自然条件较差，实现山地果园机械化的基础薄弱。山地果园机械的研发力度不足，适用于山地果园的专用机械少，是制约四川省果园发展的难题。不仅是果园，与平原相比，目前适用于丘陵山区的农业机械大多供给不足，专用机械种类较少，且实用性不强，不能满足果农的需要。近年来，国家对山地果园机械研发的重视程度增加，产学研合作得到增强，有望改变这一现状。另外，山地果园农机农艺未能有效结合的问题也很突出。山地果园机械化作业与耕作制度、栽种方式等严重不吻合，在很大程度上难以推广与使用果园机械。应根据丘陵山地果园现状，改善果园栽培管理模式，加快果园适用机械的研发与推广，加强农机农艺技术集成。

四川省丘陵山地果园植保作业机械化水平较低，大多还是人工施药和传统风送施药，这种施药方法不仅效率低，而且会导致严重的农药浪费与环境污染。近年来，针对丘陵山区植保机械作业条件差、大型植保机具难以入地等缺点，陆续出现了多种新型植保机械化模式：无人机施药、果园多功能机器人施药及单轨自走式弥雾机施药等。可借助计算机辅助决策技术、信息技术、自动化与智能控制技术等高新技术，实现农机农艺的有机融合，加快推动果园生产的规模化、专业化、标准化和信息化。

在果园施药过程中，是否能够避免农药对果农的损害及减少农药损失提高农业喷洒效率，降低农药残留对环境的污染，是现代植保机械发展水平的重要标志。应尽快提高针对丘陵山区果园的植保机械的技术水平，研究和开发新的基础部件并开发新型产品，推动中国植保机械的全面更新换代。基于计算机数值模拟发展技术，优化设计离心式和轴流式风送喷雾结构。突破丘陵山区果园复杂地形制约，研究激光雷达探测变量喷雾控制技术，获得树冠的位置、尺寸和形态信息，集成开发果园精准变量风送喷雾系统、果园精准喷雾决策系统、喷雾姿态自动调整系统，实现对靶仿形变量精准施药。

近年来，国内在丘陵山区果园割草机研发方面取得较大进展。对于智能避障除草机，应以电控液压仿形升降和传感测距避障技术为主要突破口，提高传感器的测距识别性能。对丘陵山区果园除草机械工作幅宽调节机构、信号采集机构、自动避障机构和除草刀等关键部件的结构及参数进行优化设计，解决除草作业部件液压全方位伸缩回返、割茬自主调节、上下垄仿形等关键技术问题。

四、设施农业装备

国内设施蔬菜起步晚，由于资金的限制，设施农业装备化的科技创新能力较弱。设施农业装备化水平偏低，各环节设施农业装备化发展不匹配，进而限制了设施农业的发展。设施园艺装备化科研创新重视程度低，且投入少，装备化发展不均衡。

一是设施种植装备有效供给不足。设施种植作业环节之间的农机装备供给不平衡，在设施蔬菜机械化方面：目前比较成熟的机械作业装备主要集中在耕作环节和管理环节；移栽及收获环节的机械化程度较低，缺乏成熟通用的机械装备；育苗环节已基本实现机械化，但育苗全流程自动化尚缺少一些关键衔接装备。在设施水果机械化方面：设施水果修剪整形、疏花疏果、套袋摘袋和采摘收获等环节工作仍依靠人工完成，设施水果生产机械化总体水平偏低。在设施花卉机械化方面：盆栽基质装填机械尚处于研发阶段，设施花卉移栽、采花收获等环节均依靠人工完成。二是设施种植装备智能化水平有待提升。设施种植装备研发制造与技术集成能力仍较薄弱，在智能装备配套方面整体水平不高，环境控制能力不足，具有环境控制能力的连栋温室占比低。采用物联网、5G、大数据等数字化技术构建的设施服务平台与设施种植装备融合的应用场景少，迫切需要加快改造升级，提升设施种植装备整体发展质量。智能化系统成套装备是集传感器、计算机、移动网络技术于一体的物联网技术设备，某些关键环节设备和软件的缺失，将导致设施环境精准调控难以实现，造成设施农业各装备协同运行效率低的现象。现有的传感器不稳定、设施装备故障率高、网络不稳定、物联网技术不成熟等问题，造成环境参数错误或丢失，导致农民不相信数据，无法依靠智能设施装备自动调节环境，大多数还是依靠经验种植。三是设施种植运行能耗高。设施农业的耗能主要包括采暖、通风、降温、灌溉、补光、自动化控制等，通风、降温是夏季设施耗能的主要因素。据统计，能源消耗的费用占设施农业生产总费用的15%~40%。部分设施农业企业反馈设施建造面积过大，棚内温湿度均匀性难以调节，环控策略基本失效，直接导致生产面临着高风险、高成本的问题。四是农机农艺发展融合不足。在设施种植发展过程中，对农机农艺融合认识不足，造成了农艺与农机、机具研发企业间存在脱节，农艺与农机之间、机具与机具之间融合度较低。设施种植种类多、适宜机械化的品种少，种植垄宽、行数未充分考虑机械作业要求，缺乏适合不同作物、设施类型和栽培模式的技术标准和规范，多靠经验进行生产。

以软件工程、大数据分析和数据库技术为基础，深入开展数字技术集成应用研究，创建适宜不同作物的智能诊断、远程控制的智能管理平台，从而对作物生长环境进行智能精准化监测和控制，加快提升环境调控、植保等作业的智能化水平，提高设施农业智能化生产水平。

一是需要对环境信息进行采集，并根据要求对光照、温湿度等进行自动调控。二是对作物生长情况进行监测，包括叶面光合作用、秆茎长势等，并根据种植的实际情况，自动调配水肥比例，并按水肥一体化的标准实施灌溉。三是对生长环境的虫情进行监测，实时提供虫情报告，并根据虫情自动进行灭虫设备的开关。四是设施农业育苗收获作业装备智能化，实现工厂化自动育秧育苗、蔬菜全自动嫁接/移栽、高效智能收获。

推广适宜不同作物、不同土壤的专用设施设备，推进各生产环节机械装备的协同配套，积极构建区域化、标准化的设施农业生产全程智能化技术体系，促进设施农业智能化发展。

五、畜牧养殖装备

四川省是畜牧养殖大省，畜牧养殖业正逐渐从传统的家庭散养过渡到现代的规模化养殖，其技术不断进步，规模养殖业发展势头良好。当前畜牧业加快向规模化、标准化、集约化转型升级，对加快畜牧业机械化发展的要求日益迫切。

我国畜牧装备制造业基础研究薄弱，缺乏行业积淀、数据分析应用存在短板等问题导致国产畜牧装备与国际先进水平相比，无论是硬件还是软件方面都有较大差距，对畜牧业机械化高质量发展不利。当前我国畜牧养殖正加速向规模化、集约化与标准化方向发展，对畜牧养殖机械的信息化和智能化的需求日益增加。推进"互联网+畜牧养殖机械"，促进畜禽养殖与信息化技术深度融合是下一步发展的方向，也是支撑现代畜牧业可持续发展的关键。

因此，针对畜禽和水产养殖，需要对畜禽养殖场进行环境自动控制，自主调控温湿度，判断是否应该进行粪便清除，是否应该进行饲料添加，并自动进行相应的动作。需要对水产养殖中的水质进行自动检测、自动清理，让养殖环境更加完善。

六、农产品初加工装备

农产品加工业是国民经济基础性和保障民生的重要支柱产业。近年来，四川省农产品加工产业有了一定发展，但总体仍然大而不强，机械化水平尚低，农产品产地初加工率64%。四川省农产品初加工机械化整体还处在初级阶段，与实际需求相比存在较大的差距，同时还存在部分突出问题。一是机械化整体水平低且不平衡，滞后于农业发展要求。近年来，四川省农产品加工的机械总量稳定增长，但从发展实际看，机械化加工整体水平不高；不同环节、不同品种、不同区域间机械化发展不平衡差距大。二是加工装备设施技术有待提升，装备供给不足。目前国产农产品初加工装备已初步满足省内农产品工业的基本需求，但大多数初加工机械产品技术含量不高、产品创新能力不足，质量不稳定，配套性差，绿色节能、数字化、智能化技术在农产品初加工装备中的应用还不普遍。一些产品和加工环节存在"无机可用""无好机用"问题依然突出，部分环节初加工装备存在短板弱项甚至空白。

因此，坚持突出重点，聚焦解决四川省农产品初加工急需，针对农产品进行自动控制烘干，通过计算机视觉技术、电子嗅觉技术和光谱技术对农产品外部品质，如大小、形状、颜色、表面缺陷等进行检测分选，按最佳参数对农产品进行贮藏与保鲜。重点突破粮食果蔬等大宗农产品高品质绿色节能干燥、高通量清选、快速预冷保鲜、无损检测分级及包装等关键技术，研制推广特色农产品清洗、脱壳、剥皮、清选、分级、干燥、包装等高效智能绿色装备。

第二节　突破智能农业装备重大关键核心技术

我国丘陵山区农业机械化水平是国家实现农业农村现代化的重要基础，近些年在国家和政府部门的政策鼓励与支持下，在企业、科研院所等机构的共同努力下，丘陵山区农机装备的研发具备了一定的基础，专家学者也在种植制度宜机化、生产装备配套性适宜性等方面提出了系列合理化建议。但目前丘陵山区农业生产发展存在的短板问题仍较为突出，相关装备机具与作业技术仍处于实验阶段，耕、种、管、收、运各生产环节中高效低损智能化机具研发推广仍有很大提升空间。针对四川智能农机装备的短板与不足，建议当前及今后一段时期内将发展智能农机装备的重点放在智能农机装备关键核心技术攻关上面。

一、动力装备智能化技术

丘陵山区地形、地貌复杂，坡地土壤的类型、物理性质及地貌的几何特性等均影响到山地农机装备的爬坡、越障、制动、侧滑、倾翻等行驶性能和耕作、播种、田间管理、收获等作业性能。因此，为了研发适应于丘陵山区自然条件的专用山地拖拉机及配套机具，首先必须研究该地域土壤的物理特性及其与农机行走机构的相互作用关系，研究山地农机装备行驶及作业对坡地土壤理化成分的影响机制与效应，开展系统全面的山地农机-坡地土壤-作物互作机理研究。

姿态调整机构与控制策略是山地农机装备较为重要的理论，原因在于山地农机所行驶的路面、作业的条件复杂多变，会导致较大的功率消耗和车身失稳，甚至引发安全事故。研究山地农机的姿态调整原理，有助于设计更加合理的姿态调整装置以提高山地农机的行驶、作业稳定性，从而保证安全性。目前，国内该方面的研究尚未成熟，需要全面、系统地运用数学、力学、运动学等理论对山地农机装备在山地行驶、作业的运动学及动力学规律展开分析研究，为设计、制造高质高效的姿态调整装置提供理论指导。

鉴于丘陵山区地块碎小的现状，山地农机整机布局应尽可能紧凑，根据山区农业要求，重点突破高效轻量化液压机械无级变速驱动技术，解决核心部件的"卡脖子"问题，融合复杂工况与高效传递的关系，实现作业速度的自适应匹配与调控，确保整机工作的动力性、连续性、经济性和安全性。突破电液比例动力输出关键技术，提升动力机与农具适配性。以动力机转向时的整车速度、行驶驱动力及转向驱动力矩为约束，优化转向机构的特性参数，研发高效灵便的转向驱动系统，设计不同工况下的转向控制策略，实现复杂多变工况的可变半径转向，以满足碎小地块作业转向需求。

丘陵山区农业装备的推广应用会极大提高农业生产的效率和质量，但是该地域地形的复杂多变性给操纵人员、农机本身带来了一定的安全隐患。为更好地保证安全性，急需创制动力机行驶速度、机身姿态、液压系统压力流量、山区作业环境、作业负载等传感信息及发动机转速、动力输出轴转矩转速等发动机电控单元工况信号采集传输终端与远程监测系统；开发远程实时故障诊断系统。为了实现高效低损作业，急需研究丘陵山区非标准地块复杂场景下的精确自主导航技术、精准识别避障技术。

因此，面向四川省农业生产需求，针对丘陵山区地块小、道路狭窄、掉头转向难、坡地多、道路通过性差等问题，突破多源动力高效传递、大坡度高通过性行走驱动、高灵便性转向、机身姿态自适应调控、作业远程智能操控、农机自动驾驶等核心技术，研发适应丘陵山区复杂作业条件的转向灵活、高通过性、机身自动调平低成本专用底盘，建立丘陵山地通用动力机械智能化与模块化作业共性技术体系，创新研制绿色环保无排放、无噪声污染、节能、作业成本低、操作便捷、结构简单、故障低、震动小的新能源动力装备，便于智能化、无人化、远程控制等技术的组合应用，提升丘陵山地通用动力机械作业效率与安全性，为四川省丘陵山地动力机械的通用化和智能化发展奠定基础。

二、耕播机械智能化技术

水田平地机在农业生产中可以提高水田土地平整度、增产增收、灌溉节水、节约肥料，是农田整改工程的重要设备。针对四川水田精细平整需要，突破平地机机具姿态动态高精度感知、三维地形在线重构技术、作业路径规划、平地装置等技术，集成研制轻量化、高性能、高可靠、实用化卫星平地机，实现高效平地作业。

针对丘陵山区耕播机械，需要研发应用高强度、低密度的农机装备新材料，降低整机质量，研发应用减黏降阻新材料，提升农机装备丘陵山区黏重土壤适应性。重点突破减阻防黏入土开沟、入土部件材料及表面涂层强韧化、底盘防陷深等关键技术，研发适用丘陵山区的油动或电动低地隙耕播移栽等装备。

针对山地丘陵地形地貌相对复杂，耕播机械智能化重点攻克作业环境信息在线快速获取技术、耕播机械工作状态实时监控技术、电液驱动技术、精准耕播控制技术、远程区域遥控技术等一系列关键技术，集成高精度卫星定位和无线传输等先进技术，创制多功能耕播动力遥控平台及配套耕播移栽智能作业装备，实现苗床精细整备、精量排种、精准低损取苗、高效自动栽插、自适应仿形定植立苗等功能。

三、植保机械智能化技术

近年来，随着多旋翼无人机技术的发展，在此基础上衍生出了很多在各行各业的实际应用，在农业中的植保应用也比较吸引眼球，并且已经初步形成较为完善的产业链。我国是农业大国，伴随无人机技术尤其是多旋翼无人机的发展，其在农业生产中的应用愈加广泛，尤其是在病虫害防治方面。与传统病虫害防治作业方式相比，农用植保无人机具有灵活便捷、作业精准、绿色环保、操作简单及高智能等优点。

无人机植保技术涉及的主要技术包括3项。①植保无人机飞行姿态控制技术。针对无人机飞控技术的研究主要集中在飞行数据的监控、飞行姿态控制及飞行定位导航等技术。②植保无人机喷洒技术。植保无人机喷洒技术的研究主要集中在基于植保无人机的遥感监测、植保无人机变速喷洒技术、植保无人机喷洒农药漂移模型。③植保无人机智能化技术。随着5G时代的到来，植保无人机的相关硬件与软件设备也在进一步发展，其智能化作业也将成为趋势。其中，核心技术为基于多传感器融合的无人机飞行姿态控制、基于农药漂移与沉积规律的精准喷药技术、基于路径规划和导航定位的全自动智能作业等技术。

面向四川省，针对丘陵山地植保机械，研究农田植保作业机械人-空-地协同的病虫草害多元信息融合感知方法，构建基于多目标、多传感、大数据和时空分析的植保作业智能决策模型及系统。对精确施药技术、低量喷雾技术、静电喷雾技术、直接混药喷雾技术、循环喷雾技术、对靶喷雾技术、防漂移喷雾技术、植株茎部施药技术等进行更加深入的研究，开发基于流量与压力实时监测的变量施药控制系统，实现按量精准喷洒，解决喷洒不匀的问题，提高作业效率与农药利用率，较好地解决现行植保作业存在的浪费农药、污染环境等问题。

四、灌溉机械智能化技术

自动节水灌溉系统是基于传感器、控制器与执行器等多种装置研发而成的智能化灌溉设备，通过动态监测农业生产过程中的土壤条件、天气变化及作物长势，实施科学灌溉，从而实现节约水量、提高农作物长势的目的。传感器可实时获取土壤含水量、温度、湿度等相关参数，并将这些参数传至控制器；控制器则可根据获取的数据分析植物的需水量，决定灌溉与否，以及控制灌溉时长和水量。数据通信系统主要用于远程控制，可为控制器与传感器、执行器、上位机间的通信提供支持。自动节水灌溉系统转变了传统以人力为主的灌溉方式，可实现农田灌溉自动化，能够自主完成农田缺水情况的实时监测，动态监控农作物的生长态势，以数字化形式分析农作物的生长指标，进而实现精准灌溉。自动化节水灌溉系统支持根据农作物生长状态并结合农业生产指标选用最为适合的灌溉方式，并可自动设置合理的灌溉时长，自主调控灌水量及灌水频次，降低人工灌溉压力、节约人力资源，对农产品增产增收具有重要的促进作用。

四川很多地方采用了智能灌溉技术，但仅限于人机交互式，管理人员通过手机App对设备进行控制。灌溉机械智能化技术需要将计算机与土壤水吸力传感器、管道压力变送器、液位变送器、流量传感器、空气温度传感器、空气湿度传感器、雨量传感器、太阳辐射传感器、气压传感器、近地面风速传感器等相连，实现数据综合采集，根据采集信息进行计算、分析、决策，作出灌溉预报，确定精确的灌溉时间和最佳灌溉水量，利用决策结果对灌溉设备进行自动控制与监测，让灌溉更加智能。

施肥可与灌溉结合开展水肥一体化技术研究，利用水压控制肥料输出，在灌溉的同时完成肥料施加。在农业生产中，应合理对接自动化节水灌溉系统与自动施肥系统，在传感器装置支持下，自动获取农作物生长阶段信息。水肥一体化技术具有省时省工、节水节肥、增加产量、改善环境条件等方面的优势，在农业生产上得到广泛应用。受丘陵、山地等复杂地形影响，农作物种植区域通常被划分为多个分区，且各个分区水肥需求量不同，应立足四川农业种植自然条件、地理环境条件，加强适宜于丘陵山区的水肥一体化新技术、新装备研究，研发适用于山区环境、缺水缺电地块和家庭承包制的移动式带水源和电源的水肥一体化系统，研制低成本、易操作、可维护性强的轻简型水肥一体化设备，降低用户技术设备使用成本。水肥一体化是一项区域性和技术性都很强的技术，因此，有必要在各典型种植区域，开展水肥一体化相关技术的试验研究、示范。根据不同区域条件、不同作物，开展农作物各生长期的灌溉方式、灌水量、施肥量等对比试验，以实现最大产量和最佳品质为目标，确定灌水施肥比例、周期和最佳时期，形成特定区域水肥一体化技术模式，完善灌溉制度和施肥方案，提高技术应用的针对性和实用性。

五、收获机械智能化技术

机械化收获在减少粮食损失、提高粮食产量方面发挥了重要作用，尤其对于丘陵山区而言，大幅增加了种植企业和农户的经济收入。丘陵地区应该结合农作物实际种植情况，借鉴平原地区机械化收割的成熟方案，研发出更适合丘陵地区收获的机械化设备。

针对缓坡地大宗粮油、蔬菜的智能收获机械，基于多源信息感知与电液比例控制技术，重点突破履带式升降底盘与自动调平、低窄履带行走、再生稻宽幅割台、油菜短流程高效捡拾、玉米低损低含杂摘穗、玉米柔性压附低损高净剥皮、叶类蔬菜低损拔取、自适应喂入、柔性输送等关键技术，研发稻麦轻简型联合收获机、轻型低损油菜割晒机、玉米摘穗剥皮联合收获机、轻简型甘蔗收获及剥叶装备、甘蓝/白菜联合收获机等装备。重点突破浮动限深挖掘、低损高效平顺输送、果缨高效分离等关键技术，研发示范分段马铃薯联合收获机、轻简型马铃薯联合收获机、轻简型甘薯联合收获机、轻简型花生联合收获机、白萝卜/胡萝卜联合收获装备等。既实现对联合收割机的自动控制，又可以实时测出作物的含水量、小区产量等技术参数，为下季或今后的作业打下基础，并让机具能适应各种复杂的田间作业情况。

六、运输装备智能化技术

四川省拥有大面积的果园、茶园，地形以丘陵、山地为主。我国目前农用运输机械生产以大中型机械为主，相对而言，丘陵山区农业运输机械研发起步较晚、基础薄弱，缺乏适合丘陵山区农业生产模式的装备。在不同坡度下机械化水平差距较大，根据不同坡度可分为平坡、缓坡和陡坡。平坡利于大中型运输机械作业；陡坡存在许多大型运输机械难以进入农产品种植地的问题。首先，茶园、果园多数分布在山地、丘陵地区，坡度较大，并且土壤环境复杂，机器作业困难，机械化水平较低。其次，茶园、果园作业以人力为主，且大多农业经济作物种植在丘陵山区，丘陵山地地形复杂，农副产品及农药化肥等物资难以运输，多数情况下需要人工搬运，工作强度大，安全风险较高。

近年来，国内研发的丘陵山地果园运输机械主要包括：四轮式农用运输机、履带式运输机、单轨运输机、双轨运输机、索道等。国内的丘陵山地运输车处于轻简化阶段，主要目的在于减轻果农的劳动强度，提高农产品的运输效率，但目前运输机械的作业中绝大部分仍需人工辅助。随着遥控技术的日渐成熟，应用无线遥控、自动驾驶等智能技术的山地丘陵运输装备被研发出来。未来，丘陵山地运输装备的发展将更加集成化、智能化。

针对四川丘陵山区不同地域的作物生产差异，作物的耕作、播种、施肥施药管理、收获、运输等作业环节的"无机可用""无好机用"的普遍现实问题，突破山地丘陵智能动力装备、高效低侵蚀耕作技术、机械化覆膜精量播种技术、小型智能施肥（施药）机械化作业技术、小地块低损机械化联合收获技术、山区坡地高稳定性运输技术，创制核心零部件，开发相应的农机装备，实现薄弱环节的机械化和一定程度的智能化。山地农机具应尽可能小型化；动力机尽可能通用化，并具备作业装置模块化快速换装功能，配套灵活，实现一机多用，提高动力机的适应性和利用率。

支持省内科研院所、企业组建农机装备协同创新中心、农机装备制造联盟等农机创新平台，联合申报、联合实施一批国家、省级现代农业装备重大科研项目。建立健全国家智能农机装备标准体系，通过应用智能感知技术、智能控制技术、智能决策技术，以及物联网、大数据、云服务等先进技术促进四川农业机械化高质量发展。

第三节 智能农业装备制造体系建设

依托四川先进制造业和农业装备头部企业的区域分布，统筹省内农机智能制造、工业互联网智造、人工智能等产业布局，进一步细化智能农业装备制造发展的目标图、作战图、路径图和责任图，加强四川智能农业装备制造体系建设，推动智能农业装备在产品创新、产业聚集、应用赋能、综合支撑等方面水平和能力大幅提升。

一、完善智能农业装备产业链

全产业全链条协同推进农机装备补短板和农业机械稳链强链，针对已经梳理排查出的短板弱项，区分轻重缓急、列出优先次序，用足用好相关政策，支持优势企业承担专项任务，分级分类推进研发攻关。

一是集中资源扶持一批有带动能力的"链主"企业，以打造"链主"为关键提升集群能级；以全省农业装备制造集聚区为核心，着力改造提升或新建智能农业装备产业园区。

二是培育产品链，立足需求加强智能高效全程化产品供给，建设与产业配套的全程化产品体系及与应用配套的流通服务体系，建立对四川本地品牌的支持机制。

三是优化创新链，加强智慧智能技术研发与转化，加强共性关键技术研发转移；加强特色智能产品研发与转化；支持小而精配套农机具研发应用；加快样机熟化定型，在智能农业装备研发制造推广应用先导区启动建设一批标准化规范化的熟化定型和推广应用基地，建立快速便利鉴定与检验检测通道。

四是延伸服务链，推进农机农艺农服协同融合，在农田建设中充分考虑农机作业和通行条件改善，将宜机化作为品种培育的重要要求，因地制宜探索形成并推广宜机化种植模式，持续拓展农业装备应用场景，开展以县为单位的特色农业全程机械化示范，加强智能农业装备应用人才培育。

五是提升价值链，构建上下游贯通的智慧应用体系，加快建设农业大数据平台，培育建设一批"平急两用"的区域性农机社会化服务中心，强化机手田间实训、实机操作，抓好作业质量监测，加强智慧农业应用场景示范推广等。

完善智能农业装备产业链，需要重点解决智能农业装备产业链上游先进制造设计、基础材料、基础工艺、电子信息等"卡脖子"问题，优化智能农机装备产业结构，融合高附加值农产品加工、贮运等智能装备产业，打造智能农业装备产业集群发展模式，推动科研、制造、销售、应用、维修、培训全产业链融合发展，加强智能农业装备服务体系建设，大力发展多元化、多层次、多类型的农机社会化服务组织。

二、加强智能农业装备生产制造能力

要加强传统的农业装备企业在智能农业装备上的生产制造能力，引导四川省工程机械、轨道交通、航空航天、电子信息等优势行业骨干企业进入农机制造领域。引导农机生产企业建设"黑灯工厂"、改造生产线、进行工业设计。智能农业装备制造的生产制造能力提升是一项复杂而关键的工作，需要通过优化生产工艺流程、提升员工素质、优化供应链管理和改善产品质量管理等手段来实现。

一是优化生产工艺流程，分析和改进已有的生产流程，去除冗余环节，缩减不必要的等待和运输时间，提高生产线的运行效率；引入先进的生产设备和技术，采用自动化生产过程，减少人为操作的错误和浪费，提高生产效率和品质稳定性；优化零部件的选择和配套，提高产品的可组装性和互换性，减少组装时间和成本。

二是提升员工的综合素质和技能，加强员工培训和教育，提升他们的专业知识和技能水平，提高工作效率和质量；建立激励机制，激发员工的积极性和创造性，使他们能够更好地发挥自己的能力；实施团队合作和沟通机制，在生产过程中加强各部门之间的协作，提高生产效率和协调性。

三是优化供应链管理，与供应商建立长期稳定的合作关系，提前规划原材料和零部件的供应，减少运输和等待时间，降低库存成本；实施供应链信息化管理，建立供应链的可追溯和可控制性，提高生产计划和调度的准确性与灵活性；采用智能化的仓储和物流管理系统，提高物流运输的效率和准确性，降低物流成本和周期。

四是持续推进智能制造，加快推进生产线装备由点及线，从面至体的全方位升级，实现生产现场少人化、无人化，流程管理协同化、一体化，持续提升生产能力、生产质量和关键工序数控化率，逐步实现生产线的数智化升级。

五是引入数字化技术，实现生产流程的智能化，改变工业资源配置模式。融合新质生产力科技化、绿色化和数字化的关键要素，牢牢把握"专业突出、创新驱动、管理精益、特色明显"总体要求，兼收并蓄世界一流企业优秀实践，在高端产品市场占有率、创新投入产出效率、资产投入产出比等方面居于世界同行业前列，在细分领域、进口替代、"卡脖子"技术攻关、产业协同、组织活力、价值创造等方面不断实现跨越。

六是加强质量管理，严格把控原材料质量，从源头上保证产品质量；强化过程质量控制，引入先进的质量管理方法和工具，如六西格玛、质量功能展开等，对生产过程中的关键环节进行监控，全面提升产品的质量水平；建立完善的质量管理体系，包括质量标准、检验流程和质量数据分析等，实现对产品质量全流程的控制和管理；建立质量反馈机制，加强售后服务和客户反馈的管理，及时了解产品的使用情况和客户的需求，进行及时改进和优化。

制造企业应根据自身的实际情况和发展目标，积极探索和实践适合自己的生产能力提升方法，不断提高竞争力和市场占有率。

三、加速相关产业融合

吸引四川省丘陵山区新型智能农业装备企业加入，建立集创新研发、产品生产、示范展示、服务运营于一体的智能农业装备研发创新基地。培育智能农业装备龙头企业，支持产学研推用深度融合，引导和鼓励科研院校、企业加大研发投入，开展粮油、果蔬茶药棉、笋竹、畜禽水产等南方丘陵山区农机薄弱环节装备研发，开展通用底盘、智能控制、作业感知、南方黏性土壤触土部件减附降阻等"卡脖子"技术攻关。研发适合四川特色的种植、养殖需要的智能农业装备及技术，重点解决智能农业装备技术研发"从0到1""从1到10"的短板难题，着力提升装备的稳定性、可靠性与适用性，打造自主可控的产业技术及产品体系；通过成果转化，交由企业进行规模生产，加强四川的智能农业装备制造体系建设。

搭建产业对接平台，实施优势产业链延伸融合工程，将工业制造、信息技术、人工智能等的产业优势嫁接到农机智造当中。进一步引导产业聚焦发展、深度融合发展，布局培育一批专业化、高端化产业集群和园区，打造一批产业融合示范联合体或联合项目，培育一批国内有影响力的农业专用传感器、农业机器人、智能农业装备领军企业。鼓励各区市结合自身定位与发展实际，培育一批具有独特优势的细分领域特色产业集群。建设一批智能场景应用示范项目，形成一批具有示范推广效应的产品和应用典范案例。推动实现从计划、播种、施肥、作物监测、喷药、收获到烘干贮存的农业生产全过程智能化，提升四川省智能农业装备、精准农业产业规模效应。

四、完善支撑体系

夯实"农机智造"基础。加强创新载体建设，创建农机智造联合创新中心，建立农机与先进制造、信息技术、人工智能等相关产业及高校、科研机构深度合作的产业联盟，打造创新创业共同体和生态圈。紧盯"农机智造"技术核心，不断加强科技攻关，精准培育、招募国内外优秀团队，增强产业发展核心竞争力。积极支持智慧农机等领域的国内外企业，设立区域总部、创新中心、孵化基地、双创平台等创新机构。鼓励各类企业开放应用场景，增强智慧农业装备应用场景体验，不断扩大四川农业智能装备品牌影响力和竞争力。引进、培育智能农业装备制造领军企业、龙头企业、优势企业。通过企业强强联合、产学研结对等方式培育发展"专精特新"领军企业支持本地企业做大做强，或通过引进龙头企业，打造"四川造"农机品牌。出台一批支持鼓励"农机智造"的财税金融和用地用能政策，引导社会资本参与四川农业智能装备研发制造高地建设。支持四川智能农机创新研发中心建设，实施农机装备重大科研项目"揭榜挂帅"。加快科技成果转化，推动创新机具广泛应用。

第四节　智能农业装备大数据云平台（物联体系）建设

四川的智能农业装备大数据云平台相对较少，只有四川省农机购置补贴机具作业综合奖补信息平台、四川省农机购置补贴申请办理服务系统、"五良"无人农场管理平台等，并且平台数据共享互通还有待进一步加强，有些平台只是局部场景的应用展示，还需在"大"和"云"上下功夫。

需要配套农机作业环境信息采集终端和农机具智能作业监管终端，终端集成传感器技术、计算机测控技术、卫星定位技术和无线通信技术，实现对农机作业各个环节信息数据的准确监测与采集，各环节农机作业数据实时上传到农机作业监管与服务系统。这些作业数据集中记录和管理，提供有效的统计和分析，为农机作业质量提供量化依据，可极大降低管理强度，显著提升农机作业管理信息化水平；并针对农业生产过程中的农艺特点及管理需求，制订智能农机与管控平台间的数据交换协议及接口规范，设计智能农机管控数据库，结合REST、RPC、云服务、高性能计算、微服务架构等技术，构建四川省智慧生产云管控平台，实现智慧农场农情监测、处方决策、农事智慧决策、多机协同调度等功能；同时采用多种方式，从产学研等方面着手，加快建立和完善四川智能农业装备的人才培训和服务体系。

一、配套数据采集终端

智能农业装备大数据云平台整体为典型的物联网应用，数据采集终端属于物联网感知层，是系统主要的数据来源，也是系统运转的基础。农业数据采集终端主要有环境信息采集终端和作业监管终端两大类，具体包括各种传感器、监测设备、摄像头、机载智能终端等，用于收集土壤、气象、作物、机械等方面的数据，从而实现对农田环境和农业装备运行状态的全面监测及数据采集。

在智能农业装备大数据云平台中，配套数据采集终端的设计与选择至关重要。数据采集终端需要具备多样化的传感器和监测设备，以适应不同的数据采集需求。例如，土壤湿度传感器、温湿度监测器、光照传感器等可以用于监测农田环境参数；定位模块、惯性导航传感器等可以用于实现农机的定位和导航；配备工况传感器、机具状态传感器、摄像头等感知设备的机载智能终端可以用于监测农机的工作状态和作业情况。通过这些传感器和监测设备的配备，数据采集终端可以实时获取各类数据，为后续的数据分析和决策提供支持。

除了上述各类感知设备外，数据采集终端还需要具备可靠的数据传输和存储功能。数据采集的过程需要确保数据的准确性和完整性，同时需要将采集到的数据及时传输到云平台进行处理和分析。因此，数据采集终端通常会配备无线通信模块，如移动通信模块、Wi-Fi、蓝牙、LoRa等，用于与云平台进行数据交换。此外，数据采集终端还需要具备足够的存储容量，以满足数据的临时存储和离线采集需求。

在实际应用中，数据采集终端的部署和使用需要考虑环境适应性、稳定性和易用性等因素。根据具体的农业生产场景，数据采集终端可能需要具备防水防尘、抗干扰等特性，以保证在恶劣环境条件下正常运行。同时，数据采集终端的安装调试和使用操作也应简单明了，以便农民和农业从业者能够轻松上手并有效地利用这些设备进行数据采集。

综上所述，数据采集终端作为智能农业装备大数据云平台的重要组成部分，承担着数据采集、传输和本地暂存等功能，为实现农业生产的智能化和精准化提供了技术支持。通过不断优化和改进数据采集终端的设计和应用，智能农业装备将更好地服务于现代化农业生产的需要。

二、全面推进北斗自导导航、智能监控终端在农机装备上的集成应用

北斗自导导航系统是中国自主研发的卫星导航系统，其高精度定位服务为农业生产提供了重要支持。结合智能监控终端的实时数据采集和分析功能，可以实现对农机装备的智能导航和监控，进一步提升农业生产的效率和精准度。

首先，北斗自导导航系统在农机装备上的集成应用可以实现农机的智能导航和定位。通过安装北斗导航接收器和相关传感器，农机可以实现高精度的实时定位和航向控制，从而在田间作业过程中减少重复作业、避免错绕等问题，提高作业效率和节约人力物力成本。此外，北斗导航系统还可以实现智能路径规划和作业轨迹记录，为农民提供更便捷、准确的作业指导，帮助提高农机作业的精准度和一致性。

其次，智能监控终端在农机装备上的集成应用可以实现对农机作业过程的实时监控和数据采集。智能监控终端通常搭载摄像头、传感器等设备，可以实时监测农机的工作状态、作业情况、环境参数等信息。通过数据的采集和分析，智能监控终端可以提供作业质

量评估、异常预警、故障诊断等功能，保障农机装备的安全运行和作业效率。

在农机装备上综合应用北斗自导航和智能监控终端，可以实现智能化的农业生产管理和作业控制。通过集成应用，农机装备可以实现智能化的自主导航和作业，减少人为操作错误和误差，提高作业效率和作业品质。同时，智能监控终端的实时监测和数据分析功能可以帮助农民实时掌握作业情况，及时调整作业策略，最大限度地提高农业生产的产出和效益。

三、智能农业装备大数据云平台建设

智能农业装备大数据云平台建设是整个系统的核心和基础，它承载了数据的存储、处理和分析功能，为农业生产提供了数字化、智能化的支持。在智能农业装备大数据云平台建设过程中，涉及硬件设施、网络通信、数据存储和处理、安全保障等多个方面的内容，需要综合考虑各种因素，确保平台的稳定性、安全性和高效性。

首先，在智能农业装备大数据云平台建设中，硬件设施的选择和部署是至关重要的一环。硬件设施包括服务器、存储设备、网络设备等，需要根据平台的规模和功能需求进行选型和配置。高性能的服务器和存储设备能够提供足够的计算和存储资源，保障数据的高速处理和存储；稳定可靠的网络设备能够保证数据在平台内部和外部的高效传输。

其次，在智能农业装备大数据云平台建设中，数据存储和处理是重点关注的内容。大数据技术的应用使平台需要具备足够的存储容量和处理能力，能够应对大规模数据的存储和分析需求。数据存储方面，可以采用分布式存储系统或云存储服务，确保数据的可靠性和安全性；数据处理方面，需具备数据清洗、处理、分析和可视化等功能，为用户提供准确、直观的数据展示和分析结果。

再次，在智能农业装备大数据云平台建设过程中，安全问题也是一个重要考虑因素。数据的安全性、隐私保护和网络安全等问题需要得到充分重视。平台需要建立完善的数据加密和权限控制机制，确保敏感数据不被泄露；同时，在网络通信和数据传输方面，也需要采取相应的安全措施，防范网络攻击和数据泄露的风险。

最后，在智能农业装备大数据云平台建设过程中，用户体验和操作便捷性也是需要考虑的因素。平台界面设计应简洁直观，操作步骤应简单明了，以便农民和农机操作人员能够轻松上手并高效利用平台功能。同时，应建立快速响应的技术支持和培训体系，解决用户在使用过程中遇到的问题，提高用户对平台的认可度和满意度。

综上所述，智能农业装备大数据云平台的建设是推动智能农业发展的重要一环。通过合理规划和综合考量各方面因素，建立稳定高效、安全可靠的大数据云平台，将为农业生产提供可靠的数字化技术支持，助力农业现代化进程。

四、完善培训和服务体系

在智能农业装备大数据云平台的应用中，用户的培训和技术支持至关重要，可以帮助用户更好地理解和掌握平台的功能和操作方法，提高其在农业生产中的应用效果和效率。同时，健全的服务体系也能够提供及时的技术支持和问题解决，确保平台的稳定运行和用户的满意度。

首先，完善的培训体系对用户的技术掌握和平台使用至关重要。通过定期举办培训课程和技术交流会议，向农民、农机操作人员等用户群体传授平台的操作方法、数据分析技巧等知识，帮助他们更好地利用平台进行数据采集、分析和决策。培训内容可以包括平台功能介绍、数据采集方法、数据分析案例等，以提升用户的技术水平和应用能力，推动智能农业装备的广泛应用。

其次，健全的服务体系可以提供及时的技术支持和问题解决。通过建立专业的技术支持团队和客服热线，用户可以及时获取到关于平台操作、故障排除等方面的帮助和支持。技术支持团队可以针对用户提出的问题进行及时响应和解决，确保平台的稳定运行和数据的可靠性。此外，还可以建立在线知识库、技术文档等资源，为用户提供自助式问题解决方案，提升用户体验和平台的可持续发展。

通过完善的培训和服务体系，智能农业装备大数据云平台可以更好地服务于用户，推动智能农业的发展。培训和服务体系不仅可以提高用户对平台的认知和应用能力，还可以帮助用户解决实际生产中遇到的问题，提高农业生产的效率和质量。因此，建立健全的培训和服务体系是推动智能农业装备大数据云平台应用的重要措施，对于促进数字农业的发展具有积极的意义。

第五节　智能农业装备技术标准与数据共享体系建设

产业发展，标准先行。将智能农业装备技术转化为生产力离不开相关标准的支撑。标准体系是保障智能农业装备产业安全、高效、环保的基础，只有在科学的标准体系下规范地生产和管理，智能农业装备产业才能形成完整、健康的产业链。

一、智能农业装备技术标准体系建设

智能农业装备技术形态丰富、集成程度高，涉及多个行业、领域的技术，具有丰富的应用场景。在这种高度跨界融合的前提下，加强标准化建设，建立规范统一的技术依据和

支撑，是提升智能农业装备应用水平的重要基础，对于推动智能农业产业发展、规范智能农机装备的设计生产、提高产品质量与安全性具有重要意义。标准体系的建设涉及多个方面的标准制定和规范化工作，包括技术规范、产品规范、测试方法、安全标准等。有必要加强标准制定与实施，推动智能农业装备技术标准体系不断完善，为智能农业装备的发展提供有力保障。

（一）形成智能农机装备标准化顶层设计及总体规划

一是依托标准体系框架，编制联系紧密、相互协调、层次分明、构成合理、相互支持、满足应用需求的智能农机装备标准体系表。建立一个科学、完整、统一、协调的智能农业装备标准体系，指导智能农业装备标准化工作。

二是明确现有标准的缺口，有目标、有计划、有步骤地指导推进智能农机装备系列标准制修订，解决标准数量不足的问题。制定大量、优质的智能农业装备标准，解决标准数量不足、质量缺乏保障导致智能农机装备生产没有统一规范、新产品研发无标可依、上下游产业无法配套衔接的问题。

三是为新产品研发提供依据，引导智能农业装备生产制造与应用服务产业链配套，进而提高智能农业装备行业整体水平，提高标准国际化水平，为标准"走出去"提供基础。

（二）强化智能农业装备技术标准的实施与服务力度

1. 急用先行、成熟先上

量化子体系或具体标准制修订工作的优先级，对农业智能装备领域急用的术语和定义、安全要求等基础标准重点投入，先立先研；对国内外较为成熟的通信控制、农机导航、无线传感等智能农业装备共性通用技术标准，以战略性新兴产业标准综合体、系列标准等形式，优先集中发布实施。

2. 面向需求、注重实效

从智能农业装备产业需求和市场前景出发，面向农机物联网、无人机植保、智慧养殖设施等产业化应用快速扩张的领域，制修订产品、技术、检测等标准，同时加强对作业行为的规范，提升服务质量。

3. 统筹规划、整合资源

坚持以企业为主导，系统整合"产、学、研、用"资源，一体化推进智能农业装备标准起草、验证、贯宣、应用推广。

4. 加强采标，推广国标

标准制定相关人员应积极参与国际标准化组织（ISO）、国际电工委员会（IEC）等国际标准化活动。在紧密跟踪智能农业装备领域国际标准化动态、提高国际标准转化率的同时，借助"一带一路"倡议、"六廊六路多国多港"等国际战略，积极推进国产智能农业装备标准"走出去"。

5. 依托组织，广聚人才

智能农业装备标准化工作业务领域多、类型复杂，所需人才需熟悉专业领域技术及标准化工作。依托四川省内现有农业装备技术标准组织，注重专业技术与标准化技能复合型人才的引进与培养，壮大智能农业装备标准化工作人才队伍。

智能农业装备技术标准体系的建设将迎来更多机遇和挑战。随着国家智能农业政策的不断强化和产业政策的支持，标准体系的完善将为智能农业装备产业的飞速发展提供有力支撑，推动农业现代化和数字化进程。

二、数据共享体系建设

智能农业装备的广泛应用带来了海量数据的产生，包括农田环境数据、作物生长数据、农机操作数据等，然而，目前智能农机装备领域存在着数据孤岛、数据隔阂等问题，不同装备厂商和服务提供商间数据难以共享和互通。为了解决这一问题，需要建设智能农业装备大数据云平台的数据共享体系。在智能农业装备大数据云平台的数据共享体系建设中，解决现有数据共享难题具有重要意义，不仅可以提高数据利用效率，促进农业生产现代化进程，还有助于推动智能农业装备行业的创新与发展。

（一）数据共享体系的建设

平台建设：建立统一的智能农业装备大数据云平台是数据共享的基础。通过建设一个集成多方数据的平台，不仅可以方便数据的收集和存储，还能提供统一的接口和服务，实现各方数据的共享和协同。平台应该具备良好的扩展性和灵活性，以适应不同农业装备和数据类型的接入。

数据治理：数据治理是确保数据共享体系规范化和安全性的重要手段。建立严格的数据管理和隐私保护规范，明确数据的归属和使用权限，防止数据泄露和不当使用。同时，制定数据共享的流程和机制，确保数据流通的合法性和规范性。

技术支持：整合先进的技术支持对于数据共享体系的建设至关重要。利用大数据分析和人工智能等技术，对海量数据进行清洗、挖掘和分析，提炼出有用的信息和知识。技术支持可以帮助用户更好地理解数据，做出更准确、可靠的决策，推动农业生产的智能化和效率化。

数据标准化：建立统一的数据标准是数据共享体系的基础。制定数据格式和结构的标准，确保不同装备产生的数据可以相互识别和交换。同时，制定数据共享协议，规定数据的共享方式和权限，促进数据的交流和共享。此外，建立数据安全标准，保障数据的机密性和完整性。

通过以上建设途径，可以有效推动智能农业装备大数据云平台的数据共享体系的构建和发展。这些措施有助于促进农业装备行业的数字化转型和智能化发展，推动农业生产的现代化和可持续发展。

（二）数据标准制定

智能农业装备大数据云平台数据共享体系的数据标准制定是确保数据在不同系统间互操作性和一致性的关键措施。通过制定统一的数据标准，可以实现数据的准确交换和共享，提高数据利用效率，促进农业信息化水平提升和智能化发展。

需求分析：深入了解各方需求，包括数据类型、采集频率、存储结构等，为制定数据标准奠定基础。

技术评估：评估现有技术标准和行业实践，确定最佳数据标准制定方法。

数据建模：制订数据模型，包括数据格式、字段定义、关系模式等，确保数据结构合理和完整。

标准定稿：制订数据标准文档，详细描述数据规范和使用方法，便于各方理解和实施；

验证和修订：进行标准实施前的验证测试，收集反馈意见，及时修订完善数据标准。

（三）数据标准实施

推广宣传：向各利益相关方介绍数据标准的重要性和好处，促使其积极参与和支持。

数据格式转换：对现有数据进行格式转换和整合，确保符合统一的数据标准。

系统集成：针对不同系统进行数据标准集成，实现数据的有效对接和共享。

监测与评估：持续监测数据标准的实施情况，及时评估和改进，确保数据标准的有效实施和持续运行。

通过以上数据标准制订方法和实施步骤，智能农业装备大数据云平台的数据共享体系可以更好地实现数据的整合利用，促进农业装备行业向数字化和智能化方向发展。

第六节　智能农业装备核心示范区建设

随着科技的快速发展和农业现代化的不断推进，智能农业装备已成为推动农业转型升级的重要力量。四川省作为我国农业大省，其智能农业装备的发展对于提升农业竞争力、实现农业可持续发展具有重要意义。四川省农田地块规模小、耕地细碎分散，经营方式大多是以农户经营为主的小规模经营，智能农机装备一次性投入较大，在小规模生产经营模式下边际效益低下，应用积极性不高。因此，必须通过建立具有一定规模的示范区、示范点，充分发挥和体现智能农业装备在农业生产经营中的比较优势，进而带动土地适度规模经营，促进智能农机应用。

一、加强智能农业装备核心示范区规划与基础建设

智能农业装备核心示范区的规划与基础建设是确保示范区顺利运行和发展的基础。规划应遵循科学性、前瞻性和可持续性原则，结合四川省的地理特点、农业产业结构和智能农业装备发展现状，分区域、分作物逐步开展智能农业装备的示范与推广，合理布局示范区的功能区域和发展方向。

（一）科学规划布局

根据四川省的地形地貌、气候条件和农业资源分布，选择适宜的区域建立核心示范区。规划应充分考虑耕地宜机化改造、农田水利设施、农业生态环境保护等因素，确保示范区的可持续发展。

在成都平原"天府粮仓"核心区和安宁河谷"第二粮仓"区域，建立先进的智慧农场核心示范园区，引领全省智能农业装备科技创新；在盆地丘陵以粮为主的集中发展区，建立水稻、小麦等粮食作物全程智能农业装备作业示范区，辐射带动周边区域粮食生产全程机械化智能化；在盆周山区粮经饲统筹发展区，建立种养循环智能管控示范区；在川西北高原农牧循环生态农业发展区，建立无人牧场和智慧草场示范点；在攀西特色高效农业优势区，建立智慧设施农业示范点。

（二）基础设施建设

四川省的农业经济占重要地位，但从地形上看，全省山地占77.1%、丘陵占12.9%，丘陵山地在地形中占主导，农业作业基础设施落后，因此，农业机械化、智能化作业一直颇受限制。

加强示范区内的道路、水利、电力、通信等基础设施建设，为智能农业装备的研发、测试和示范提供良好的物质条件。同时，建立健全的信息化基础设施，如物联网、大数据平台等，为智能农业装备的信息化管理和决策提供支持。

进一步落实智能农业装备核心示范区高标准农田建设的相关政策、规范、细则等，规范田地道路、田间宽度、长度及坡度等相关要求，推动丘陵山地田地的合并，提高农业机械的适用性，加快四川省"宜机化"改造，补齐丘陵山区智能农业装备作业的短板；落实

设施农用地、农业生产用电等相关政策，合理布局农机具存放和维护、农作物育秧育苗及农产品产地烘干和初加工等农机作业服务配套基础设施，从根本上加强农机作业基础设施建设。

（三）政策支持与激励

制订相应的政策措施，鼓励和引导企业、科研机构参与示范区建设。通过财政补贴、税收优惠、金融支持等方式，降低示范区建设和运营成本，提高示范区的吸引力和竞争力。

设立智能农机装备创新发展基金。设立专项基金，用于支持智能农机装备领域的创新研发、成果转化和产业化发展。基金采取市场化运作方式，吸引社会资本参与，形成多元化投入机制。通过基金支持，推动关键核心技术突破，培育一批具有竞争力的智能农机装备企业和产品。

实施核心示范区智能农机装备首台（套）推广应用奖励政策。针对智能农机装备首台（套）产品，实施推广应用奖励政策。对首次购买并使用智能农机装备的企业或个人给予一定比例的补贴或奖励，降低用户购买成本，提高市场接受度。同时，建立首台（套）产品推广应用跟踪评估机制，及时总结经验教训，优化政策设计。

加强金融支持力度。加强与金融机构的合作，为智能农机装备企业提供更加优惠的贷款政策、担保服务和融资支持。鼓励金融机构创新金融产品，如推出智能农机装备专项贷款、融资租赁等，满足企业不同阶段的融资需求。同时，建立健全信用评价体系和风险分担机制，降低金融机构的风险。

建立产学研用一体化合作机制。推动企业、科研机构、高校和农户之间的深度合作，形成产学研用一体化的创新体系。鼓励企业联合科研机构开展技术研发和成果转化，推动科研成果快速转化为生产力。

二、加强应用验证及集成示范

智能农业装备的应用验证和集成示范是推动其产业化和市场化的关键环节。开展丘陵山区作业装备、干燥与贮藏机械化装备、养殖机械化装备、农业农村废弃物处理与综合利用机械化装备等薄弱环节装备验证示范；开展激光平地、精量播种、精准施药、高效施肥、水肥一体化、节水灌溉、高效低损收获等绿色高效机械装备集成应用示范；形成适合于不同规模的种植、养殖、加工生产信息化、智能化整体解决方案，开展农业智能化生产及加工装备验证与集成示范，可以检验智能农业装备的性能和效果，为推广应用提供经验和依据，进而推进全程全面机械化发展，引领农业智能化生产。

（一）技术验证与优化

在示范区内开展智能农业装备的田间试验和技术验证，收集和分析装备的运行数据，评估其性能和效果。根据验证结果，对装备进行优化和改进，提高其适应性和可靠性。

性能评估：通过对比智能农业装备（变量施肥机、电驱播种机等）与传统农业方法的产出和成本，评估其经济性和实用性。

适应性测试：在不同的地理环境和气候条件下测试装备，确保其在四川地区多样化的农业生产场景中均能稳定运行。

可靠性改进：针对在田间试验中发现的问题，进行系统性的改进，提高装备的耐用性和维护便捷性。

（二）集成示范项目

目前有些智能农业装备可靠性不高，受到农户质疑。示范区应选择最具代表性和应用前景的智能农业装备和技术，如智能灌溉系统、无人驾驶拖拉机、精准施肥设备等，开展集成示范项目。通过示范项目的实施，向农户和合作社展示智能农业装备在提高农业生产效率、降低生产成本、保护生态环境等方面的综合效益，并在示范区设置体验区，让参观者亲身体验智能农业装备的操作，增强其对技术优势的直观感受。

（三）推广与交流

通过举办展览会、技术交流会、培训班等形式，加强智能农业装备的推广和交流。定期举办专业的展览会和技术交流会，邀请行业内的专家、学者和企业家共同探讨智能农业装备的最新发展和应用案例。组织培训班和工作坊，针对农民、农业技术人员和农业企业管理人员进行智能农业装备的操作培训和技能提升。建立示范区与周边地区的合作机制，通过技术指导、经验分享和政策支持等方式，推动智能农业装备的区域性推广和应用。

三、核心示范区高素质人才体系建设

人才是智能农业装备核心示范区建设的重要支撑。构建高素质的人才体系，对于提升示范区的创新能力和竞争力具有重要作用。

（一）人才培养与引进

结合示范区的发展需求，制订人才培养计划，加强与高等院校、科研机构的合作。建立完善多学科交叉的产学研推用融合的智能农业装备人才培养体系，产教融合和校企合作深入实施，高层次研发人才培养体系不断完善。全面提升职业素质和职业技能培训，培养一大批高素质高技能的技师队伍。着力打造高水平的基层农业装备实用人才队伍，培养一批懂技术、会管理、善经营的复合型人才。同时，通过人才引进政策，吸引国内外优秀人才参与示范区的建设和管理。

（二）人才激励与保障

建立健全人才激励机制，为人才提供良好的工作环境和发展空间。通过提供住房补贴、子女教育、医疗保障等福利措施，增强人才的归属感和稳定性。

（三）人才交流与合作

建立示范区人才交流平台，促进人才之间的交流与合作。鼓励示范区内的人才参与国内外学术交流和技术合作，提升人才的国际视野和创新能力。

总之，智能农业装备核心示范区的建设是一个系统工程，需要从规划与基础建设、应用验证及集成示范、高素质人才体系建设等多个方面进行综合考虑和协调推进。通过不断优化示范区的建设和管理，可以有效推动四川省乃至全国智能农业装备的发展，为实现农业现代化和乡村振兴战略目标作出积极贡献。

第八章

四川省智能农业装备发展政策建议

第一节　培育发展优质农机企业

一、支持大企业做优做强、中小企业专精特新发展

通过重组、改制、兼并及相应的政策引导，扶持骨干型企业跨阶成长，加快培育一批具有核心技术研发能力和带动引领能力的农业装备龙头企业。推进省内高端装备制造产业向农业装备制造企业梯度转移，促进一二三产业融合发展，建成2～3家农业装备全产业链企业集团。支持企业做大做强微耕机、田园管理机等拳头产品，积极拓展产品种类、延伸产品链条，实现核心技术自主可控、市场占有率国内领先。鼓励支持优势企业对标世界先进农业装备企业，开展兼并重组、战略合作，积极发挥产业链领军企业的带动作用，由生产单一产品向成套全程装备集成转变。

落实中小企业扶持政策，加快中小微企业梯度培育，培育一批专注细分市场、创新能力强、成长性好的专精特新中小企业，实现大中小企业融通发展，全力打造丘陵山区智能农业装备本地品牌。充分发挥四川省机械制造相关产业基础优势，鼓励支持中小企业深耕细分领域，打造独门绝技，由生产大宗农机产品向特色、定制经济作物机械及养殖业和加工业农业装备转变，成为"配套专家""单项冠军"。

二、支持优势领域企业跨界形成农机研制"新势力"

我国智能农业装备行业早期发展主要采用技术引进、模仿创新的模式，主要产品和技术均依赖国外。行业中的大部分企业对知识产权重视程度不够，缺乏创新意识，尽管各类资本纷纷涌入农业装备行业，但资金的投入重点多在增加产能，而非新技术、新产品的开发，产品同质化比较严重，容易引发低价竞争。此外，我国农业装备行业高端产品的性能、质量及研发手段与国际知名公司相比还有较大差距，在产品标准化、模块化、信息化、智能化等方面都有待进一步提高。考虑到技术研发的周期性和积累性，国内农业装备企业想在短期赶上国际农业装备生产企业有较大难度。

尽管近年来四川省农业装备行业发展迅猛，但仍然缺少具有国际影响力的大型农业装备制造企业，市场仍未出现产品线完整、明显在行业内占据统治地位的农业装备企业，无法与国内外大型农业装备公司在高端产品竞争。基于现状，应当鼓励支持有实力的汽车、工程机械、电子信息等领域企业"跨界"进入智能农业装备领域，发挥产业优势、技术优势和人才优势，进一步壮大市场主体。鼓励工程机械、轨道交通、汽车等产业配套企业开

发面向智能农业装备的零配件，全面提升产业链配套供给和保障能力。

三、提升智能农机产业链现代化水平

加快培育以企业为主体、以需求为导向的产学研用模式，形成中高端产品的持续创新态势。创新营销链构塑，运用数字化技术，实现线上线下同步发展，为终端用户提供全套农业装备需求解决方案。

打造完整产业链，推动产业向高端化、量产化方向发展，自主掌控自动导航、ISOBUS（农机总线）、高压共轨、动力换挡、无级变速、新能源动力、机电液一体化等先进技术的核心知识产权。围绕用户需求的中高端产品，进一步加大研发投入，大力发展具有较高附加值和高技术含量的新兴产品。围绕现有产品存在的问题，实施产品改进和品质升级，提高产业的整体性价比，向价值链中高端延伸。

支持有实力的龙头企业作为"链主"，与上下游零部件企业、科研院所等构建协同创新、稳定配套联合体，构建以"链主"企业为中心、大中小企业融通发展的产业生态体系。推广应用安全可控传感器和控制软件，确保智能农业装备产品数据安全；扩大智能农业装备应用范围，提高农业农村基础数据收集运用水平，进一步提升种子安全、粮食安全、农业安全的保障能力。

四、加强联合攻关

加快构建以企业为主体、以市场为导向的研发创新体系，鼓励农机装备产业链上中下游企业和科研院所深度对接，汇聚创新资源、集聚高端人才，加强关键共性技术研发攻关。强化需求牵引，把农业生产中的难题梳理分解形成攻关项目和科研课题，把科研成果转化为综合技术解决方案，集成创新为可以大面积推广应用的产品。采取"揭榜挂帅""赛马"等形式，组织"产学研推用"各方面优势资源开展协同攻关。加快推动农业装备科技成果转化和关键技术产业化，孵化培育发展一批典型智能农业装备高新技术企业。

第二节 推动农业装备智能化发展转型升级

以服务乡村振兴战略、满足农民对机械化生产需要为目标，以科技创新、机制创新、政策创新为动力，以农机农艺融合、机械化信息化融合、农机服务模式与农业适度规模经营相适应、机械化生产与农田建设相适应为路径，着力补短板、强弱项、促协调，促进农

机装备产业向高质量智能化发展转型，推动农业机械化向全程全面高质高效升级，为实现农业农村现代化提供有力支撑。

一、积极引导农业装备智能化发展

（一）积极营造发展智能化农业装备的良好氛围

目前四川省内对农机"智能化"理解偏差较大，尤其是许多农业装备企业过于关注眼前利益，因而对发展智能农业装备并不完全认同。为此，需要强化宣传，营造良好氛围，提高对发展智能农业装备重要性的认知，使社会各界尤其是农机企业认识到四川农业装备走"智能化"发展道路，是由四川省未来现代农业生产和新时代人群的需求所决定的。

（二）积极营造农业装备智能化发展良好的科技环境

相关政府部门发挥现代农业产业园、农业科技园的科技支撑引领作用，提高农业机械化科技创新能力。推动农业装备科研机构、整机制造企业、关键零部件企业等实施战略合作，积极建设产业链供应链服务平台，实现研发、生产、销售、运维协同推进，打造一批全程全面机械化示范县（区），引导农机整机企业就近整合产业链、供应链资源，带动上下游企业协同发展，推动智能农业装备产业集聚提升。支持企业因地制宜研发制造当地特色农业装备，积极招引国内外龙头企业来川发展，全力打造一批特色农机产业园区。研究制定市、区县两级专项扶持政策，共同建设四川农机装备产业集聚区，积极培育国家丘陵山区智能农业装备先进制造业集群，以支持农业装备企业协同开发绿色高效、智能精准、特色专用的新装备、新技术，加快培育行业骨干企业和自主品牌。

（三）积极布局智能农业装备应用场景

加快优势企业、科研院校与新型农业经营主体对接，重点推广农业物联网设备、大数据、5G技术、无人驾驶装备、农业机器人、智能传感与控制等技术装备的示范应用，打造一批涵盖粮食蔬果生产、畜牧养殖等领域的智能农业装备应用示范基地，加快制订智能农业装备应用标准规范，推动作业方式向数字化、智慧化转型。高等院校、科研院所与农机生产企业深度融合，围绕重点经济作物、设施农业、养殖、农产品初加工和农业废弃物处理等农机作业领域，协同开展智能农业装备创新研发。

二、推进以信息技术为基础的智能化、自动化农业装备的设计制造

（一）积极打造高技能技术创新中心

技术创新是产业迈向中高端的强力引擎。致力于技术创新的产业链供应链协同企业，

需加快构建开放高效的创新体系，推进体制机制和管理变革，努力实现核心技术的跟跑、并跑和领跑目标。以全面落实国务院《关于加快推进农业机械化和农机装备产业转型升级的指导意见》为主线，瞄准高端智能农业装备发展趋势，加大产品研发创新。加强丘陵山区农业装备创新研发。开展粮油、果蔬茶药棉、笋竹、畜禽水产等南方丘陵山区农业装备薄弱环节装备研发，开展通用底盘、智能控制、作业感知、南方黏性土壤触土部件减附降阻等"卡脖子"技术攻关。支持四川智智能农业装备创新研发中心建设，实施农业装备重大科研项目"揭榜挂帅"。加快科技成果转化，推动创新装备广泛应用。

（二）积极构筑高水平产品制造基地

目前四川省整体制造水平处于产业链的中低端。要改变现状，就要牢牢把握世界新一轮农机产业科技革命和产业变革孕育重大突破的历史机遇，融入新技术、新产品、新服务、新模式、新业态发展大潮，尽快掌握高端产品先进成熟制造技术。

（三）企业应当增强核心基础零部件、先进基础工艺、关键基础材料和产业技术基础等持续发展能力

加快信息化、智能化、数字化技术普及应用，打造完整而有韧性的产业链供应链。开展智能制造单元、智能产线、数字化车间、智能工厂等技术项目。提高绿色化、低碳化制造水平，加快形成新的增长点。积极推动制造智能工厂或数字化车间建设，应用高精度智能切割、精密配装机器人作业系统等技术，实现农机装备产品设计、加工、检测、装配的全流程自动化，充分应用虚拟仿真、虚拟实验等数字化设计技术，极大缩短研发周期。

（四）实施全域态全过程全周期质量管理，全面夯实质量设施短板弱项

进行传统产业智能化改造升级，加强工序衔接、提升工艺运用水平，运用自动装配柔性线体、在线监测设备，保证装配和质量一致性，不断将存量优势转化为增量优势。着力打造高水平的制造基地，积极推动"四川制造"向"四川创造"转变。

三、加快智能化农业装备应用基础建设

加快创新高标准农田投融资模式，大力实施高标准农田建设和改造提升工程。政府应当将适应机械化作为农作物品种选育审定、耕作制度变革、产后加工工艺改进、机耕道路改造、农田基本建设等工作的重要目标，促使良田、良种、良机、良法配套，为全程机械化作业、规模化生产创造条件。

第三节　提升智能农业装备试验鉴定能力

开展智能农业装备试验鉴定是推动农业装备产业向高质量发展转型、推动农机化向全程全面高质高效升级的重要举措之一。四川智能农业装备的研发还处于发展初期，缺乏统一的标准规范，不同厂家生产的智能农机之间无法兼容，难以实现互联互通，限制了其推广应用。因此，四川智能农业装备的发展需要政府制订和完善大型智能农机装备行业标准，提升智能农业装备试验鉴定能力，加强行业监管，规范行业发展。

一、完善智能农业装备试验鉴定大纲体系

不断强化基础理论研究，沿着鉴定为技术推广服务的出发点和落脚点，构建以智能农业装备试验鉴定通则为基础，以推广鉴定大纲为主体，以专项鉴定大纲为补充，以质量评价技术规范为技术储备的推广鉴定技术体系。

（一）梳理现有智能农业装备种类，制订相关国家、行业标准、团体标准

不断完善以满足农业生产需要为评价基础，以适用性、安全性、可靠性为主要评价内容的鉴定技术规范。深入开展试验鉴定技术理论研究，形成独具特色的试验内容及检测与调查结合、管理与服务并举的实施方式。

（二）创新智能农业装备试验鉴定方法

研究试验鉴定新技术新手段，创新智能农业装备试验鉴定方式方法，加强试验方法研究，改进鉴定检测手段，提高鉴定技术水平和工作效率。积极解决新产品无行业标准、无成熟检测方法的问题。加快技术人员知识更新，充分运用信息化、数字化成果加大检测技术与装备研发力度，开发智能化、小型化、通用性强的检测仪器，从识别、计量、统计、分析等方面有效减轻鉴定人员的工作压力。

（三）畅通智能农业装备创新产品鉴定渠道

按照"补短板、强弱项"的要求，围绕四川智能农业装备发展重点，加大高效、绿色、智能新型农机产品的鉴定技术研发和硬件投入。加快制订发布专项鉴定大纲，提高实施的统一性和规范性，着力解决新产品鉴定难题。

（四）增强技术和管理支撑，强化推广鉴定的引导作用，大力推进先进适用智能农业装备的推广应用，促进智能农业装备质量提升

保护知识产权，鼓励自主创新，促进新旧动能转换，推动农业装备产业升级。进一步发挥推广鉴定作为农机化基础性工作的优势，充分挖掘鉴定结果信息价值，为智能农业装备大数据宏观决策、改进监管工作提供信息支撑。全面对接农机购置补贴政策，持续为农机化各项工作提供有力支撑和保障。

（五）促进开放融合发展

要有效利用社会资源，结合各地实际，支持指定具备资质的第三方机构作为鉴定机构，增加鉴定有效供给，解决四川省鉴定机构自身能力不足的问题。在现有制度框架下，大力开展合作鉴定，协调各相关鉴定机构，探索开展集中鉴定、反季节鉴定等方式，共享鉴定资源，提高鉴定工作效率，缓解鉴定供需矛盾，解决鉴定能力不均衡的问题。

深入贯彻新发展理念，着力科技创新、机制创新，强化与质量监督等农机化质量工作的协同，与农机装备产业升级的协作，与技术示范推广等农机化工作的联合，与农艺等农业生产的融合，构建多元合作、开放共享的智能农业装备试验鉴定创新发展新体系。

二、提高鉴定工作的规范化、信息化和社会公信度水平

（一）规范鉴定业务实施

要始终坚持依法鉴定、科学鉴定、规范鉴定、廉洁鉴定，切实防范管理风险、技术风险和廉政风险。要完善工作制度和技术规范与规程，注重人员培训，严格按照程序要求和大纲规定开展鉴定工作。要坚决杜绝超范围鉴定、伪造鉴定结果、出具虚假证明等严重违法违规行为，有效维护鉴定公信力。

（二）推进鉴定信息化

大力推进"互联网+智能农业装备推广鉴定"，完善智能农业装备试验鉴定信息化平台，简化鉴定流程，实现申请、受理、发证等全流程网上办公，减轻企业负担。推动鉴定服务从PC端向手机端延伸，开通"四川智能农业装备鉴定"微信公众号，促进推广鉴定全面拥抱互联网时代。强化鉴定结果应用和监督，推动实现推广鉴定结果公开全面信息化。通过与补贴投档信息系统对接联通，实现鉴定信息被补贴机具投档系统直接抓取，变"群众跑腿"为"信息跑路"。

（三）加强事后监管力度

推广鉴定工作简化了流程，聚焦了内容，便利了企业，需要鉴定机构加强事中事后监

管力度，维护鉴定的权威性和公信力。要强化日常监督，适时开展专项监督，加大监督抽查比例，规范监督抽查内容，完善监督抽查程序，增强证后监督抽查的针对性、严肃性，对违规行为零容忍，通过撤销、注销证书等严格结果处理，加大企业违规成本，有效发挥监管的威慑力。

第四节　促进农田宜机化改造

一、推动农机作业条件和作物品种性状宜机化改造

丘陵山区农田宜机化改造将为四川省转变农业发展方式、实施乡村振兴战略提供重要的物质条件基础，应通过加强组织领导、保障资金支持、建立标准体系、加强宣传引导等举措，保证其全面系统、科学有效地开展。各级政府要把农田宜机化改造作为农业农村工作的重点任务，确定领导机制、开展调查研究、制订总体规划。借鉴成熟经验做法，完善本地区农村土地确权流转、农业经营主体培育、乡村产业融合发展、土地权益抵押贷款、建设用地占补平衡等方面配套政策措施，打造制度红利。充分发挥全国丘陵山区农田宜机化改造工作专家组技术力量，总结提炼国内外宜机化改造模式，各地农业农村主管部门应结合本地区实际，科学规划实施区域和建设时序，合理确定改造内容和技术标准。

明确以良田、良机、良种、良法和良制"五良"融合为牵引，支持新型经营主体综合采用工程、生物等措施，修建农机化生产道路，对农田地块开展小并大、短并长、陡变缓和弯变直改造，筑固田埂，贯通沟渠，提升地力，改善农业机械通行和作业条件，切实改善农机通行和作业条件，扩展大中型农机运用空间。除大力推进丘陵山区宜机化农田整治外，还要促进土地适度规模，深入探索基于农机农艺融合、因地制宜的机械化生产模式，以农机能下田为目标，以四川丘陵山区为重点，以改善丘陵山区农田机械化作业通行条件为主要内容，以国家投入为引领，创新工程建设、资金筹集、实施方式，开展丘陵山区农田宜机化改造试点，示范带动丘陵山区"改地适机"工作取得重大进展，促进我国丘陵山区农业机械化快速发展，助力巩固脱贫攻坚成果。在考虑地方自然条件差异、农作物结构及农艺体系差异、全程使用的农机装备体系差异、不同技术方案的经济社会生态效益差异等基础上，应尽快从农田、农艺、农机、农经等多维度融合的角度，制订科学合理的农田宜机化改造标准。同时，借鉴日本、韩国土地改良相关标准中涉及丘陵山区农田改造的内容，结合中国实际国情，转化为四川省丘陵山区农田宜机化改造标准。

二、加快数字化基础设施建设

数字化基础设施是推动四川省现代农业发展的重要举措，也是实现农业农村振兴发展的必由之路。加大数字化基础设施投入力度，加快推进农业农村大数据公共平台基座在四川省、市、县区落地。加大财政资金的扶持力度，将中央预算内投资向乡村倾斜，缩小城乡数字化差距。加快实现5G技术在重点农田宜机化改造区域的推广应用，为丘陵山区数字农业的高质量发展夯实物质基础。加快构建"天空地"一体化数据采集和监测预警系统，建立乡村一体化观测网络和数据采集体系，全方位、多维度构建包括乡村自然资源、种植资源、土地资源、集体资产等多项内容的乡村基础数据资源体系，推动空间数据、农田管理、环境监测等数据上图入库，实现农业的可视化管理。要以新基建为契机，补齐乡村数字化转型的基础设施短板，夯实乡村数字经济发展的根基。提升宽带网、移动互联网等信息基础工程在广大乡村尤其是偏远乡村的覆盖面，大力推动乡村网络提速降费和5G网络升级。以农机自动导航、农机无人驾驶、卫星控制平地为代表的智能农机装备开展精准作业过程中需要厘米级高精度定位，为了更好地支撑四川省农机智能农机装备的推广应用，应当统筹建设农机精准作业需要的北斗差分增强基础设施，面向农机精准作业应用，需要综合考虑北斗差分增强服务的精度、可靠性、广度和成本。通过合理布局，分层次地建设分米级和厘米级农用北斗差分增强基础设施。

加大乡村数字化人才的培养力度，四川省政府要对乡村数字化人才的培养加以重视和规划，要支持和鼓励高等学校、职业学院等各类大中型院校开设农业物联网、数据科学、人工智能等相关专业，大力培育数字化人才，为乡村产业数字化转型提供强有力的人才支撑。要以新型农业经营主体培训为重点，对乡村不同受众群体分类实施培训，提升乡村各类经营主体的数字化素养和水平。对龙头企业负责人、种养大户、家庭农场主等人员主要开展智慧农业、数字乡村建设、现代经营管理等相关技术、知识和政策的培训。

第五节 提升政府扶持力度

一、加强顶层设计和战略谋划

发挥政府宏观调控作用，加强组织领导，健全产业政策法规体系，完善产业发展环境，实现跨越式发展。增设现代农业装备发展专项工作领导小组。由省级领导担任组长，统筹农业农村、经信、财政、发改、科技等部门，对农机产业发展重要工作、重点问题、重大项目开展定期会商，将农业机械化发展水平纳入政府目标考核。定期研究发布四川省农机装备高质量发展战略研究报告、农机装备发展蓝皮书，为政府决策咨询、行业快速发展提供有力支撑和重要参考。在相关产业的发展上，政府应当加大扶持和调控力度，围绕四川智能农业装备重点领域，制订相关配套政策措施，完善促进智能农业装备推广应用的政策环境，推动安全可靠的软硬件产品开发和应用。对于智能农业装备相关产业发展在投资方面实行低息或贴息贷款，在税收方面实行减免税政策，并享受一系列高新技术产业的优惠政策及在进出口方面享受一定的优惠待遇。进一步落实扩大内需政策，继续做好农机下乡、农机补贴工作，利用好农机购置补贴、作业补贴等政策，对农民群众购置先进适用的智能化农机装备产品加大补贴力度，鼓励农机合作社运用智能化农机装备组织作业。政府从顶层协调组织管理跨部门、跨地区、关系农业和农村经济社会发展的重大示范工程项目。充分调动地方各级政府的积极性，发挥各级行政主管部门的作用，理清思路，明确任务，协同开展四川省智能农业装备领域自主知识产权技术产品在农业生产中的示范应用，推动智能农业装备技术在四川农业生产中的广泛应用。

二、出台实施智能农业装备补贴机制

鉴于智能农业装备研发投入大、周期长、市场需求小等特点，建议对智能农业装备技术产品研发主体给予政策性补贴，制订相应的倾斜政策进行扶持，对于新研制的机具完善补贴及财税等政策，在税收方面实行减免税政策，并享受一系列高新技术产业的优惠政策，特别加大对智能、复式、高端农业装备产品的研发补贴力度，激发企业研发活力。将智能农业装备与普通农业装备购置进行分开补贴，尽快出台智能农业装备专用购置补贴政策，完善制订分级分类购置补贴目录，并实施智能农机装备新产品购置补贴试点，引导各类经营主体使用先进适用的智能农业装备新产品。做好新型农业装备下乡、农业装备补贴工作，利用好农业装备购置补贴、作业补贴等政策，加快出台专门的智能农业装备应用补贴政策，强化首台（套）政策对智能农业装备的支持力度，适度提高智能化高端农业装备购置补贴标准，探索将农业合作社、农户作业量作为智能农业装备应用补贴的分步兑付前置条件，加强对智能农业装备补贴的绩效管理，不断提升智能农业装备的补贴效率，通过以奖代补、作业补贴等多种方式，支持使用智能农业装备的服务主体，集中连片开展农业生产社会化服务，促进农业装备社会化服务组织加大智能农业装备的应用。建立科学的补贴额度测算分档工作制度，进一步优化智能农业装备的财政补助标准，加大财政的补贴资金投入力度，引导设立智能农业装备补贴基金。同时，要充分利用财政资金杠杆作用，撬动更多金融资本、社会资本支持智能农业装备产业发展。

第六节 建立健全智能农业装备人才培养体系

一、构建智能农业装备人才梯次培育体系

发展智能农业装备已经成为国家战略需求，国家急需大批高端优秀农业装备类人才。智能农业装备的发展对人才培养提出新的要求：交叉式的知识体系、融合的创新能力和人机协同能力。建立一体化构建智能农机装备人才培育新格局，打破专业条块分割的藩篱，应构建起教学、科研、学科、管理、服务等支撑育人核心任务的同心圆，形成人人、事事、时时、处处育人的生动局面。遵循"思政+"理念，完善"全贯通"机制，营造"强担当"氛围，构建"知农爱农为农"的情感链和价值链，打造智能农业装备人才培养新格局。从"工中有农"到"以工强农"，构建"四融入"培养新机制，全面推进农机农艺及农业机械化、信息化、智能化深度融合的人才培养体系。

构建"产学研一体化"技术国际创新平台和跨区域合作平台。和知名企业成立研究生院，共同培养行业龙头企业急需的研究型人才。通过现代农业装备与技术协同创新，与国内知名高校、行业顶级科研院所和龙头企业签订人才交流培养协议，主动对接农业发展需求、紧跟农业现代化发展，建立健全人才需求预测和动态调控机制，完善产学研用结合的协同育人模式，培养造就能满足新要求、适应新变化、掌握新技能、精通新方法的高端农机装备人才，积极服务中国农业发展新战略，培养复合型农业装备高层次创新人才。

强化同国际顶级高校协同培养智能农业装备人才，共享各国学科优势、高端科研条件和研究资源，通过论坛研讨、联合培养等多种形式，共同打造智能农业装备人才培养新模式。积极探索学生交流新形式，拓展国际化交流渠道，不断提升留学生培养规模与质量，构建智能农机装备人才梯次培育体系，推动智能农业装备人才培养高质量发展。

二、培养应用型人才队伍

智能农业装备高技能应用型人才是农业高技能人才的重要组成部分，是农业装备技能人才中的领军人物和优秀代表，在推进我国农业机械化高质量发展中发挥了重要作用。坚持"服务发展、人才优先、以用为本、创新机制、整体开发"的方针，推进智能农业装备应用型人才队伍建设。加大校企共享型智能农业装备人才培训基地建设，注重培养智能农业装备高技能专业人才，提高智能农业装备实用技术培训能力。通过购买服务、项目支持等方式，支持农机生产企业、农机合作社培养农机操作、维修等实用技能型人才。加强新

型职业农民培育，加大对农机大户、农机合作社带头人的培训力度，提升农业装备从业者的技能水平。加强队伍建设，大力遴选和培养农机生产及使用一线"土专家"。鼓励大中专毕业生、退伍军人、科技人员等返乡下乡创办、领办或加入新型农机服务组织。

第七节　加快智能农业装备推广应用

一、加强智能农业装备推广队伍建设

中央已连续多年对基层农技推广体系改革和建设进行项目支持，稳定了农技推广机构队伍。农技推广对提高粮食产量、提升农产品质量、促进农民增收有重要作用，智能农业装备推广队伍在其中发挥了重要作用。各地应根据本区域农业农村发展规划统筹建设基层农业综合服务中心，配备好相应的服务设施设备，确保所有基层乡镇农技推广机构具备相应的服务能力。应加快补充乡镇农技推广的年轻"血液"，充分利用省市基层农技特岗人员定向培养政策，多招录热爱农技推广的年轻人，让更多有志于农技推广工作的年轻大学生有舞台、有机会为农业现代化建功立业。

提升待遇，加强乡镇智能农业装备农技推广队伍管理。建议县级财政加大投入，充分保证基层乡镇农技推广工作经费，完善激励机制，在职务晋升、职称评聘、评先评优等方面向基层农技推广人员倾斜，充分调动基层农技推广人员的工作积极性，让他们有时间、有精力、有动力从事智能农业装备农技推广工作，激励基层农技人员在"三农"干事创业热情中实现人生价值。关心和宣传农技推广人员，各级党委政府要建立动态管理服务机制，及时了解基层农技推广人员情况、存在的困难等，挖掘和宣传基层农技推广人员的工作事迹、先进典型，形成对基层农技人才"厚爱一分"的良好氛围。

育引并重，提高基层智能农业装备农技人员服务能力。充分利用基层农技推广体系建设补助项目，加大对基层农技人员的培训，加强现代农业新知识、新技术的学习，不断提高现有农技推广人员的技术水平和服务能力。积极推行特聘农技员计划，从农业种养能手、农业经营主体技术骨干、科研单位及农技部门退休专家中聘任一批农技推广服务员，弥补公益性农技推广机构力量不足的情况。基于基层农技力量较为薄弱且产业具有明显区域特点，建议从县区农业农村部门抽调人员分片、分区域包干开展农技推广服务，也可以成立与区域产业相协调的县属、县管、县用的农技推广区域站。

创新方式，提高农技队伍服务效率。基层农技推广人员可通过电视、农技推广App、手机短信、微信、宣传手册、科技图书宣传和推广农业技术，在农业经营主体、种养农户与农技推广管理机构、农业专家、农业技术能手之间建立互相沟通学习的桥梁，及时为农户解决在农业生产中遇到的实际问题，提高服务效率。

围绕粮食作物机收减损，大力开展基层一线专业农机手培训，常态化抓好机收减损。持续开展粮食机播和机收技术指导，扎实开展农机作业大比武、农机手技能大培训和标准作业现场观摩，提高机手规范操作意识和作业技能。加快农业机械化主推技术到位率，切实提升机手关键环节操作水平和作业质量。

二、切实解决智能农业装备推广的经费问题

强化政策扶持力度，加大省级财政资金在智能农业装备发展方面的扶持力度。建议增加财政投入，运用以奖代补、贷款贴息、加强配套设施建设等手段推进生产经营主体发展；同时继续加强数字农业信息化服务平台功能优化完善，理顺运营管理机制，突显平台应用服务功能，进一步深化各个模块功能，在特色产业智能化、规模农业智能化、农业物联网集成应用标准化、数字乡村治理规范化、数据赋能产业化等方面加大经费投入和保障。

地方政府，要加大投入，培育服务主体，大力发展立体多元、形式多样、竞争充分的社会服务体系，全力推行合作式、订单式、承包式、托管式等多元合作服务模式，为农业生产提供"保姆式"公仆服务。大力发展农业生产托管和"智能化+农机作业""全程机械化+综合农事服务中心"等农机服务新模式新业态，支持引导农机服务主体通过跨区作业、订单作业、农业生产托管、数字化应用等多种形式，开展高效便捷的农机作业服务，建设"全程机械化+综合农事"服务示范中心。

加快提升农机装备"耕、种、管、收"全程作业质量与作业效率。实施专项工程，保障专项经费，大力推广基于北斗、5G的自动驾驶、远程监控、智能控制等技术在大型拖拉机、联合收割机、水稻插秧机等机具上的应用，引导高端智能农机装备加快发展。聚焦现代农业示范区，促进物联网等信息技术在农业机械化上的应用。支持优势农机企业对接重点用户，实现智能化、服务化转型。推进建设大田作物精准作业数字农业示范基地。加大农田精细平整、精准播种、变量施肥、精准喷洒、智能收获和自动驾驶等精准农业技术应用，建立典型区域作物的智慧生产技术体系。

三、加强智能农业装备推广体系管理和服务创新

加大各类高端农业装备产品的宣传、推广力度，优化购置信贷业务，强化售后服务体系建设。发挥购置补贴政策的引导和促进作用，改进、完善农机购置补贴政策，建立长久

有效的农机购置补贴机制，加大对高端农业装备产品的补贴力度，充分调动我国农户购置、使用高端农业装备产品的积极性，为加快我国由"农机大国"向"农机强国"的转变，提供国家政策层面上的支持和保障。

依托新农机、新技术试验示范项目，购置无人驾驶拖拉机、无人驾驶收割机、无人驾驶植保机等智能农机装备，在"耕、种、管、收"等环节开展无人驾驶作业示范应用；农机推广部门联合农机企业、高校、科研院所合力探索制订可复制、可推广粮食生产全程"无人化"智能农机装备作业技术规范。

在机制建立上，以技术创新、政策激活力为切入点，加强智能农业装备推广体系管理，建立创新投入和参与机制，建立合作组织和农民的融资机制，缓解农技体系建设瓶颈，创建科技进村入户，农企共建、农超对接，风险共担，农民参与等多元化主体合作共创的新机制。通过机制创新，提高各类主体为农服务的积极性，保障智能农业装备服务质量，全力构建主体多元化、形式多样化、服务专业化、运作市场化的服务新体系，为农业智能装备产业化经营提供技术轻简、生产成本低、便利化、全方位的技术服务。

参考文献

陈孟坤，杨建国，张小军，等，2021. 四川省"五良"融合产业宜机化改造项目理清几个问题[J]. 四川农业与农机（6）：16-19.

陈景帅，2019. 农业机器人的主要应用领域和关键技术[J]. 电子技术与软件工程（17）：90-91.

陈树人，张漫，汪懋华，2005. 谷物联合收获机智能测产系统设计和应用[J]. 农业机械学报（1）：97-99.

陈学庚，郝哲，2020a. 北斗导航技术在现代农业中的应用[J]. 中国测绘（1）：9-13.

陈学庚，温浩军，张伟荣，等，2020b. 农业机械与信息技术融合发展现状与方向[J]. 智慧农业（中英文）（4）：1-16.

陈雪，袁紫仪，林湘岷，等，2022. 基于Web of Science文献计量的我国节水农业研究态势分析[J]. 中国农业大学学报，27（8）：198-207.

崔凯，冯献，2022. 面向农业4.0的智能农机装备应用逻辑、实践场景与推广建议[J]. 农业现代化研究（4）：578-586.

邓玉平，饶勇，刘超，等，2023. 水产养殖智能精准投饲系统构建及应用[J]. 科学养鱼（1）：73-75.

高超，赵强强，张菲菲，2022. 基于中文文献计量统计分析的农业干旱灾害研究进展[J]. 华北水利水电大学学报（自然科学版），43（2）：1-9.

戈大专，龙花楼，杨忍，2018. 中国耕地利用转型格局及驱动因素研究：基于人均耕地面积视角[J]. 资源科学，40（2）：273-283.

顾小平，2023. 基于智能算法的生猪声音和姿态识别研究[D]. 自贡：四川轻化工大学. DOI：10.27703/d.cnki.gsclg.2021.000278.

韩丹丹，黄与霞，黄金路，等，2023. 2BF-4轻简型玉米精量播种机的设计与试验[J]. 甘肃农业大学学报，58（5）：236-245.

韩佳伟，朱文颖，张博，等，2022. 装备与信息协同促进现代智慧农业发展研究[J]. 中国工程科学（1）：55-63.

胡小鹿，梁学修，张俊宁，等，2020. 中国智能农机装备标准体系框架构建与研制建议[J]. 智慧农业（中英文）（4）：116-123.

胡月，袁立科，2022. 韩国技术预测发展动向及对我国的启示[J]. 全球科技经济瞭望，37（9）：8-13. DOI：10.3772/j.issn.1009-8623.2022.09.002.

胡云，王小春，陈诚，等，2020. 四川丘陵旱地玉米穴灌覆膜施肥播种机设计与参数优化[J]. 东北农业大学学报，51（2）：61-68.

黄梓宸，SUGIYAMASaki，2022. 日本设施农业采收机器人研究应用进展及对中国的启示[J]. 智慧农业（中英文）（2）：135-149.

江晨，周发发，王宏旗，等，2023. 基于PLC与组态的智能粮食烘干机控制系统设计[J]. 科技创新与生产力，44（9）：139-141.

金文成，王欧，杨梦颖，等，2023. 农业强国建设目标下的中国农业机械化发展战略与路径[J]. 农业经济问题（10）：13-21. DOI：10.13246/j.cnki.iae.2023.10.007.

阚莹莹. 提升农业机械化 四川的破与立[N]. 四川日报，2023-07-05（8）.

兰爽. 三大内容，解码"天府粮仓"建设"蓝图"[N]. 四川经济日报，2023-02-09（A1）.

兰玉彬，林泽山，王林琳，等，2022. 基于文献计量学的智慧果园研究进展与热点分析[J]. 农业工程学报，38（21）：127-136. DOI：10.11975/j.issn.1002-6819.2022.21.016.

雷小龙，张磊，杨宏，等，2020a. 油菜精量集中排种器电驱控制系统设计与试验[J]. 安徽农业大学学报，47（3）：472-479.

雷小龙，杨文浩，杨龙君，等，2020b. 油菜精量穴播集中排种装置设计与试验[J]. 农业机械学报，51（2）：54-64.

李爱国，宋亚鹏，张璇，2023. 广安市广安区农机工作发展现状及建议[J]. 农业装备与车辆工程，61（12）：164-166.

李保明，王阳，郑炜超，等，2021. 畜禽养殖智能装备与信息化技术研究进展[J]. 华南农业大学学报，42（6）：18-26.

李思敏，2020. 科学支撑未来决策：英国技术预见的经验与启示[J]. 今日科苑（11）：69-77.

李宪翔，丁鼎，高强，2021. 小农户如何有机衔接全程机械化：基于农机社会化服务的视角[J]. 农业技术经济（4）：98-109.

李雪，2022. 基于智慧农业的吉林省农业机械化发展路径研究[D]. 长春：吉林农业大学.

李翼南，2016. 智能农机助力精准农业 中联重科亮相第七届中国科博会[J]. 农业机械（12）：64.

李祯然，雷泽，高鸣，2022. 优化农机补贴政策的国际经验与启示[J]. 世界农业（11）：5-13.

李忠玉，孙睿，卢洪友，2022. 基于模糊控制的小型农场巡检机器人系统开发与设计[J]. 现代电子技术，45（8）：174-180.

廖敏，杨建国，胡红，等，2020. 新形势下四川省农业机械化发展对策研究[J]. 中国农机化学报，41（12）：183-188.

刘成良，林洪振，王秀，等，2022. 农机装备智能测控技术研究现状与展望[J]. 农业机械学报，51（3）：1-18.

刘环宇，杨建国，邓林霞，等，2023. 四川省丘陵山区适用农机装备研产推用"一体化"推进研究[J]. 四川农业科技（8）：10-13.

刘一潭，杨建国，2022. 四川省农业机械化发展面临的困难与建议[J]. 四川农业与农机：18-20.

罗建强，姜亚文，李洪波，2021. 农机社会化服务生态系统：制度分析及实现机制：基于新制度经济学理论视角[J]. 农业经济问题（6）：34-46.

罗锡文，2018. 对我国农机科技创新的思考[J]. 现代农业装备（6）：12-17.

罗锡文，2019a. 农业机械化生产学[M]. 北京：中国农业出版社.

罗锡文，2019b. 农业人工智能的应用和思考[J]. 中国农村科技（5）：16-19.

罗锡文，廖娟，胡炼，等，2021. 我国智能农机的研究进展与无人农场的实践[J]. 华南农业大学学报，42（6）：8-17.

罗锡文，廖娟，臧英，等，2022. 我国农业生产的发展方向：从机械化到智慧化[J]. 中国工程科学（1）：46-54.

罗孳孳，唐云辉，武强，等，2024. 气象大数据应用场景与气象服务技术预见研究：面向重庆农业领域[J]. 农业现代化研究，45（1）：150-164.

马超，仵建涛，2020. 中国农机职业技能人才培养现状及需求分析[J]. 中国流通学报，36（5）：152-156.

马江勇，蒲凡，邓启国，等，2014. 自动清粪机器人控制系统的设计[J]. 装备制造技术（8）：53-55，62.

马利，封传红，郭永旺，等，2023. 四川省植保无人机的应用现状及前景展望[J]. 中国植保导刊，43（3）：89-91.

孟志军，2022. 农机信息化智能化应用发展趋势[J]. 农机市场（3）：27-28.

牟锦毅，赵颖文，许钰莎，2023. 四川全面推进乡村振兴、加快农业强省建设：基础成效、现实困囿与政策选择[J]. 决策咨询（6）：14-21.

牟锦毅，2023. 四川农业科技现代化路径及机制研究[M]. 北京：中国农业科学技术出版社.

穆易，2018. 聚焦热点难点共推行业发展：农业农村部答复全国"两会"代表委员农机建议提案[J]. 中国农机监理（10）：11-16.

欧阳安，崔涛，林立，等，2022. 智能农机装备产业现状及发展建议[J]. 科技导报，40（11）：55-66.

欧之福，邱云桥，随顺涛，等，2019. 抢抓机遇　踏实行动　奋力推进农业机械化和农机装备转型升级[J]. 四川农业与农机（6）：45-46，48.

彭川，戴敏，宫霞霞，等，2022. 农机自动驾驶设备作业检测系统的设计与实现[J]. 南方农机，53（14）：56-58.

秦沙沙，2016. 农业大数据安全防护问题初探[J]. 江苏农机化（6）：51-52.

邱立新，2011. 青岛市现代农业优先发展领域评价与选择[J]. 青岛农业大学学报（社会科学版），23（3）：32-36，79.

任丹华，张小军，朱从桦，等，2020. 四川省油菜精量联合直播机适应性研究[J]. 农业科技通讯（8）：173-175，180.

任领，张黎骅，丁国辉，等，2019. 2BF-5型玉米-大豆带状间作精量播种机设计与试验[J]. 河南农业大学学报，53（2）：207-212，226.

史志明，雷凤芸，骆永亮，2021. 自动导航驾驶系统在蔬菜机械化生产中的应用试验[J]. 四川农业与农机（6）：44-45.

四川省农业农村厅农业机械化处，四川省农业机械科学研究院，2023. 四川省农业机械化服务体系建设情况[J]. 四川农业与农机（3）：9.

宋超，孙胜凯，陈进东，等，2017. 世界主要国家工程科技重大计划与前沿问题综述[J]. 中国工程科学，19（1）：4-12.

宋乐见，随顺涛，刘宇，等，2021. 浅谈四川现代农业装备发展现状及展望[J]. 四川农业科技（5）：64-65，68.

宋裕民，高琦，许宁，等，2024. 新能源智能农机装备发展现状和趋势[J]. 农业装备与车辆工程，62（1）：1-6.

随顺涛，欧之福，杨建国，等，2019. 四川现代农机装备发展存在的问题与对策研究[J]. 安徽农业科学，47（15）：256-258.

孙九林，李灯华，许世卫，等，2021. 农业大数据与信息化基础设施发展战略研究[J]. 中国工程科学，23（4）：10-18.

孙雪萍，2022. 关于江苏智能农机装备人才培养的思考[J]. 江苏农村经济（4）：43-44.

檀律科，胡良龙，刘勤，等，2021. 智能农业机械装备在我国扶贫事业中的影响[J]. 安徽农业科学，49（14）：243-245.

谭新圆，朱文学，白喜婷，等，2021. 粮食烘干机温度控制系统的设计[J]. 包装与食品机械，39（3）：68-72.

陶卫民，2001. 国外农机技术发展趋势［J］. 湖南农机（4）：21-22.

汪胜明，2023. 农机社会化服务体系现状及思考：以安徽省潜山市为例［J］. 南方农机
　　（9）：77-79.

王博，方宪法，吴海华，2019. 新中国农业装备科技创新的回顾与展望［J］. 农机质量与监
　　督（10）：12-14.

王国占，侯方安，车宇，2020. 国内外无人化农业发展状况［J］. 农机科技推广（8）：
　　8-9，15.

王瑾，肖俊华，王锋德，2020. 新常态下中国农机工业发展环境分析［J］. 农业工程，10
　　（7）：8-11.

王晓兵，2023. 推动农业机械化智能化，强化粮食安全装备支撑［J］. 农业经济与管理
　　（1）：21-23.

王旭，敬濯瑄，姚园园，等，2022. 无线传感系统的设施农业移动机器人监测系统设计
　　［J］. 电子制作，30（13）：25-26，40.

王勇，万勇，彭晓琴，等，2022. 四川省水产养殖数字化装备发展分析［J］. 四川农业科技
　　（7）：50-52.

吴海华，2016. "十二五"我国智能化农机技术与装备研究取得重要成果［J］. 农业机械
　　（7）：45-46.

吴海华，胡小鹿，方宪法，等，2020a. 智能农机装备技术创新进展及发展重点研究［J］. 现
　　代农业装备，41（3）：2-10.

吴海华，方宪法，2020b. 新时期我国农业装备产业科技创新发展研究［J］. 农业工程，10
　　（5）：1-7.

伍荣达，陈天赐，张世昂，等，2021. 果蔬采摘机器人关键技术研究进展［J］. 机电工程技
　　术，50（9）：128-132.

席瑞谦，王娟，李正义，等，2021. 奶牛智能饲喂关键技术研究［J］. 中国农机化学报，42
　　（2）：190-196.

肖紫涵，王彩玲，何垒，等，2022. 多功能智能农业种植机器人的设计［J］. 机电技术
　　（6）：30-32. DOI：10.19508/j.cnki.1672-4801.2022.06.009.

许彦卿，周晓纪，黄廷锋，等，2020. 日本第11次技术预见：基于趋势与微小变化的蓝图
　　描绘［J］. 情报探索（10）：69-76.

谢华玲，迟培娟，杨艳萍，2022. 双碳战略背景下主要发达经济体低碳农业行动分析［J］.
　　世界科技研究与发展，44（5）：605-617.

徐明东，邱立涛，曲文浩，等，2022. 草莓采摘机器人的系统研究设计［J］. 机械研究与应

用，35（1）：136-138，144.

熊本海，吕健强，罗清尧，2004. 数字农业精细养殖关键技术研究进展与展望［C］. 动物营养研究进展：314-321.

熊梦圆，2024. 四川丘陵地区农业现代化面临的困境及对策探析［J］. 甘肃农业（2）：73-78.

薛洲，耿献辉，曹光乔，等，2021. 定额补贴模式能够促进农机装备制造企业创新吗：以拖拉机制造行业为例［J］. 农业经济问题（2）：98-106.

杨朝武，杜龙环，杨礼，等，2022. 规模化养鸡环境精准控制技术体系建立与应用［J］. 中国科技成果，23（8）：21-22.

杨飞云，曾雅琼，冯泽猛，等，2019. 畜禽养殖环境调控与智能养殖装备技术研究进展［J］. 中国科学院院刊，34（2）：163-173.

杨建国，邓林霞，郭佳，2021. "十四五"四川省农机化发展形势分析［J］. 四川农业与农机：22-24.

杨杰，李学依，2022. 《"十四五"全国农业机械化发展规划》解读［J］. 中国农机监理（1）：9-13.

杨捷，陈凯华，2021. 技术预见国际经验、趋势与启示研究［J］. 科学学与科学技术管理，42（3）：48-63.

杨军，2023. 罗山推进粮食智能化烘干［J］. 农机质量与监督（10）：13.

杨敏丽，2020. "十四五"农业机械化面临的挑战与任务［J］. 农机科技推广（8）：4-7.

姚春生，何丽虹，陈谦，等，2017. 农业机械化信息化融合研究［J］. 中国农机化学报，38（8）：1-8，54.

叶红，2022. 赋能智能农机：中国农机踏上新的起跳板［J］. 当代农机（3）：19-22.

易文裕，程方平，卢营蓬，等，2020. 四川粮食收后减损技术模式探讨［J］. 南方农机，51（23）：3-6.

佚名，2023. 四川省农业机械化服务体系建设情况［J］. 四川农业与农机（3）：9，63.

于代松，高珊红，2023a. 四川丘陵山区农业机械化发展的对策研究：基于"机地互适"视角［J］. 黑龙江粮食：18-20.

于代松，海啸，高珊红，2023b. 以农业机械应用促进四川农业高质量发展［J］. 农业与技术，43：167-170.

袁建霞，张秋菊，胡小鹿，等，2019. 农业机器人国际竞争态势与研究前沿［J］. 农业工程，9（9）：1-5.

翟长远，杨硕，李彦明，等，2020. 农业装备智能控制技术研究现状与发展趋势分析［J］. 农业机械学报，53（4）：1-20.

翟长远，杨硕，王秀，等，2022.农机装备智能测控技术研究现状与展望［J］.农业机械学报，53（4）：1-20.

张建，杨栗，孙付春，2019.四川省农机制造业现状研究与发展建议［J］.安徽农业科学，47（6）：266-269.

张梅，杨涛，凌宁，等，2023.川芎设施育苗技术及装备研究［J］.农业工程技术，43（6）：39-40.

张泉，杨化伟，王树城，等，2023.山东省农机装备产业集群发展现状分析与提升对策［J］.农业装备与车辆工程（3）：30-36.

张顺发，李林鑫，赖丽莉，等，2023.基于移动端控制的人工智能养殖系统设计［J］.自动化与仪器仪表（5）：143-148.

张晓瑛，2022.我国智能农机装备发展思考［J］.农业工程，12（11）：10-13.

张秀海，蒋大华，魏珣，等，2013."十一五"国家863计划现代农业技术领域回顾与展望［J］.中国农业科技导报（6）：55-62.

张亚如，张俊飚，张昭，2018.中国农业技术研究进展：基于CiteSpace的文献计量分析［J］.中国科技论坛（9）：113-120.

张昱婷，滕桂法基，2018.基于大数据的农机作业管理与决策系统［J］.河北农机（7）：13-14.

张泽锦，梁颖，唐丽，2023.四川设施蔬菜发展现状、存在的问题及对策建议［J］.四川农业科技（11）：131-136.

张智刚，王进，朱金光，等，2018.我国农业机械自动驾驶系统研究进展［J］.农业工程技术，38（18）：23-27.

赵春江，2019.智慧农业发展现状及战略目标研究［J］.智慧农业（1）：4-6.

赵春江，2021.智慧农业的发展现状与未来展望［J］.华南农业大学学报，42（6）：1-7.

赵春江，2022.发展智能农机装备，建设智慧农业［R］.2022世界智能制造大会：智能制造助推农业现代化发展论坛.2022-11-23.

赵春江，李瑾，冯献.2021.面向2035年智慧农业发展战略研究［J］.中国工程科学，23（4）：1-9.

赵春江，李瑾，冯献，等，2023.关于我国智能农机装备发展的几点思考［J］.农业经济问题（10）：4-12.

郑大刚，2024.传感器技术在农业机械中的应用进展与展望［J］.农机使用与维修（2）：81-83.DOI：10.14031/j.cnki.njwx.2024.02.021.

中国工程科技2035发展战略研究农业领域课题组，2017.中国工程科技农业领域2035技术预见研究［J］.中国工程科学，19（1）：87-95.

中国科学院农业领域战略研究组，2009.中国至2050年农业科技发展路线图［M］.北京：科学出版社.

中国农业科学院，中国农业绿色发展研究会，2021.中国农业绿色发展报告2020［M］.北京：中国农业出版社.

朱从桦，任丹华，李伟，等，2021.丘陵区水稻无人机精量直播技术要点及展望［J］.四川农业与农机（5）：39-40，44.

邹志勇，许丽佳，康志亮，等，2014.齐口裂腹鱼养殖智能设施鱼池设计［J］.农业机械学报，45（S1）：296-301.

HARUVY N，SHALHEVET S，2012. Integrating technology foresight methods with environmental life cycle assessment to promote sustainable agriculture［J］. International journal of foresight and innovation policy，8（2/3）：129-142.

RAY，MRINMOY，RAMASUBRAMANIAN，et al.，2022. Technology forecasting for envisioning bt technology scenario in indian agriculture［J］. Agricultural research，11（4）：1-11.

REHMAN，DEYUAN，HUSSAIN，et al.，2018. Prediction of major agricultural fruits production in pakistan by using an econometric analysis and machine learning technique［J］. International journal of fruit science，18（4）：445-461.

VARGHESE J Z，BOONE R G，2015. Overview of autonomous vehicle sensors and systems［J］. Proceedings of the 2015 international conferenceon operations excellence and service engineering. IOEMSociety：178-191.